새의류관리

-구매에서 폐기까지-

김성련 이정숙 정혜원 강인숙 박정희

(주)교 문 사

Preface

머 리 말

최근 우리나라가 국민 소득이 높아지고 선진사회로 진입하면서 여러 면으로 의생활도 크게 변화하고 있다. 특히, 첨단과학기술의 발전에 힘입어 의류용 소재는 과거에 비해 섬유개발이나 가공기술이 현저하게 발전되어 그 종류가 매우 다양해지고 있다. 또한 패션 트렌드의 글로벌화로 전 세계가 하나의 시장으로 네트워크화되면서 우리나라 의류산업도 아웃소싱의 범위가 확대되고 있다. 의류제품은 소비자의 욕구와 감성에 따라 늘 새롭게 변화하면서 다양하고 풍부하게 생산, 유통되고 있으며, 소비자구매와 직접 관련된 의류유통산업의 비중이 날로 높아지고 있다. 한편, 세제성분 및 세탁기의 성능 향상과 함께 세탁기에 의한 세탁이 일반화되고 있으며, 드럼 세탁기의 보급률도 크게 증가하고 있다. 아울러 21세기에 접어들면서 환경 보존과 웰빙의 중요성이 더욱 높아져서 의류용 섬유도 원료 생산에서부터 구매, 폐기에 이르기까지 전 과정에 걸쳐 환경문제를 고려하지 않을 수 없게 되었다.

이러한 시대적 요청과 환경 변화에 따라 소비자가 의류를 바라보는 관점도 많이 변화하게 되었으며, 정보화 사회에서 소비자는 의류를 구매하여 사용하고 폐기하는 전 과정을 이해할 필요성이 더욱 커졌다고 볼 수 있다. 이에 저자들은 그동안 대학에서 의류관리를 강의해 오면서 새로운 발전 측면을 고려한 의류관리 교재개발의 필요성을 공감하여 이 책을 출간하게 되었다. 이 책은 의류학을 전공하는 대학생들과 의류산업 분야에 종사하는 관련자들에게 의류관리에 대한 폭넓은 지식과 정보를 제공하는 것이 주된 목적이지만, 의류에 관심이 있는 일반인도 이해하기 쉽도록 설명하였다.

이 책의 내용은 모두 4부, 9장으로 구성되어 있으며 각 장이 서로 연결되도록 설명하였다. 1부는 '의류의 유통과 구매' 로 의류가 생산되어 유통의 과정을 거쳐 소비자가 구매하는 과정을 요점 중심으로 설명하였다. 2부는 '의류의 세탁' 으로 소비자가 직접 가정에서 의류를 사용하면서 경험하게 되는 세제, 가정세탁, 전문세탁을 다루었으며, 세제의 특성과 세탁의 원리를 알기 쉽게 설명하여 독자들의 과학적인 이해를 도울 수 있도록 하였다. 3부는 '의류의 성능보존' 으로 의류를 사용하는 과정에서 오는 여러 가지 성능변화를 설명한 다음 의류의 손질과 보관을 서술하였다. 마지막으로 4부는 '의류의 폐기와 환경' 으로 소비자가 사용한 의류의 폐기 방법을 설명하였고, 환경 측면에서 의류제품의 전 과정을 평가하여 소비자 입장뿐만 아니라 생산자 입장에서도 도움이 되도록 하였다.

저자들은 이 책에 대한 집필 논의 시 여러 측면에서 새로운 흐름을 반영하고자 했으나 막상 출간을 하려니 내용이 부족하고 미비한 점이 많은 것으로 사료되어 후일 개정판을 통하여 보완하고자 한다. 이 책이 효율적인 의류관리에 많은 도움이 되어 의류산업 발전에 기여하길 바라면서, 독자들의 따뜻한 관심과 성원이 있기를 기대한다.

끝으로 이 책의 출간을 위해 여러모로 도움을 주신 (주)교문사 류제동 사장님과 관계자 여러분들께 깊이 감사드리며, 자료정리를 도와 준 대학원생들에게도 감사의 말을 전한다.

2008년 3월

저자 일동

C o n t e n t s

차 례

제 4 장 가정세탁

제 5 장 전문세탁

제 3 부 의류의 성능보존

제 6 장 성능변화

제 7 장 의류의 손질과 보관

제 4 부 의류의 폐기와 환경

제 8 장 의류의 폐기

제 9 장 의류와 환경

부 록

제 1 부

의류의 유통과 구매

제 1 장

의류생산과 유통

효율적인 의류관리의 기초자료로 활용하기 위하여 의류의 생산을 이해하고, 최근 중요한 비중을 차지하고 있는 유통에 대해서 소비자 측면과 생산자 측면을 동시에 알아본다.

1. 의류의 생산

의류의 생산은 크게 섬유소재 생산과 의류제품 생산으로 나누어진다. 섬유소재 생산은 원사와 섬유를 생산하는 원사제조업, 원사나 섬유를 제직, 편직하는 직물제조업, 이러한 직물을 염색·가공하는 염색가공업, 직물 제조업과 염색가공업 중간에 매개체 역할을 하는 직물컨버터(textile converter)에 의해 주로 이루어진다. 의류제품은 패션 디자인업과 봉제업에 의해 생산되고 유통업체에 의해 최종 소비자들에게 전달되고 있다.

이러한 의류생산 구조는 편의상 업스트림(up stream), 미드스트림(mid stream), 다운스트림(down stream)으로 나눌 수 있으며, 업체에서 생산되는 의류제품의 생산과 유통의 흐름은 그림 1-1에 나타낸 것과 같다.

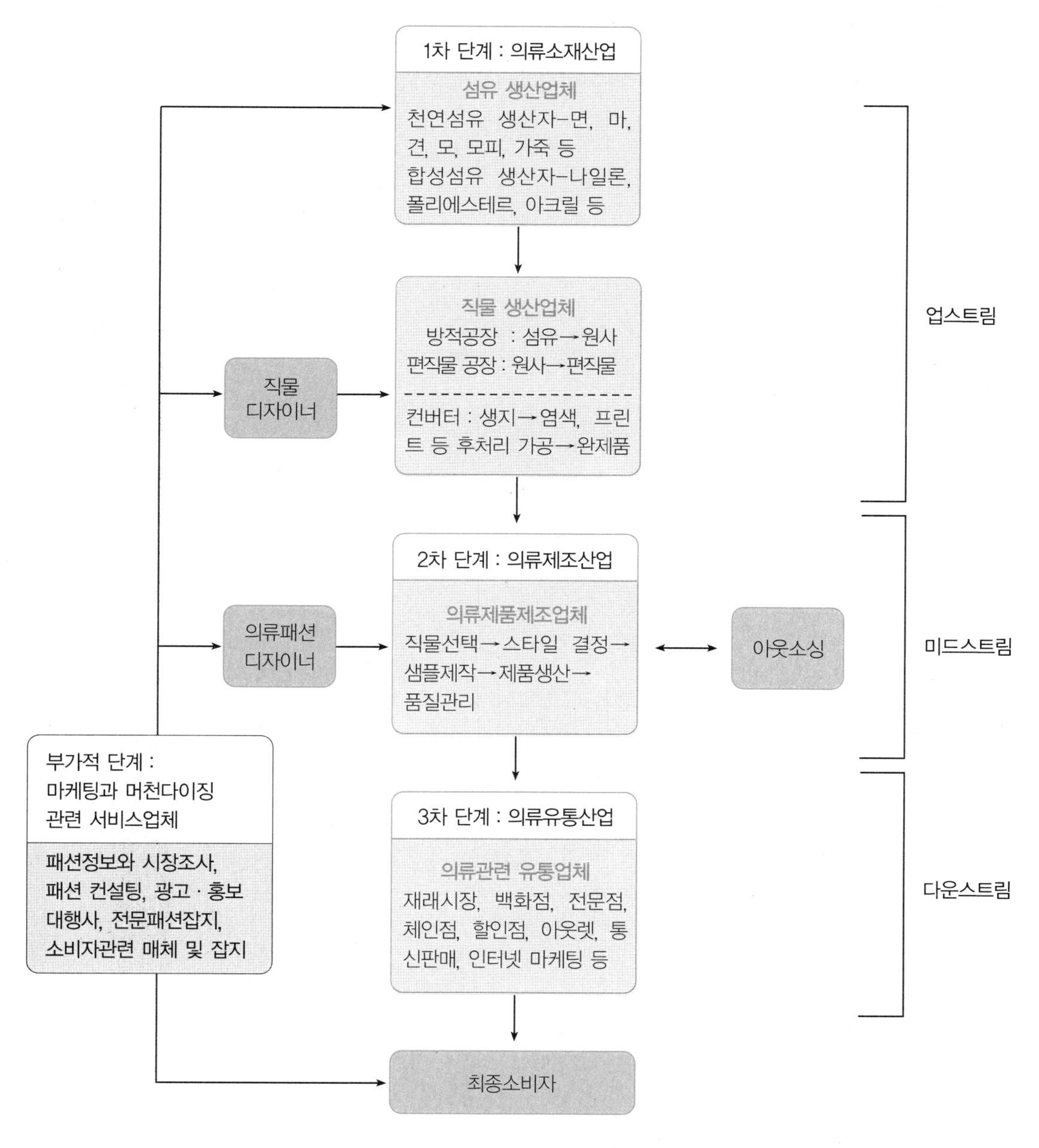

그림 1-1 의류제품 생산과 유통의 흐름[1)]

1) 안광호 외, *패션 마케팅*, 수학사, (1999), p.47. 저자 재구성

국내 섬유산업은 국가경제의 선도산업으로 2006년 기준으로 총 수출의 4.1%, 제조업 고용의 9.6%, 제조업 생산의 4.4%를 점유하고 있다. 전체 섬유산업 종사자 중 반 이상이 소재산업에 종사하고 있으며, 국내 섬유산업분야에서 소재산업이 차지하는 비중은 매우 크다. 또한 세계에서 중국, EU 25개국, 미국에 이어 세계시장의 5.1%를 차지하고 있는 섬유수

표 1-1 우리나라 섬유산업의 경제적 위상[2)]

구 분		업체수 (개)	고 용 (천 명)	생산액 (10억 원)	부가가치 (10억 원)	수출('06) (백만 불)
제조업		117,205	2,866	851,789	312,792	325,465
섬 유 (점유율, %)		17,252 (14.7)	274 (9.6)	37,897 (4.4)	16,032 (5.1)	13,232 (4.1)
	섬유소재	8,898	154	21,927	8,614	–
	의류제품	8,265	113	12,072	6,130	–
	화학섬유	89	7	3,899	1,288	–

표 1-2 주요국 섬유산업의 세계시장 점유율[2)]

(단위 : 백만 불)

구 분	세 계	중 국	EU	터 키	미 국	인 도	한 국
섬유소재 (점유율, %)	202,966 (100.0)	54,880 (27.0)	67,977 (33.5)	7,068 (3.5)	12,379 (6.1)	7,850 (3.9)	10,391 (5.1)
의류제품 (점유율, %)	275,639 (100.0)	101,455 (36.8)	80,354 (29.2)	11,818 (4.3)	4,998 (1.8)	8,290 (3.0)	2,581 (0.9)
합 계 (점유율, %)	478,605 (100.0)	156,335 (32.7)	148,331 (31.0)	18,886 (3.9)	17,377 (3.6)	16,140 (3.4)	12,972 (2.7)

2) WTO, *International Trade Statistics*, (2006).

출대국이다. 그러나, 의류제품은 세계시장에서 0.9% 정도를 차지하여 섬유소재에 비하여 상대적으로 취약하다. 섬유산업의 세계시장 점유율은 중국, EU 25개국, 터키, 미국, 인도에 이어 2.7% 정도를 차지하고 있다(표 1-1, 1-2). 우리나라는 아직 의류 완제품 생산에 의한 수출량보다는 섬유 직물소재 수출에 주력하여 고부가가치 제품으로서의 혜택을 누리지 못하고 있는 실정이다.

1) 의류소재

의류소재 산업은 섬유와 실의 제조, 직물의 제조, 염색과 가공 등이 포함되며, 편의상 의류산업의 업스트림에 해당된다.

우리나라 소재의 주요수출 품목을 보면 직물 상태로 수출량의 비중이 제일 높으며, 수입은 완제품의 비중이 가장 높다(그림 1-2, 1-3).

국내용 의류소재의 약 85%는 국내 소재업체들이 생산하며, 나머지는 해외수입에 의존한다. 국내 의류소재 생산은 총 직물생산 중 합섬직물이 약 70% 정도 차지하여 합섬직물을 중심으로 한 직물생산체계를 갖고 있다. 합섬직물은 원료확보가 쉽고, 비교적 저가이므로 세계적으로 수요가 증가하고 있으며, 최근 기술발달에 따라 다양한 신소재가 개발되고 있다.

국내 의류소재 생산은 섬유 종류별로 산지가 형성되어 있으며, 노동집약적인 특징으로 업체 간 경쟁이 치열하다. 대구 · 경북지역에는 국내 전체 직물업체의 62%가 집중되어 있고, 특히 합섬직물업체의 75%가 이 지역에 위치하며, 폴리에스테르의 경우 세계 1위의 생산지이다. 모직물은 전체 업체의 80% 정도가 대구 · 경북지역과 부산 · 경남지역에 밀집되어 있으며, 견직물은 약 70%의 업체들이 경남 진주지역에서 내수용 견직물과 한복원단을 생산하고 있다. 편직물 소재는 경편직물, 횡편직물, 양말류 등이 있으며, 대표적인 횡편제품인 스웨터는 과거 최대 수출품목이었으나 1980년대 이후 미국과 유럽시장이 후발 개도국들에 의해 점차 잠식되어 생산이 위축되고 있다.

최근 의류소재업체들은 내수뿐 아니라 전 세계의 구매자들을 상대로 글로벌 마케팅을 전개하고 있다. 세계시장에 제품을 소개하기 위해 국제적인 소재전시회나 상설 소재전시장에 참여하며, 글로벌 소싱에 의해 해외에서 소재를 생산하고 있다. 수입소재는 국내소재에서 볼 수 없는 특이

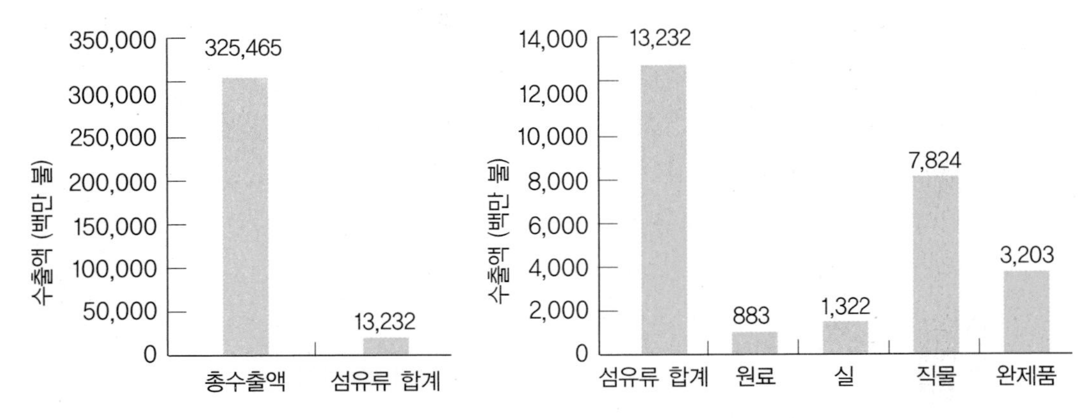

그림 1-2 섬유류의 수출 비중(좌)과 품목별 수출(우)[2]
자료: 2)로부터 저자 재구성

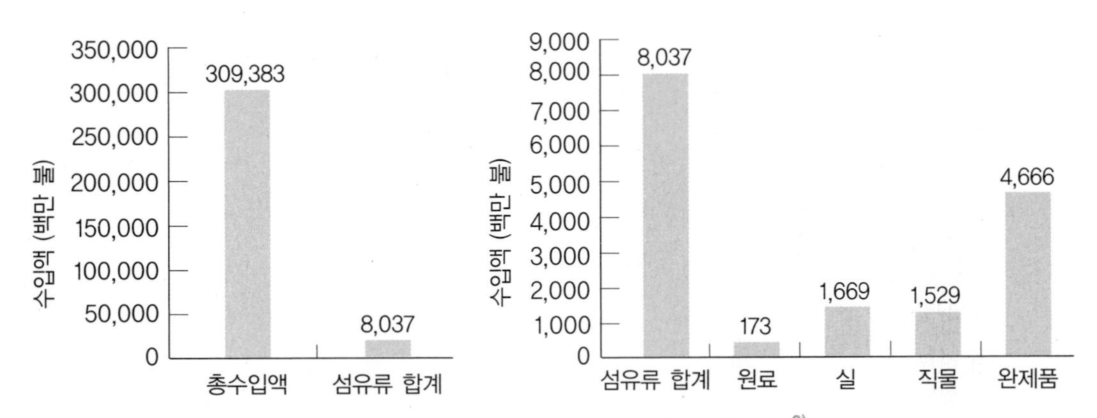

그림 1-3 섬유류의 수입 비중(좌)과 품목별 수입액(우)[2]
자료 : 2)로부터 저자 재구성

한 디자인이나 다양한 색상에 의해 패션 트렌드의 영향을 많이 받는 여성복이나 캐주얼의류에 주로 사용된다. 직물 종류별로는 모직물은 이탈리아와 프랑스에서, 마직물이나 면직물은 이탈리아, 견직물은 중국, 중저가의 면직물은 인도, 파키스탄 등지에서 수입된다.

우리나라 소재산업은 국내 경제의 중요한 역할을 담당하고 있지만 다음과 같은 세 가지 측면의 문제점을 안고 있다. 첫째는 OEM 수출에 의존한 양적 성장에만 치중해 왔고, 둘째, 2000년대 이후 급격한 임금상승과 생산시설의 노후로 인해 생산성이 감소하였으며, 셋째, 소재개발과 관련된 기술혁신과 다품종 소량체제, 고부가가치의 신소재 및 디자인 개발들의 질적 성장이 이루어지지 않고 있다는 점이다.

(1) 섬유와 실의 제조

섬유란 수많은 분자가 모인 가늘고 긴 형태의 유기 선형 고분자물이다. 섬유는 원료의 특성, 섬유의 길이, 용도 등에 따라 다양한 방식으로 구분할 수 있다.

실은 짧은 길이의 스테이플 섬유나 무한한 길이의 필라멘트 섬유로 만들어진다. 섬유는 방적(spinning)을 통해 실로 만들어진다. 방적이란 섬유를 길이방향으로 배치한 후 연신하고 꼬임을 주는 것을 말한다. 일반적으로 필라멘트사는 섬유업체에서, 방적사와 봉재용 실은 원사제조업체에서 제조하며, 실의 상태에서 염색을 하기도 한다.

(2) 직물의 제조

섬유나 실로 직물을 제조하는 공정은 크게 제직(weaving)과 편직(knitting)으로 구분되며, 생산되는 직물의 유형은 업체마다 매우 다양하다. 대부분의 직물업체는 특정 직물만을 전문적으로 생산하는 경우가 많으며, 염색이나 가공처리가 안된 생지(greige goods) 상태로 컨버터

(converter)에게 판매한다. 그러나 수직 통합된 대형 직물 제조업체들은 자사 내에 방적, 제직, 염색, 가공의 전 과정을 수행할 수 있는 시설을 갖추고 가공이 완료된 가공지(finished goods)를 생산한다.

(3) 염색과 가공

의류소재의 염색은 침염이나 날염 방법으로 직물에 색채를 부여하는 공정을 말한다. 염색업체의 주요 고객은 직물 컨버터들로 염색업체는 컨버터의 요구에 따라 직물에 적절한 방법으로 염색을 한다. 또한 대부분의 의류직물들은 섬유의 종류와 용도에 따라 직물의 기능성을 향상시키기 위하여 다양한 방법으로 가공과정을 거친다. 예를 들면 방수가공이나 방축가공, 방추가공을 하기도 하며, 표면에 특성을 부여하기 위하여 신지잉 가공, 머서화 가공, 엠보싱 가공 등의 처리를 한다. 특히, 패션 트렌드에 따라 새로운 가공처리를 하여 소재의 부가가치를 높이기도 한다. 염색가공 처리에 의해 같은 소재라도 가격대에 많은 차별화가 생길 수 있다. 수직 통합된 직물업체들은 염색공장이나 가공공장을 가지고 직접 직물의 완제품을 생산하기도 한다.

직물 컨버터는 직물제조업체로부터 생지를 구입하여 염색과 가공처리를 하여 가공지로 만든 후 의류업체나 소매점에 판매하는 업체를 말한다. 이들은 패션 트렌드나 색채의 경향을 해석하고 섬유조성이나 직물구성, 그리고 다양한 미적, 기능적, 직물 후처리에 대한 소비자의 요구에 맞는 직물을 만들어 내는 전문가로서 직물업체와 의류업체의 중간에서 매개역할을 한다. 따라서, 컨버터들은 의류 및 홈패션 제조업자나 중개상 소매상인들에게 판매할 직물을 만들어 내기 위해서 염색업자, 프린트업자, 후처리 가공업자들과 계약을 맺는 경우가 많다. 컨버터는 대개 종업원이 10여 명 내외의 작은 규모로 운영되어 생산규모가 작기 때문에 소재기획이나 제품공급이 대형 직물업체에 비해 빠르게 진행된다는 장점이 있다.

그러므로 컨버터가 제작하는 직물은 유행 직물들이 주가 된다. 따라서 유행변화를 민감하게 반영해야 하는 여성복, 캐주얼 부분의 직물공급은 컨버터에 의해 이루어지는 경우가 많다.

2) 의류제품

의류제품산업은 패션의류를 기획 · 생산하는 미드스트림 단계에 해당되며, 여성복, 남성복, 유 · 아동복, 스포츠웨어, 캐주얼웨어, 속옷, 수입의류 및 기타 패션제품(침구, 패션잡화, 유니폼, 산업용 의류 등)의 범주가 포함된다.

국내 의류패션산업은 1960년대 양장점과 재래시장을 중심으로 형성된 이래, 고급 기성복산업이 도입되기 시작한 1970년대부터 1980년대 초 · 중반까지를 도입기, 1980년대 후반부터 1990년대 초 · 중반까지를 성장기, 1990년대 후반부터 성숙기, 2000년대부터 변환기로 볼 수 있다. 도입기인 초기에는 주로 수출위주의 성장을 하였고, 1980년대 후반부터 내수시장에 주력하여 1990년을 기점으로 내수가 수출을 앞서기 시작한 국내 의류시장은 1996년 유통시장 개방에 따른 직수입, 라이센스 도입 등으로 최대의 양적 성장을 나타냈다. 그러나 1997년도 후반 IMF로 인한 소비위축으로 많은 업체들이 도산하였고, 부실 브랜드가 정리되는 등 강도 높은 구조조정에 의해 급속히 발전하고 있던 국내 패션산업이 다소 후퇴하였지만 최근 다시 재도약의 가능성을 보이고 있다[3]. 특히, 2007년에 주요 내용이 합의된 한미 자유무역협정(Free Trade Agreement; FTA) 등은 새로운 수출의 도약 기회가 되고 있다.

국내 의류산업의 복종별 시장규모는 자료와 품목기준에 따라 그 추정치가 많은 차이를 보인다. 시장 점유율에서는 여성복과 영캐주얼시장이

3) 임숙자 외, *패션 마케팅과 소비자행동*, 교문사, (2001), p.471.

가장 큰 비중을 차지하고 있고, 남성복이 그 다음을 차지하며, 유 · 아동복과 속옷시장의 순으로 나타나고 있다.

패션잡화의 시장 점유율은 트렌드의 변화와 함께 계속 증가하는 추세이다. 또한 주거환경이 아파트 문화로 확산되면서 국내 침구시장도 크게 확대되고 있다.

(1) 여성복

여성복시장은 유행에 민감하고 극히 세분화된 감성적 수요를 기반으로 하기 때문에 소량생산에 의존하는 중소업체들의 경쟁체제로 형성되었다. 이러한 이유로 여성복은 분류기준이 애매하고 복잡하며, 최근에는 연령보다는 감성에 의해 시장을 세분화 하고 있다. 또한 여성복 판매는 의류 총 판매액의 약 60% 정도이며, 여성복 부문의 고용은 의류산업 총 고용의 50% 이상을 차지한다.

국내 여성복 시장은 1988년 올림픽을 전후하여 급성장하였고, 1990년대 중반 이후 유통시장 다변화와 함께 중 · 대형 브랜드의 시장 확대 및 수입 · 라이센스 브랜드의 도입, 그리고 시장세분화에 의한 다양한 브랜드의 등장으로 본격적인 다브랜드 시대에 돌입하였다. 1990년대 초반 연평균 40% 이상의 높은 성장률을 나타내면서 국내 여성의류업계는 소비시장을 선점하기 위해 경쟁이 치열하게 전개되었다. 이러한 시장상황에서 외형에만 치중한 국내 패션기업들은 과도한 할인정책을 실시하여 이익은 감소하고, 재고는 증가하는 등 많은 문제점이 노출하기 시작하였다. 이러한 문제점을 안고 있음에도 불구하고 양적 확대와 브랜드 세분화에 의한 신규 브랜드의 런칭이 가속화되면서 과도한 경쟁과 재고누적으로 1997년도 후반 IMF 이후 많은 여성복업체들이 도산하였다. 그후 구조조정에 의해 부실기업이 정리되고나서 최근 전반적인 경기회복세에 의해 여성복 시장은 완만한 성장을 보이고 있다. 또한 여성복업계는 글로벌화

그림 1-4 여성복

되는 시장에서 경쟁을 보다 효과적으로 추진하기 위해 소구력이 큰 라이센싱의 강화를, 기계 및 의류산업의 국제 경쟁력 강화를 위해서 수출의 확대 촉진, 생산설비의 분산화, 제품 라인의 다각화, 의류 생산의 자동화 등 각종 대책을 꾸준히 제안하고 있다.

(2) 남성복

남성복 제조업자는 여성복과는 달리 전통적으로 대기업이 많다. 몇몇 남성복 회사는 한 가지 의류만을 전문으로 생산한다. 그밖의 회사들은 매우 다양화되어 있다.

국내 남성복시장은 1990년대 초반까지 삼성물산의 버킹검, LG패션의 마에스트로, 제일모직의 갤럭시, 코오롱의 캠브리지, 삼성의 빈폴 등 대기업 중심의 신사복시장에 의해 주도되었다. 이는 신사복시장이 유행에 보수적인 특성으로 적은 수의 스타일과 패턴변화를 통한 대량생산체제 유지가 가능하고, 높은 고객충성도 구축 및 고가의 원단매입을 위한 자금력이 필요하기 때문이다. 그러나 최근 30대들의 라이프스타일 변화에 따라 캐주얼의류에 대한 선호도가 높아지면서 남성복시장이 다소 감소추세를 보이고 있다.

남성복시장에서 캐릭터 캐주얼시장의 부상은 해외브랜드의 도입과 신세대들의 정장선호 감소 추세, 자유로운 기업문화로의 변화 등에 기인한다. 이러한 시장상황에서 라이센스 신사복 브랜드를 중심으로 다소 무겁게 전개되었던 매장 분위기를 바꾸고, 상품구성도 캐주얼 아이템으로 확대하고 있다. 이런 현상은 남성 소비자들의 구매패턴이 다양한 선택이 가능한 매장을 선호하고 있음을 시사한다.

한편, 경제 발전과 인구 증가는 남성복시장이 급변하는 계기가 되었다. 생활수준의 향상과 함께 패션과 품질 지향의 남성이 늘고 있는 현대사회는 대량의 다양한 상품을 필요로 하고, 이에 따라 남성복산업과 생산공정

그림 1-5 남성복

의 자동화, 해외 생산과 판매의 증대 등에 많은 관심이 집중되고 있다.

또한 소비자의 변화하는 욕구에 따라 남성복도 여성복처럼 고객층과 취향에 따른 세분화가 진행될 것으로 보인다.

(3) 유 · 아동복

아동복산업은 주로 20세기에 생겨난 것으로 그 전까지는 유아복이나 아동복의 생산은 거의 가내수공업에 의한 생산이었으며, 여러 면에서 아동의 활동성이나 성장에 따른 체형의 변화 등에 대한 배려가 부족하였다.

국내 유 · 아동복시장은 시장규모가 작기 때문에 대기업보다는 선발 중견업체가 확고한 시장지위를 유지하고 있고, 특히 토들러(toddler) 및 아동복의 경우 60% 이상을 재래시장이 주도하고 있다. 따라서 아동복은 유통규모도 영세하기 때문에 시장구조가 복잡하고, 종사하는 패션 스페셜리스트도 부족한 실정이다. 그러나 (주)아가방, (주)이에프이(구 해피랜

그림 1-6 유 · 아동복

드), (주)삼도물산 등 대표적인 유아복 브랜드들이 꾸준히 실무전문가를 배출하고 있고, 소득수준의 향상과 핵가족화의 가속화에 따른 키즈마케팅(kids marketing)의 부상은 유·아동복 시장의 전망을 밝게 하고 있다. 1990년대 중반 이후 유·아동복 시장은 실제 구매자인 부모의 구매성향이 바뀌면서 이러한 소비자의 변화에 신속하게 대응한 브랜드들이 시장을 선도하고 있다. 유아복의 경우 명확한 콘셉트를 지닌 수입 라이센스 브랜드 중심으로 고급화되면서 브랜드 의존도가 높아지고 있고, 아동복 시장도 소비자의 요구에 콘셉트를 맞춘 브랜드들의 시장 점유율이 높게 나타나고 있다.

최근 아동복 시장은 시장세분화에 따라 뚜렷한 콘셉트 제안이 기본 요소가 되면서 유·아동복 시장의 질적·양적 성장이 이루어지고 있다. 여성복 제조업자와 같이 아동복 생산자도 생산성을 높이고 품질을 떨어뜨리지 않으면서도 생산 경비를 줄일 수 있는 방법을 찾으려는 노력을 계속하고 있다. 대부분의 생산자들은 컴퓨터 시스템을 도입하여 생산공정 전체를 일괄 조직하여 효율적이면서 종합적인 현대화를 이루려고 노력하고 있다. 이러한 상황에서 시장을 정확하게 이해하고, 어떻게 소비자에게 접근하느냐가 미래 아동복시장의 성패를 좌우할 것으로 보인다.

(4) 스포츠웨어

국내 스포츠웨어시장은 초기에는 재래시장을 중심으로 형성되었고, 운동복은 전문 운동기구와 함께 영세한 중소기업에 의해 생산되었다. 그러나 1970년대 전문 스포츠용품업체가 탄생되고, 1980년대 스포츠 브랜드의 런칭이 가속화되면서 스포츠웨어시장은 급속하게 성장하였다. 본격적인 국내 스포츠웨어시장은 1981년 나이키, 아디다스의 국내 진출과 국내 브랜드 프로스펙스에 의해 본격적으로 형성되었다. 특히, 소득 증가에 따른 경제적·시간적 여유를 즐기려는 소비성향과 '88올림픽 이후 스포츠,

그림 1-7 스포츠웨어

레저에 대한 관심의 증가로 아식스, 리복 등 해외 유명브랜드의 도입과 많은 라이센스, 내셔널 브랜드 등이 등장하였다. 1990년대에는 스키와 골프 붐이 형성되면서 기존의 패션기업들까지 스포츠웨어 생산에 참여하여 스포츠웨어시장은 급성장하여 시장별 전문화가 진행되었고, 스포츠웨어가 편안한 타운웨어로 제시되면서 스포츠웨어에 캐주얼 콘셉트가 더해졌다.

2000년대에 접어들면서 전 세계적인 패션 트렌드로 스포티즘이 부상하면서 스포츠 감성을 부여한 스트리트 캐주얼의 시장확대가 이루어지고 있으며, 이에 따라 세계적인 명품브랜드인 프라다나 에르메스 등도 스포츠 부분으로 영역을 확대하고 있다. 이렇듯 스포츠 패션과 스트리트 패션의 경계가 무너지면서 국내 스포츠웨어시장은 캐주얼시장에 계속적으로 시장 점유율을 잠식당하고 있어 브랜드별 전문성과 차별화가 요구되고 있다.

(5) 캐주얼웨어

국내 캐주얼웨어시장은 1980년대 교복 자율화가 시행되면서 주니어를 중심으로 주도되었다. 최근 소비자 라이프스타일의 변화에 따라 캐주얼웨어시장은 급성장하여 전체 의류시장의 약 20% 정도를 차지하는 대형시장으로 자리를 잡고 있다. 1990년대 중반 이후 캐주얼웨어시장은 세분화가 진행되면서 진캐주얼(닉스, 게스), 이지캐주얼(지오다노), 스포츠캐주얼(스포트리플레이, 후부), 트레디셔널캐주얼(빈폴, 폴로) 등으로 구분되고 있다.

최근 분야별 시장동향은 중저가의 합리적인 가격대의 이지 또는 스포츠캐주얼이 높은 신장률을 보이고 있고, 1990년대 중반까지 시장을 주도했던 진캐주얼과 캐릭터캐주얼 브랜드들은 시장규모가 급속도로 축소되어 소수의 브랜드만이 명맥을 유지하고 있다. 따라서 대부분의 업체들은 이지 또는 스포츠캐주얼 콘셉트를 도입하거나 콘셉트를 전환하고 있다.

그림 1-8 캐주얼웨어

이러한 캐주얼웨어시장은 소비자들이 실용적이고 편안한 라이프스타일의 추구 및 레저 · 문화생활의 정착으로 계속해서 패션시장의 성장을 주도할 것으로 전망된다.

(6) 속 옷

속옷은 여러 가지 목적으로 겉옷의 내부에 착용하는 의류로 몸에 직접 착용하는 옷의 총칭이며, 흔히 내의라고도 한다.

속옷은 겉옷의 변천과 더불어 발전되어 왔다. 겉옷에 가려 직접적으로 잘 드러나지 않는 경우가 대부분이지만 속옷은 위생이라는 근본 목적 외에 겉옷의 유행에 따른 미에 대한 관념 및 사회 · 문화적 혹은 민속적 풍

그림 1-9 속 옷

습 등의 영향을 받아 끊임없이 변화되었다. 일반적으로 남성보다는 여성 속옷이 훨씬 더 다양하며 상의에 비해 하의가 더 발전된 것을 볼 수 있다.

국내 속옷시장은 오랫동안 하얀색 일변도의 상품과 물량위주의 유통망을 형성하고 있는 대기업의 독과점 상태로 유지되어 왔다. 그러나 1980년대 중반 BYC, 트라이, 빅맨에서 시작되어, 1990년대 태창의 '캘빈클라인', 좋은사람들의 '제임스딘'이 속옷의 패션화를 가속화함으로써 캐릭터 패션속옷이 시장을 주도하게 되었다. 이에 따라 중견기업들은 강화된 제품력과 마케팅으로 신규브랜드들을 런칭하고, 신영, 비비안, BYC, 쌍방울, 태창을 포함하는 브랜드들은 BI(brand identity)를 변경하면서 재포지셔닝에 주력하고 있다. 최근 주 5일제 및 경제향상으로 인해 여가생활이 증가하면서 속옷에 대한 개념이 변화되어 아웃웨어와의 경계가 희미해지고 기존의 메리야스 3사인 백양, 쌍방울, 태창과 란제리업체인 신영 · 남영 · 태평양은 속옷제품을 좀 더 세분화 · 차별화하여 패션의 브랜드화를 추구하게 되었다.

또한 최근에 패션속옷의 경우 백화점과 전문대리점 이외에 할인점 등으로 진출하고 있으며, 좋은사람들이나 쌍방울을 비롯한 중견업체들은 온라인으로 유통채널을 확대하고 있다. 이에 따라 앞으로의 속옷시장은 무점포 판매와 온라인 판매의 비중이 커지면서 합리적인 가격대의 무점포 유통과 고급 브랜드의 백화점 유통으로 양극화될 전망이다.

(7) 기 타

가격, 유통, 디자인 등 다방면에서 세분화되고 있는 모자, 목도리, 넥타이, 스카프, 장갑 등 패션잡화 및 침장류가 이에 속한다. 생활의 질적인 향상과 웰빙을 추구하는 분위기가 커지면서 개인적인 기호가 두드러지게 나타나고 있으며 친환경적인 섬유의 소비가 증가하고 있다. 특히 주거공간의 쾌적함을 높이기 위하여 침장류의 디자인과 기능성이 새로운 패션의 흐름으로 나타나고 있으며, 생산규모가 빠르게 증가하고 시장이 확대되고 있다.

그 외 산업용 특수복으로 불에 잘 타지 않는 노멕스 같은 난연성 섬유로 만들어진 소방복, 강도와 내열성이 좋은 케블라섬유로 만든 방탄복, 합성고무의 일종인 네오프렌을 코팅한 노멕스나 고어텍스를 코팅한 노멕스 직물을 이용한 방수복, 신축성이 있는 신소재인 네오프렌 폼을 사용하거나 천연고무를 이용한 스쿠버 다이빙복, 고어텍스 멤브레인이 사용된 원단으로 만든 오토바이복 등도 생활의 레저를 즐기려는 추세에 맞추어 패션시장으로 편입되고 있으며, 특수 기능성 소재를 활용한 고급 소재 의류가 생활전반에 확산되고 있다.

2. 의류의 유통

유통이란 생산자로부터 최종소비자에 이르기까지 제품이동에 관련된 제반 활동으로 유통경로 모색, 원부자재 수급관리, 주문처리, 포장, 보관, 수송 등의 전 과정을 포함하며, 편의상 의류산업의 다운스트림에 해당된다.

그림 1-10 기타 (패션 잡화, 침구, 커튼, 기능성 소재 의류)

그림 1-11 의류유통 현장

향후 의류유통의 전망은 백화점, 전문점 등의 기초 유통형태가 유지되면서 인터넷의 보급과 발달로 인터넷 쇼핑몰이 크게 확대되고 있다. 또한 T-커머스(Television commerce : TV홈쇼핑을 이용한 상거래)와 M-커머스(Mobile commerce : 이동전화와 인터넷을 이용한 상거래) 등으로 유통채널 간의 경쟁이 본격화될 것이다. 또한 소비자들의 감성 추구에 따라 복합된 엔터테인먼트 쇼핑몰, 체험전문점 등이 각광을 받을 것이다.

1) 의류유통의 특성

의류유통은 도매업과 소매업으로 나뉘며, 일반 상품의 유통과 본질적으로 크게 다르지는 않지만 의류 메이커는 도매업을 경유하지 않고 직접 소매업에 판매하는 예가 많다. 이 경우는 의류제조도매라고 부른다. 또한 최근에는 의류 메이커가 소매점을 직영하여 전량 직접 판매하는 경우까지 있다.

의류제품을 취급하는 소매 유통망의 종류는 백화점, 전문점, 대리점, 할인점 등의 점포망과 TV, 카탈로그, 인터넷 홈쇼핑과 인적 네트워크 판매를 포함한 무점포망이 있다.

의류제품의 유통 경로를 보면 원료인 섬유로부터 실이 만들어지고, 직물생산과 염색가공과정을 거쳐 직물판매업체를 거치게 되고, 다시 봉제업체나 니트웨어업체에서 완성된 의류제품이 도매상을 거쳐 소매업체로 넘겨진다. 따라서 의류제품은 제조원가에 비해 유통활동에 상당한 비용이 든다.

또한 의류제품의 유통구조는 생산과정이 많은 단계로 이루어지고, 거치게 되는 유통업체의 수가 많고, 업체의 규모가 대부분 작고 영세하다.

의류유통의 특성은 다음과 같다.

(1) 계절성

의복, 침구, 인테리어용품 등의 의류제품은 춘하추동 4계절에 따라 사용 시기가 한정되어 있다. 따라서 소비자가 소매상으로부터 구입하는 경우 봄 · 가을용은 2월 하순~4월 상순과 9월 상순~10월 중순이고, 여름용은 5월 상순~8월 상순, 그리고 겨울용은 11월 상순~1월 중순이라고 하는 시기에 거의 집중된다.

소매업자는 이 판매시기에 맞추어 봄 · 가을, 여름, 겨울용품을 구입하고, 최종제품은 제조(가공)업자 및 도매업자는 소매업자의 구매시기에 알맞도록 제조하여 직접 또는 2차 도매상, 지방 도매상을 경유하여 최종제품을 소매업자에게 판매한다.

그러나 최종제품 제조업자의 생산 능력은 한정되어 있고, 주어진 시기에 필요량만큼 집중적으로 생산이 불가능하므로, 빠른 시기에 생산을 시작하여 수요기(소매업자의 구입시기)에 필요량(소매업자의 구입 희망량)을 확보하는 제조방법을 취한다. 이를 위해서 도매업자에 있어서도 제품의 비축이 필요하다.

또, 봄 · 가을, 여름, 겨울 각 시즌의 초기에는 소비자의 수요와 소매업자의 강한 태도 때문에 최종제품의 소매가격은 높으나, 시즌이 진행되면서 소비자에 따라서는 사용기간이 단축되기 때문에 구입의욕이 감소하는 한편, 소매업자는 재고부담을 두려워하여 할인을 행하기 때문에 가격이 대폭으로 낮아지는 가격동향이 나타난다.

더욱이 이러한 의류제품의 계절성 때문에 기후의 한난이 판매에 크게 영향을 미쳐서 일반적으로 예년보다 덥거나 추울수록 의류제품의 판매가 증가되고, 기후의 변화가 이와 반대로 되면 판매가 크게 감소하는 경향이 나타난다.

(2) 일상용품과 쇼핑품

의류제품은 소모도 크고 품질이 일정한 수준에 있기 때문에 소비자가 적당하다고 생각하면 판매점에서 즉석으로 구입하는 속옷류, 양말류, 침구류 등의 일상용품과 이것에 비하여 단가가 높고 소비자가 품질, 디자인, 성능, 가격 등에 대하여 여러 점포 또는 같은 점포 내에서도 여러 브랜드를 비교 검토한 뒤에 구입하는 신사복, 숙녀복, 오버코트, 카펫 등의 쇼핑품으로 크게 나누어진다.

2) 의류유통시장의 현황

국내 주요 소재업체의 종류와 현황을 보면 상당수의 의류제조업체가 마케팅까지 겸하고 있으며, 해외트레이딩업체, 원단수입상사, 국내컨버터 등으로 구성되어 있다(표 1-3).

우리나라 내수 의류시장은 약 11조 2천 억(2005년, 그림 1-12) 규모로 추정되며, 최근 20대 신세대를 타깃으로 출범한 신규 브랜드들과 수입의류의 매출호조로 시장은 완만한 성장을 계속할 것으로 전망된다.

국내 어패럴시장 규모를 품목별로 보면, 2005년 말 기준으로 여성복이 5조 3천억 원으로 전체 시장의 약 반(47%)을 차지하고 있고, 다음이 남성복으로 3조 3천억 원 규모인 약 30%를 차지하고 있다. 아동 · 청소년복은 1조 6천억 규모로 약 14%를 차지하고 있으며, 속옷은 약 7천 5백억 규모로 6%를 차지하고 있고, 유아복은 3천억 규모로 2% 정도를 차지하고 있다(그림 1-12).

유통채널별로는 백화점이 4조 2천억 규모로 36%를, 전문점은 2조 6천억으로 23%를 차지하고 있으며, 할인시장이 1조 8천억으로 약 18%를 차지하고 있으며, 재래시장은 1조 2천억으로 약 11%를 차지하여 비중이 감소하고 있다. 기타 아웃렛이 7천 500억으로 6%, 논스토어가 7천억으로 약 6%를 차지하고 있다(그림 1-13).

1997년 말 IMF 이후에 시장규모가 축소되었으나 경기회복 조짐과 더불어 약간의 상승세를 보이고 있다. 2006년도 의류시장은 1,900여 개의 브랜드와 할인점, 수많은 독립점 등으로 구성되어 있고(표 1-4), 현재는 중저가, 중고가 브랜드의 양극화와 새로운 유통업체 등장, 보세 타운화가 진전되는 추세이다.

표 1-3 국내 주요 소재업체의 종류와 현황(2006년)[4]

구 분	업체수	비 고
원단수입상사	40	해외수입원단 대리점 및 무역중개상
국내컨버터	130	내수/수출 병행 약 70%, 90여 개사
해외트레이딩	237	소재기획은 자체 진행하고, 제조는 전량 외주 가공
제 조	295	제조사 중 직접 마케팅 진행사 약 35%, 103개사
기 타	35	특수소재 및 부품용 소재
합 계	737	

4) 한국패션소재협회, (2007).

국내 프로모션 종류와 현황(표 1-5), 국내 기능성 소재별 종류 및 업체의 보유브랜드(표 1-6)를 보면 의류시장이 전문화되고, 기능성 소재의 비중이 점차 높아지고 있는 것을 알 수 있다. 프로모션업체의 증가는 업무의 효율성과 전문성을 고려한 결과이며, 기능성 소재가 확대된 것은 국내 합섬시장의 질적 향상에 크게 영향을 받은 결과이자 소비자들의 욕구가 시장에 반영된 것이다.

또한 최근 들어 여성들의 사회참여가 늘면서 소비력을 갖춘 신세대, 미시족, 커리어우먼 등을 겨냥한 여성의류점의 창업이 증가하고 있다. 토요

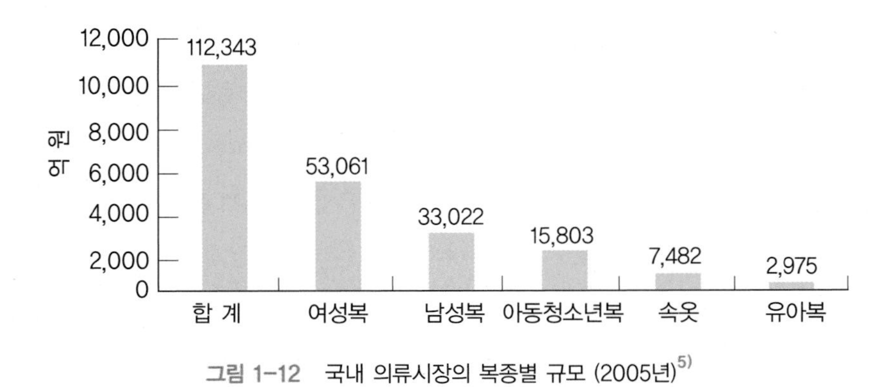

그림 1-12 국내 의류시장의 복종별 규모 (2005년)[5]

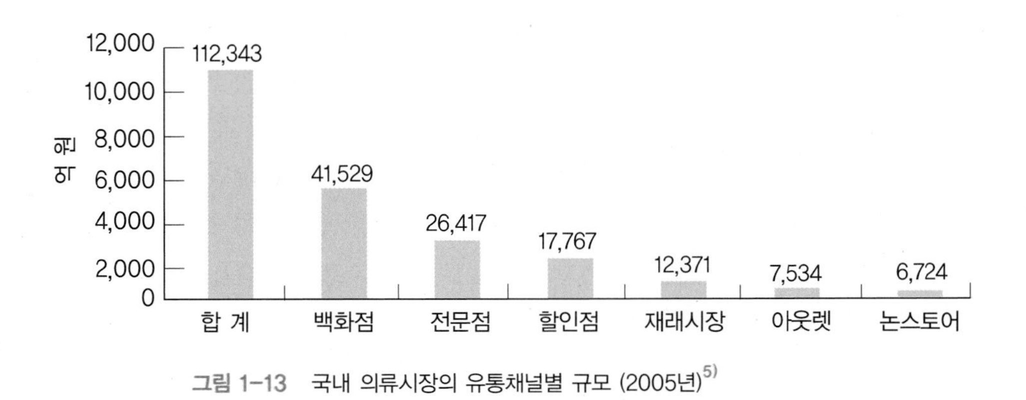

그림 1-13 국내 의류시장의 유통채널별 규모 (2005년)[5]

5) 2007/2008 한국패션브랜드 연감, 어패럴뉴스사, (2007), p.655, 저자 재구성

표 1-4 국내 유통 패션브랜드의 현황(2006년)[4]

종 류	업체수	비 고	전개형태	
여성복	157	남여정장 339	종 류	업체수
남성복	182		내셔널 브랜드	976
여성캐주얼	279	남여캐주얼 401	디자이너 브랜드	139
남성캐주얼	122		라이센스 브랜드	399
스포츠웨어	225		직수입 브랜드	406
유·아동복	159		직진출 브랜드	25
속 옷	137		자체브랜드 중 가격대별 비중	
패션잡화	306		고 가	17.0%
제 화	105		중고가	40.1%
특종상품	153		중 가	23.4%
수입명품	120		중저가	18.4%
합 계	1,945		저 가	1.1%

일 휴무제 확대로 인한 여가시간에 대한 비중이 커지고 생활을 즐기려는 인식이 확산됨에 따라 남녀 캐주얼웨어와 스포츠웨어에 대한 소비자들의 수요는 더욱 커질 것으로 예상되며, 각 업체들도 이러한 간이복을 새로운 시장으로 주목하고 있다.

젊은층들의 다양한 욕구(needs)와 이를 충족시키기 위한 메이커의 노력이 새로운 성인층으로 확산됨에 따라 의류 매출이 가속화되고 있다.

성장률은 비슷하지만 주목할 만한 시장은 유·아동복의 시장이다. 전문업체와 재래시장이 아직 중소규모의 업체들에 의해 장악되고 있는 유·아동복의 시장규모가 신사복 시장규모에 다가설 정도로 커지고 있다. 신규 브랜드들은 한결같이 변화된 소비자 마인드를 겨냥하고 막강한 소비파워를 지닌 신세대 주부층을 공략하기 위해 차별성과 캐릭터성을 강조하고 있다. 또한 낮은 출산율로 한 가정에 한 자녀밖에 없고, 최근 부모의 소득수준 향상으로 인해 유 · 아동복 소비에 돈을 아끼지 않는 것도 유 · 아동복시장 성장에 큰 역할을 하고 있다.

속옷류 및 잡화와 침장류시장은 다른 품목에 비해 재래시장이 차지하는 비중이 높은데, 이들은 어느 정도 전문업체에 의해 점유될지, 체계적인 유통채널을 갖추는지에 따라 시장의 크기가 정해질 것으로 예상된다.

표 1-5 국내 프로모션의 종류와 현황[4)]

프로모션	환편 니트	횡편 니트	우 븐	패션잡화	피혁모피	합 계
업체수	129	181	188	152	108	758

표 1-6 국내 기능성 소재별 종류 및 업체의 보유브랜드[4)]

업 종	회사수	브랜드수	비 고
면방소재	13	65	특수사, 혼방사 비중 확대, 차별화 아이템 개발 붐 면방업계, 생산 시스템 이원화 뚜렷
화섬소재	9	60	나노, 바이오, 초기능성 등 첨단 신소재 개발박차 기능성 소재 시장 대중화 일조
투습, 방수(라미네이팅)소재	16	25	고어텍스 막강화력, 시장 점유율 높이기 위한 라미네이팅 시장, 수입 브랜드가 점령
스트레치소재	14	23	해외 수입소재에 국내 브랜드 도전장 스트레치시장 규모 지속 성장
온도조절소재	15	30	하이테크가 접목된 기능성 제품으로 진화 신체보호용 지능형 섬유 인기
흡습속건소재	22	29	캐주얼, 아동복, 침장류 등 패션전반으로 확산 고객 수요 확대, 무한 경쟁 체재 돌입
친환경 · 천연 건강소재	14	16	진보된 기술력으로 로하스 소비욕구 만족 에코 트렌드 타고 인기 상종가

최근에는 토탈패션 경향이 더욱 가속화됨에 따라 토탈브랜드의 강세와 함께 시장 세분화가 가속화 되는 가운데 신규브랜드 출시가 많은 것이 특징이다.

의류시장은 유통기관별로 보면 백화점이 전체의 23.8%, 대리점 및 전문점이 37.9%를 차지하고 있다. 이를 업종별로 보면 신사복과 간이복, 숙녀복이 백화점과 대리점, 전문점 의존율이 높은데 비해 속옷류 및 잡화, 침장품은 재래시장 의존율이 60%를 넘고 있다.

한편 1993년 7월에 3단계 유통개방조치가 발효되고, 2007년에 주요 내용이 합의된 한미 자유무역협정(Free Trade Agreement; FTA) 등으로 우리나라 내수 의류시장은 시장 완전 개방을 향해 나아가고 있으며, 이미 국내업체와의 라이센스 계약을 통해 유통되고 있는 의류 이외에 수입완제품 의류에 의한 내수시장 잠식이 빠르게 확대되고 있다.

즉, 국내의 라이센스 브랜드, 디자이너 부티크, 내셔널 브랜드 중 캐릭터를 내세우는 브랜드들은 이탈리아나 프랑스산 완제품 직수입 브랜드들과의 접전이 예상되며, 기존 소규모 양품점이나 재래시장은 중국, 동구권, 동남아 등지에서 수입된 저가상품과 경쟁을 벌여야 하는 상황이다.

국내에 등록된 직수입 라이센스 브랜드 총 수는 약 4백여 개이며, 현재 라이센스 브랜드 도입은 주춤한 상태이고 직수입 완제품의 도입 열기가 뜨겁게 일고 있다.

앞으로도 수입 완제품 의류시장은 높은 성장세를 보일 것으로 예상되는데, 내셔널 브랜드들이 이들과 경쟁하기 위해서는 노세일(no-sale) 정책과 정확한 구매, 그리고 철저한 시장조사와 마케팅, 소비자의 인지도 제고 등이 경쟁 변수로 작용하고 있다. 특히, 주요 수입국들 간의 FTA 확산이 빠르게 진행되고 있어 국내 의류업체의 경쟁은 날이 갈수록 심화되고 있다.

3) 의류유통산업의 전망

최근 정보산업의 발달과 글로벌화, 자유무역의 확산으로 우리나라 의류유통산업도 글로벌화되어 경쟁이 더욱 치열해지고 있다. 우리의 강점(strength), 약점(weakness), 기회(opportunity) 요소, 위협(threat) 요소를 분석(SWOT 분석)하여 강점과 기회 요소를 살리고 약점과 위협요소에 적절히 대처하여 패션강국으로 도약해야 할 것이다.

의류산업의 강점으로 상품기획과 마케팅 능력의 우수성, 패션 트렌드의 신속한 파악 능력과 기동력을 들 수 있고, 또한 패션 선진국 못지않게 패션감각이 뛰어난 국내 소비자들을 대상으로 경쟁하면서 획득한 뛰어난 상품기획력과 제조기술을 들 수 있다. 여기에 동 · 남대문을 중심으로 한 전문 인력의 기동력과 순발력은 해외에서도 인정하는 부분이며, 기획 및 디자인분야의 인적자원이 풍부하다. 1960~70년대 경제성장의 밑거름이 됐던 섬유와 의류 수출을 통해 축적된 기술과 노하우를 비롯하여, 세계적인 IT기반과 정보력의 우수성은 패션산업에 긍정적인 요인이 되고 있다.

국내 시장 환경에서 의류패션업체의 가장 큰 약점은 영세성이다. 아울러 국내의 높은 인건비에 따른 비용증가는 중국의 저렴한 인건비로 인하여 국제 경쟁력 약화를 초래하고, 제조설비의 중국 의존도를 높이게 되었다. 또한 우리나라의 패션 브랜드 가치의 열세 및 해외사업에 대한 경험부족과 자금조달력의 부족 및 기업경영시스템의 미흡 등이 약점으로 작용하고 있다. 한편, 내수회복과 함께 그동안 미루어져 온 글로벌 제조직매형 의류전문점(Specialty Store Retailer of Private Label Apparel; SPA) 브랜드들의 진출과 과다한 신규 브랜드의 런칭 등으로 국내 패션산업계는 다시 한 번 치열한 생존경쟁에 직면하고 있다.

중국의 유통개방과 한류열풍은 기회적인 요소 중 대표적인 사례들이다. 중국의 유통개방과 패션시장의 급속한 성장과 더불어 중국과 일본을 비롯하여 대만, 베트남, 몽고 등 아시아 전역으로 확대되고 있는 한류열풍은 패션산업에도 좋은 기회를 제공하고 있다. 지리적 · 문화적으로 세계 어느 나라보다 중국에 가까운 만큼 이를 최대한 활용할 필요가 있다. 중국 진출을 위해서는 인력, 생산, 마케팅을 철저하게 현지화시키고 중국 유통현황과 변화추이의 정확한 분석이 필요하며, 미국과 중국의 섬유수입 세이프가드의 발동에 대한 적극적인 대응도 필요하다. 국내적으로는 그 동안 저성장 기조와 경기침체로 의류시장 규모가 정체상태를 보였으나 경기회복에 따른 매출신장이 예상되고 있으므로 소비자들의 패션마인드 성숙 등으로 패션마켓의 성장이 전망되고 있다.

최근 패션산업에 있어서 가장 위협적인 요소로는 글로벌 SPA 브랜드들의 국내시장 공략과 해외 명품브랜드들의 한국 마케팅 강화가 지적되고 있다. 롯데백화점을 통해 국내에 진출한 일본의 '유니클로'에 이어 스페인의 '자라', 스웨덴의 'H&M' 등도 국내 진출을 했다. 이들이 본격적으로 국내 시장에 크게 확산될 경우 명품시장에 이어 중저가시장도 해외브랜드의 점유율과 영향력이 높아질 것으로 우려되고 있다. 중국시장의 급부상으로 인한 세계시장의 잠식과 국내 백화점의 고급화와 할인점 · 전문점의 매장확대로 해외명품과 매스티지 브랜드의 도입도 지속적으로 증가할 것으로 예상되고 있다[6].

의류유통산업의 글로벌 경쟁력을 강화시키기 위해서는 무엇보다 의류패션과 유통지식을 겸비한 전문인력의 양성이 필요하다. 또한 다양한 유통업태와 해외시장 확대로 외국어가 능통한 패션전문인력의 필요성도 높아지고 있다.

또한 의류유통산업은 수출 및 해외투자 확대로 글로벌 마케팅을 적극적으로 추진하고 세계 주요국과의 상호 협력체제를 구축할 필요가 있다.

6) 이호정 · 여은아, *패션유통*, 교학연구사, (2007), pp.338~340.

제 2 장

의류의 구매

의류의 구매는 의복을 사용하는 목적에 따라 최대한의 효과를 거둘 수 있게 하고, 또 경제적인 측면에서 합리적인 지출 방법이 적용되어야 한다. 따라서 제품에 대한 정확한 정보 분석과 평가가 중요하다.

1. 소비자의 구매행동

우리들이 일상생활을 영위하는 데 있어서는 매일매일 어떤 형태로든 물건을 소비하고, 소비생활에 필요불가결의 상품을 입수하기 위하여 구매행동을 반복하고 있다. 소비자의 구매행동에 영향을 주는 요인은 다양하고 상호간 복잡하게 작용을 하기 때문에 합리성이 부족하기 쉽다.

따라서 소비자행동에 영향을 주는 요인은 무엇이며, 구매의사 결정단계는 어떻게 진행되는가를 알아보는 일은 중요하다.

1) 구매행동에 영향을 주는 요인

제품의 구매행동은 소비자가 상품을 어떤 영향하에서 구입하는가에

초점이 맞추어진다. 구매행동에 영향을 주는 요소는 크게 나누어 소비자 요인, 상품 요인, 사회적 요인, 그리고 점포 내의 환경 등으로 생각해 볼 수 있는데, 이들 요인은 실제 구매의사 결정에 있어 상호 복합적으로 작용한다.

(1) 소비자

구매행동에 영향을 주는 소비자 요인으로는 나이, 생애주기, 직업과 경제적 상황, 라이프스타일 그리고 성격과 자아 등이다.

일반적으로 의류에 대한 기호는 나이에 따라 변화하며 소비자들이 구매하는 패션관련 제품은 개인의 생애주기단계에 따라서 변화하기도 한다. 예를 들면, 미혼여성인 경우 패션성이 강한 의류에 관심을 보이는 것이 일반적이지만 기혼여성인 경우는 기능성과 실용성에 보다 높은 관심을 두고 옷을 선택하게 된다.

직업도 구매형태에 상당히 영향을 주는 요인이다. 전문직 종사자는 주로 포멀한 분위기의 옷으로 정장류를 선호하는 편이고, 자유직이나 자영업에 종사하는 소비자는 다른 사람들보다 편한 캐주얼 스타일에 관심이 많을 것이다. 그리고 사회적으로 높은 직위나 직업을 가진 사람들은 대부분 지위에 어울리는 안정된 보수적인 스타일을 좋아 하겠지만 그들의 라이프스타일에 따라 상당히 다를 수 있다. 라이프스타일은 한 개인의 살아가는 방식으로서 사람의 생활, 혹은 시간과 돈을 소비하는 유형이며 소비자행동에 직접적인 영향을 주어 소비자행동을 예측하는 수단으로도 이용되고 있다.

소비자의 성격에 따라 패션상품에 대한 태도, 구매행동, 선호하는 스타일 등에서 차이가 있을 수 있다. 소비자 성격을 설명하는 데 유용한 개념으로 자아개념이라는 것이 있는데, 자아개념은 자기 자신에 대한 개인의 생각과 느낌의 총체를 말한다. 일반적으로 소비자는 패션상표 대안들 중에서 자신의 자아개념과 일치하는 브랜드이미지를 갖는 패션제품을 선호하는 경향이 있다.

(2) 상 품

구매의 대상이 되는 것이 상품이며, 여기에는 물건뿐 아니라 무형의 서비스 등도 포함된다. 소비자의 행동에 영향을 주는 상품요인으로는 상품의 속성, 상품의 가격 등이다.

상품의 속성은 상품이 갖추고 있는 특성으로 상품 본래의 기능, 성능, 입고벗기의 편리함, 착용감 그리고 색, 무늬, 디자인 등에 대한 감각적 요인 등을 들 수 있다. 제품의 종류에 따라 의류제품의 가치를 결정하는 요인에는 차이가 있다. 가격이 싸고 구입의 빈도가 많은 속옷과 같은 일상용품은 흡습성과 촉감 등의 실용적 가치가 중시되지만, 일부 특정 디자이너 브랜드에 의한 패션의류는 실용적 가치보다는 패션성 · 감각적 기호성이라고 하는 정보적 가치를 중시하는 경향이 있다.

상품의 생산기술, 재료의 발달에 따라 일반 소비자가 상품의 가치나 품질을 스스로 확인하는 것이 어렵기 때문에 상품가격이 상품평가의 기준으로 되기도 한다. 소비자의 상품에 대한 가격 판단은 유사 종류의 일반 상품에 대한 가격 통념과 다른 상품가격의 영향, 매장의 배경, 그리고 매입자의 재정문제에 따라 가격이 싸게 느껴지기도 하고 비싸다고 판단하기도 한다.

(3) 사회적 환경

가족은 국가와 사회를 구성하는 기초단위로서 소비자행동에 가장 영향력이 큰 집단에 속한다. 대개 가족 내에는 구매에 주도권을 행사하는 주체가 있기 마련이지만 핵가족화와 가정의 민주화 추세로 인해 이러한 경향은 점차 줄어들고 있다.

인간은 누구나 일상생활을 영위하는 데 자주 접하면서 친분을 나누는 소규모의 준거집단이 있다. 이것은 구성원의 생각과 행동을 규제하고 그 기준을 제시하기도 하며, 상호간의 교류를 통해 각종 정보를 전파하기도 하면서 소비행동에도 큰 영향을 미친다.

문화는 일정 사회 안에서 생활해 가는 구성원들이 공통적으로 갖는 가치, 신념, 규범, 태도 등의 행동양식이 세대를 거쳐 학습되어 오면서 계속적으로 축적된 결과로서 소비자 행동에 영향을 준다.

국가, 지역, 민족 등에 따라 문화에는 차이가 있으며 이와 같은 문화적 차이에서 연유하는 소비자행동은 상품의 구매 행위에도 나타나 알뜰구매, 과소비구매, 이성구매, 감정구매 및 충동구매와 같은 특징을 보여준다.

같은 사회 계층에 속해 있는 사람들은 소득과 교육수준이 비슷하므로 유사한 상품을 구매하고 사용하는 빈도가 높은데, 이것은 모방구매 현상이 일어나기 때문이다.

그밖에 유행과 광고도 소비자행동에 영향을 미치는 요인으로서 유행의 초기에는 우월욕구 심리가 강하게 작용을 하지만 유행의 중기 이후가 되면 동조의 욕구가 작용하게 된다. 즉, 자신만이 사회나 집단으로부터 제외되고 싶지 않아 유행을 따르게 된다. 소비자행동에 영향을 미치는 광고효과는 소비자의 주의와 관심을 불러일으키고 그 상품에 대한 욕구를 높이고, 확신을 갖게 하여 소비자가 상품을 구매하도록 한다.

2) 구매의사 결정과정

소비자의 구매의사 결정은 상품의 필요성에 대한 인지나 욕구의 강도, 상품의 사용에 따라 기대되는 만족도(상품의 효용)와 가격 그리고 다른 상품이나 효용과의 경합에 의해 영향을 받고, 개인의 개성과 구매상황에 따라 달라진다. 따라서 구매행동은 의사결정과정의 관점에서 보면 다양한 모습을 나타내지만 이들 중 가장 표준적인 의사결정과정은 그림 2-1과

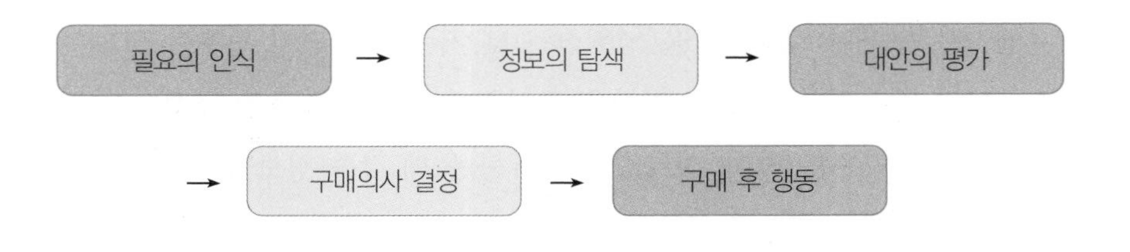

그림 2-1 구매의사 결정과정의 5단계

같이 필요의 인식, 정보의 탐색, 대안의 평가, 구매의사 결정, 구매 후 행동의 5단계로 설명할 수 있다.

소비자들은 5단계 중 경우에 따라서 어떤 단계를 생략하거나 단계간 순서를 바꾸기도 한다. 예를 들어, 스타킹, 속옷 등과 같은 제품은 습관적인 구매를 할 경우가 많다. 기존에 사용하던 제품이 떨어짐과 동시에 필요의 인식단계를 거쳐 바로 평소에 주로 사용하던 상표를 구매하는 직접 구매 단계를 밟게 되어 이 구매의사 결정에 있어서는 정보의 탐색과 대안의 평가가 생략될 수도 있다. 그러나 일반적으로 소비자들이 자신에게 중요한 의류제품을 구매하려는 상황에서는 5단계를 거치는 경우가 많다.

(1) 필요의 인식

필요의 인식이란 소비자가 구매의사 결정을 하도록 동기를 부여받는 과정이다. 구매동기는 의복이 낡아서 새로운 옷이 필요하거나 기존 옷과의 조화를 고려하여 부족한 품목이 있는 경우와 같이 필요에 의해 소비자 스스로의 내부적 자극에 의해서 발생할 수도 있지만, 우연히 의류소매점을 지나가다가 진열된 상품을 보고 구매의욕을 느끼거나 친구의 새로 산 옷을 보고 부러워하게 되는 것과 같이 외부적 자극에 의하여 발생될 수도 있다.

(2) 정보의 탐색

필요를 인식한 소비자는 만약 구매욕구가 강하고 그 욕구를 채울 수 있을 만큼 만족스러운 제품이 있으면 즉각 그 제품을 구매할 것이다. 그러나 일반적인 경우, 보다 나은 제품을 선택하기 위하여 구매에 관한 정보를 필요로 하게 된다. 많은 제품정보를 획득할수록 소비자들은 그들에게 유용한 브랜드나 제품에 대한 인지와 지식이 증가되어 보다 현명한 선택을 할 수 있게 된다. 정보에 대한 탐색활동은 소비자가 구매상황과 관련하여 기억 속에 축적된 정보를 회상하고 재검토를 하는 내부탐색과정과 광고, 친구, 판매원, 진열, 잡지 및 홍보물과 같은 다른 정보원으로부터 상품선택에 대한 정보를 얻게 되는 외부탐색으로 나누어진다. 이러한 정보원천의 영향력은 제품과 소비자의 학력 · 직업 등의 특성에 따라서 다르게 나타난다.

(3) 대안의 평가

소비자들은 정보탐색과정을 거친 뒤 많은 상품들 가운데서 어떤 상품을 선택할 것인가의 문제에 부딪치게 되는데, 이러한 단계가 바로 대안의 평가단계이다. 대안의 평가단계에서 평가기준은 건강 · 위생적 기준, 기능적 기준, 감각적 기준, 사회적 · 심리적 기준, 경제적 기준으로 나눌 수 있다.

상품의 종류에 따라 적용되는 기준의 중요도는 다르고, 소비자들이 구매에 있어서 제품을 어떻게 평가하는지는 소비자의 개인 성향과 구매여건에 많은 영향을 받는다. 내구재나 고가제품을 선택하려 할 때에는 소비자들은 매우 조심스럽고 논리적인 사고로 대안들을 평가하기도 하지만, 간단한 소비재를 구입하려 할 때에는 신중하지 않은 결정을 내리고 충동구매나 직관에 의한 평가를 하기도 한다.

(4) 구매의사 결정

각 상품에 대한 평가 후 소비자는 구매의사 결정을 하게 된다. 구매의사 결정단계는 연령과 성별, 교육수준과 소득, 직업, 가족생활주기, 그리고 경제여건 등에 의해 영향을 받는다.

제품에 대한 선호와 구매의도가 실질적인 구매행동으로 반드시 연결되지 않고 구매하려는 상품을 변경하거나 구매시기를 지연, 또는 구매결정을 회피하기도 하는데, 이는 소비자가 구매와 관련하여 지각하는 위험성 정도에 따라 크게 영향을 받는다.

(5) 구매 후 행동

제품을 구매한 후 소비자들은 그 제품에 대하여 만족 또는 불만족 등의 반응을 나타내며, 이는 다시 구매 후 행동으로 이어지게 되어 반복구매의 동기가 된다. 소비자의 구매에 대한 만족, 불만족의 근거는 제품을 구매하기 전에 구매할 제품에 대한 기대와 제품을 사용한 후 제품의 질에 대한 인식 간의 관계에 의해 결정된다. 만약 제품의 질이 제품을 구매하기 전에 가지고 있던 기대에 못 미치게 된다면 소비자는 실망하게 될 것이고, 제품의 성능이나 특성이 기대이상이면 소비자는 만족할 것이다.

의류제품에서 불만사항은 크기 · 품질 · 가격 · 디자인 등에서 집중되어 있고, 그 외 세탁문제, 품질표시 등에도 있다.

3) 의복구매의 실제

의복을 선정하는 조건은 개인과 상품, 그리고 사회적 · 환경적 요인에 따라 달라서 일률적인 선정방법을 제시하기는 어렵지만 의류제품을 선정할 때 고려해야 할 기본적인 사항은 다음과 같다.

(1) 의복구매시의 평가사항

의복을 구매할 때 제품에 대한 평가사항과 평가내용은 개인의 취향과 상품의 종류에 따라 차이가 있을 수 있지만, 제품구매에 앞서 고려되어야 할 일반적인 평가사항은 다음과 같다.

① 디자인과 색상이 자신에게 잘 어울리는가?
② 현재 소지하고 있는 의복과 소재, 색상, 디자인에서 잘 조화될 수 있는가?
③ 품질에 합당한 가격인가?
④ 신체 부위별로 옷의 크기가 적당하여 동작에 불편함이 없고, 여유분도 충분한가?
⑤ 옷을 입고 벗기가 편리한가?
⑥ 의복을 착용할 때 형태안정성이 있으며 세탁 및 관리가 간편한 소재가 사용되었는가?
⑦ 의복 부위별 재단이 올바르게 되었는가?
⑧ 바느질 솔기가 곧고, 땀이 고르며, 튼튼하게 박혀 있는가?
⑨ 단춧구멍, 지퍼, 훅, 스냅, 단추 등의 부속품이 전체적으로 디자인과 잘 어울리며 튼튼하게 달려 있는가?

(2) 의복선택의 실제

의류제품은 쾌적감이 좋고 착탈이 용이해야 될 뿐 아니라 색, 무늬, 디자인 등의 감각적 패션성이 있어야 한다. 그러나 의복의 용도나 종류에 따라 필요로 하는 요구 성능에는 차이가 있다.

속 옷

속옷은 인체의 청결을 유지하기 위해 입는 팬티와 런닝, 그리고 체형의 결점을 보완해 주면서 아름다운 인체 실루엣을 만들기 위한 브래지어, 거들, 올인원, 코르셋, 슬립 등이 있다.

속옷은 신체와 가장 인접하여 입는 옷이기 때문에 피부생리적 적합성이 무엇보다도 중요하다. 따라서 의류소재는 촉감이 좋고 유연성이 있어 피부를 자극하지 않으며 활동하기 편한 것이 좋다.

그리고 우리의 인체는 땀과 피지와 같은 분비물과 가스를 방출하기 때문에 의복 내의 기후를 쾌적하게 유지하기가 쉽지 않다. 특히 여름철에는 땀으로 인한 습도조절이 의복의 쾌적성에 중요한 영향을 주기 때문에 속옷은 흡습 · 흡수성 및 투습성이 크고 통기성이 우수한 것이 좋다. 그러나 겨울에는 속옷의 보온성이 요구되기 때문에 보온성에 일차적인 역할을 하는 함기성이 큰 것이 바람직하다.

또한 속옷은 쉽게 더러워지기 때문에 자주 세탁을 해야 하므로 반복세탁에 잘 견디는 소재가 요구된다. 면섬유는 흡습성이 큰 편이고 물세탁을 할 수 있기 때문에 속옷의 소재로서 적합한 반면, 나일론이나 폴리에스테르는 세탁이 간편하고 강도가 크지만 흡습성이 적어 속옷감으로 적합하지 않다. 그러나 근래에는 이런 합성섬유에도 친수화 가공을 하여 흡수성이나 투습성을 부여한 속옷감으로 적합한 소재가 개발되고 있다. 통기성과 함기성을 좋게 한 편성물이나 크레이프와 같은 조직으로 된 것도 속옷감으로 많이 사용된다. 속옷에 따라 부위별로 요구되는 기능이 다르기 때문에 한 속옷에서 소재를 달리 사용하는 경우도 있다. 요즘은 항균기능, 보습기능 등으로 속옷에 기능성을 강조한 제품들이 출시되고 있기도 하다.

잠 옷

잠옷은 직접 피부에 닿는 것이므로 우선 쾌적한 수면을 위하여 피부를 자극하지 않는 부드러운 것이 좋다. 그리고 수면 시에는 땀을 흘리기 쉽기 때문에 흡습·흡수성이 좋은 재질이면서 수분을 흡수한 경우에도 피부에 밀착하지 않는 것이 바람직하다. 여름철 잠옷은 통기성이 중요한 조건이지만 겨울 잠옷은 함기량이 풍부하여 보온성이 있는 재질이 좋다. 그리고 잠옷은 청결을 유지하기 위하여 세탁을 자주하기 때문에 세탁에 잘 견디는 소재여야 한다.

한편 의복의 형태는 여유가 있고 헐렁하여 입고 벗기에 편리한 형태가 좋다. 여름에는 목둘레를 조금 많이 파고 칼라를 달지 않는 것이 시원하고, 겨울에는 보온성 때문에 소매부리와 바지부리가 좁은 것이 좋다.

잠옷에 사용되는 소재는 파자마에는 흡습성이 좋고 감촉이 부드러운 면 소재가 주로 사용되지만 원피스 형태에는 드레이프성이 좋은 견직물이나 폴리에스테르·나일론과 같은 합성섬유가 사용되기도 한다. 특히 노약자들은 잠자는 동안 화재에 노출된 가능성이 있기 때문에 노인과 아동의 잠옷은 방염가공된 제품이 좋다.

여름 옷

여름 옷은 두 가지 측면을 고려하여야 하는데, 피부로부터의 열의 발산 및 땀의 증발을 촉진하는 것과 직사광선을 차단하는 것이다.

이 두 가지 조건은 사실 동시에 만족시키기가 어려워 피부의 노출 면적을 넓히거나 밀도가 낮은 성근 소재의 의복은 열의 방산이나 땀의 증발은 용이하지만 직사광선으로부터 인체를 보호하는 기능은 떨어지게 된다. 그러나 여름철 옷에서 우선 고려해야 할 사항은 위생적인 측면이기 때문에 여름 옷의 재료는 흡습·흡수성이 있고 젖더라도 몸에 밀착하지 않는 재료가 좋다. 인체에 생긴 땀은 옷에 흡습된 후 발산되어야 하기 때문에 투습성이 좋아야 한다. 그리고 열의 방산을 용이하게 하기 위하여 얇은 옷감으로서 열전도성이 크고 동시에 통기성 큰 것이 중요하다.

면이나 마와 같은 섬유는 흡습성 및 투습성이 좋고 열전도성이 크기 때문에 여름 옷의 소재로 많이 사용된다. 그리고 옷감이 복사열을 투과하는 정도는 섬유의 종류보다는 색상이나 직물조직에 더 영향을 받기 때문에 의복의 선정에 있어 이 면도 고려되어야 할 사항이다.

한편 의복의 형태는 소매나 목둘레를 넓게 하여 환기가 잘되고 팔과 다리는 되도록 노출시켜 체열의 발산이 쉬운 것이 좋다.

겨울 옷

겨울 옷의 조건은 우선 보온성이다. 이를 위하여 열전도율이 낮아 체열 방산이 적고, 통기성이 낮은 구조로 따듯한 공기를 잘 보존하여야 한다. 의복의 형태는 피부와 의복 사이, 의복과 의복 사이에 정지공기층을 형성할 수 있도록 하고 외부의 찬 공기 유입을 줄이기 위하여 의복의 개구부를 적게 하는 것이 좋다. 의복의 소재는 열전도성이 낮은 양모 · 견이 겨울 옷의 소재로 적합하고, 그리고 함기성의 측면에서는 직물보다 편물구조가 유리하다. 따라서 겨울철 의복의 소재로 모직물의 트위드, 서어지와 같은 것이 많이 이용되고 파일직물, 편성물 등이 각광을 받고 있다.

겨울 옷의 경우 보온상 여러 겹의 의복을 착용하게 되는데, 이때 의복의 위치에 따라 의복의 기능에 차이를 두어야 한다. 겨울철이라도 몸에서 수분과 피지의 분비가 있기 때문에 속옷재료로는 우선 적당한 흡습성과 통기성 등이 있고 촉감이 좋은 것이 좋다. 반면에 중간옷과 겉옷은 함기량이 큰 보온적인 재료가 바람직하다. 중간옷은 신축성이 풍부하여 몸동작이 자유롭고 함기성이 큰 편성물이 좋고, 겉옷은 외풍을 막아 줄 수 있도록 조직이 치밀하고, 통기성이 작은 재료를 사용하는 것이 합리적이다.

유아복(乳兒服)

유아(乳兒)는 체온조절기능이 부족하기 때문에 의복에 의한 조절이 필요하다. 따라서 유아복은 추운 환경에서는 보온성이 있는 것이 좋고, 여름철에는 땀을 많이 흘리기 때문에 흡수성, 흡습성이 우수한 것이 좋다.

유아는 피부의 각질층이 얇아 물질을 쉽게 투과하는 경향이 있기 때문에 가공약제에 대한 안전성이 문제될 수 있다. 또한 피부가 외부 자극에 예민하기 때문에 피부를 자극하지 않는 가볍고 유연한 재질이 좋고, 봉제시 솔기나 시접을 줄이거나 얇게 하며, 속옷은 솔기가 밖으로 된 것이 좋을 수 있다. 의복의 형태는 여유가 있어 움직임이 자유롭고 입고 벗기 편하며 기저귀 갈기에 좋은 것으로 하는 것이 좋다.

한편 유아복은 땀, 분뇨, 토유 등으로 오염되기 쉬우므로 자주 세탁을 하게 된다. 그러므로 반복되는 세탁에 잘 견디는 재질이 중요하다. 그 외 색상으로는 하얀색, 또는 엷은 색이 좋으며 무늬는 복잡한 것보다 단순한 것이 적합하다. 유아복의 소재는 흡습성이 좋고 세탁이 편리한 면이 많이 사용된다.

유아복(幼兒服)

유아(幼兒)기는 생후 만 1년에서 학교에 입학할 때까지의 시기로 정신적 · 육체적으로 발육이 빠르고 활동이 많으며 독립적으로 일을 성취하려 하여 옷을 혼자 입고 벗는다. 그러므로 의복은 신체의 운동을 방해하는 것은 피하고 활동하기 편한 크기와 디자인을 택하고, 유아가 스스로 중심을 취하지 못하는 두꺼운 옷보다는 가벼운 옷이 좋다. 그리고 입고 벗기가 쉽게 여유분이 있고 여밈 장치가 단순하며 앞에서 여미는 옷이 좋고, 필요 없는 장식은 되도록 줄이고 의복도 가급적 몸에 맞는 크기로 선택한다.

유아는 많이 움직이기 때문에 옷이 쉽게 더러워진다. 그러므로 자주 세탁을 해야 하므로 세탁에 강한 소재가 필요하다. 또한 소재로는 통기성과 흡습성, 흡수성 및 보온성이 좋고 가벼우며 촉감이 좋아야 한다. 유아복의 소재는 면이 주로 사용되는 유아복(乳兒服)에 비하여 천연섬유, 합성섬유 등이 다양하게 사용된다.

아동복

아동기는 심신이 같이 발육하는 시기이기 때문에 아동의 심리적인 측면이 고려되어야 한다. 특히 아동은 자신의 옷이 또래집단에서 받아들일 수 있는 옷으로 원하기 때문에 이 점을 염두에 두고 옷을 선택하는 것이 좋다.

특히 이 시기는 생활의 활동 범위가 넓고 운동도 심하게 하기 때문에 무엇보다 신체활동에 편리한 의복이 좋다. 그러므로 팔과 다리가 자유롭게 움직일 수 있도록 여유가 있고 가벼워야 하며, 옷이 흘러내리거나 너무 길거나 짧아 불안감을 느끼지 않게 해야 한다.

또한 활동량이 많으면 오염이 잘 되므로 청결유지를 위하여 세탁이 쉽고 반복되는 세탁에 잘 견디는 내구성이 있는 재질이 좋다. 특히 아동기는 신체성장이 빠르기 때문에 어른 옷에 비해 수명이 짧은 편이므로 신체성장에 따라 시접을 내어 입거나 변화시켜서 입을 수 있는 디자인이 좋을 수 있다.

노인복

노년층은 일반적으로 더위와 추위 양쪽 모두에 민감하다. 노인들은 연골조직의 석회화로 척추가 줄어들어 신장이 감소하며 똑바른 자세를 유지하는 것이 힘들어진다. 또 몸의 지방분이 아래부위로 옮겨져 배와 엉덩이 부분이 굵어진다. 따라서 이런 체형변화에 따른 신체적 결함을 보완하는 디자인이 필요하다. 또한 근육조직의 탄력이 감퇴하고 근육의 힘이 감소하여 쉽게 피로를 느끼게 되고 유연성이 부족하기 때문에 입고 벗기 쉽게 여밈 방식이 간단한 것이 좋다. 그리고 육체적 힘의 감소와 민첩성, 유연성이 부족하기 때문에 활동성에 보다 중점을 둔 의복의 형태가 중요하다.

노인복에 요구되는 소재는 부드럽고 자극을 주지 않으며, 보온성이 우수하고 촉감이 좋은 것, 흡습 및 흡수성이 풍부한 것, 내세탁성이 우수한 것, 피부자극과 대전성이 적어 불쾌감을 주지 않는 것, 적당한 통기성이 있는 것, 가벼운 것, 더러움이 잘 타지 않는 것, 신축성이 있는 것 등을 들 수 있다.

스포츠웨어

요즘 여가시간이 많아지면서 계절에 관계없이 스포츠를 즐기는 사람들이 증가함에 따라 의류시장에서도 스포츠웨어가 차지하는 비중이 점점 증가하고 있다.

스포츠의 종류에 따라 스포츠웨어가 갖추어야 될 조건에는 차이가 있지만, 공통적으로 요구되는 사항은 신체의 활동성과 위생적 기능이다. 신체의 굴신운동에 의한 피부신장률은 보통 20% 내외이지만 때로는 40%에 달할 때도 있어서 옷감의 신축성이 일차적으로 요구되고 동시에 신축된 후에 원상복귀하는 탄성회복성을 가져야 한다. 또한 운동을 하게 되면 땀과 열이 나서 의복 내 기후가 쾌적한 범위를 유지하기가 쉽지 않다. 그러므로 수분과 체열을 차단하거나 이동시킬 수 있는 조절작용을 갖는 소재가 필요하다.

예전에는 스포츠웨어의 소재로 면편성물이 주로 사용되어 왔으나 근래에는 기능성 합성섬유가 많이 사용된다. 신축성이 큰 폴리우레탄 소재로서 스판덱스가 많이 사용되고, 기능성소재로 가장 보편적인 것이 흡한속건성 그리고 투습방수 직물인데, 제조회사에 따라 쿨맥스, 써플렉스, 힐텍스, 고어텍스등의 다양한 종류가 소개되고 있다. 특히 쿨맥스는 4채널 섬유구조를 갖고 있는 원단으로 피부로부터 배출된 땀을 신속하게 배출하여 빨리 건조되는 속건성을 특징으로 하고 있다. 따라서 땀을 많이 흘리는 에어로빅 · 헬스 · 조깅 · 등산 · 테니스 · 사이클링 등의 스포츠웨어 소재로 사용된다.

작업복

작업복은 그 착용목적에 따라 가사노동을 위한 가정용과 먼지 · 기름 · 고열 · 방사능 등에서 신체보호기능을 요구하는 산업용, 그리고 회사의 단체 일원임을 의미하는 유니폼 등으로 구분할 수 있다. 착용형태도 상하분리형, 전신착용형, 부분착용형 등으로 다양하므로 작업조건과 환경에 맞게 합리적으로 선택해야 한다.

작업복의 목적은 우선적으로 근로자가 자신의 작업환경에서 안전하게 일할 수 있도록 위험으로부터 보호하고 안전 및 보건상태를 유지하여 작업의 능률을 향상시키는 것이다.

작업복은 개인적인 미적 기능보다 기능성에 중점을 두고 있다. 따라서 작업복이 구비해야 할 조건은 작업의 내용에 따라 다르겠지만 무엇보다도 작업능률을 향상시키기 위하여 신체활동이 편리해야 한다. 그리고 외부의 위험으로부터 신체를 보호할 수 있어야 하는데, 작업의 내용에 따라 각 유해인자에 노출된 작업환경에서는 그에 대처한 특수 작업복이 필요한 경우도 있다. 강철주조와 요업 등의 고열작업이나 소방작업에 착용하는 방열, 방화복 등이 그 예인데, 노멕스 등이 소재로 사용된다. 그리고 작업을 할 때 땀과 열로 인하여 의복 내 기후가 고온다습할 가능성이 크기 때문에 기후조절이 용이해야 하는데, 이를 위하여 투습방수 소재로 고어텍스 같은 소재가 사용된다. 실외 작업시 방풍과 보온효과를 위하여 윈드스토퍼, 윈드블럭 같은 소재가 사용된다. 그 외에 작업복의 재료로는 오염성이 적고 세탁이 쉽고 건조가 빠르며 다림질은 하지 않아도 좋은 재질이 바람직하다. 그리고 자주 세탁을 해야 하므로 내세탁성이 있어야 하고 내구성 및 내약품성이 있는 것이 좋고, 또한 정전기 발생이 없는 것이 중요하다.

2. 의류제품의 소비성능

의류제품은 소비과정에서 일어나는 여러 환경조건에 적절히 대응하는 능력을 필요로 하는데, 이를 소비성능이라 한다. 이러한 소비성능은 사용하는 조건과 범위에 따라 크게 달라지기 때문에 소비자의 입장에서 제품을 구입할 때 그 제품의 용도에 따른 소비 성능을 파악할 필요가 있다(표 2-1).

제품의 소비성능은 그것을 구성하고 있는 옷감의 특성에 의해 직접적인 영향을 받기 때문에 의류제품의 소비성능은 옷감을 구성하는 섬유의 물성에 일차적 영향을 받아 그 용도가 결정되는 경우가 많다. 표 2-2는 섬유의 물성과 그 용도를 나타낸 것이다.

피륙의 소비성능은 소비자의 생리적 요구와 사회적 요구와 같은 기본

표 2-1 섬유제품의 용도별 성능 요구도

성 능		속 옷	겉 옷	아동복	스포츠웨어	작업복	양 말	담 요
내구적 성능	강도	○	○	◎	◎	◎	◎	○
	마모강도	○	○	◎	◎	◎	◎	○
	내일광성	△	○	○	◎	◎	△	△
외관에 관련된 성능	드레이프성	○	◎	◎	◎	○	○	○
	필링성	○	◎	◎	◎	◎	◎	○
	방추성	○	◎	◎	○	○	△	○
	색상	△	◎	◎	○	○	○	○
쾌적감에 관련된 성능	함기성	◎	○	○	○	○	○	◎
	통기성	○	◎	◎	◎	◎	◎	○
	흡수 · 투습성	◎	○	○	◎	◎	◎	○
관리적 성능	세탁성	◎	○	◎	◎	◎	◎	○
	내열성	○	△	△	△	△	△	△
	내약품성	△	△	△	△	◎	△	△
	항미생물성	◎	△	○	△	△	◎	○
안전에 관련된 성능	내연성	○	△	◎	△	◎	○	○
	대전성	◎	◎	○	△	◎	○	○
	피부자극성	◎	△	○	△	△	○	○

◎ : 요구도가 큰 것, ○ : 요구도가 중간 것, △ : 요구도가 작은 것

표 2-2 섬유의 물성과 용도

섬유의 종류	물 성	용 도
셀룰로오스섬유 (면 · 마)	흡습성, 염색성 우수 열전도성, 내열성 좋음 습윤강도 강함 전기전도성 좋음 탄성과 레질리언스 부족 산에 약함 곰팡이 침해 받음	면 : 셔츠, 속옷, 침대시트, 수건 마 : 여름철 옷감, 손수건, 식탁보
단백질섬유 (견 · 모)	탄성과 레질리언스 좋음 흡습성 좋음 자기소화성 있음 습윤강도 약함 알칼리, 염소표백제에 손상됨 직사일광에 황변됨 건열에 손상됨	견 : 원피스, 블라우스, 한복감, 넥타이, 스카프 모 : 정장 수트, 외투, 스웨터, 카펫, 담요
합성섬유 (나일론 · 폴리에스테르 · 아크릴)	열에 약함 내마모성 우수 열가소성 있음 내약품성, 내충, 내균성 좋음 강도, 탄성과 레질리언스 우수 흡습성이 낮음 대전성 높음	나일론 : 스타킹, 란제리, 양말, 스포츠웨어, 카펫 폴리에스터 : 혼방직물, 기능성직물, 안감, 카펫 아크릴 : 스웨터, 머플러, 속옷, 모포

적인 요구뿐 아니라 감각적인 성능까지를 포함한 총괄적인 일면을 갖는다. 따라서 한 종류의 섬유가 이런 요구에 부합되기는 어렵기 때문에 재료의 기능을 다양화시키는 여러 방안이 강구되고 있다.

1) 내구성에 관련된 성능

의복재료가 귀하던 시절에 의복의 수명을 결정하는 요소는 제품의 내구성이었기 때문에 용도에 관계없이 중요한 소비성능은 내구적 성능이었다.

내구적 성능은 그 제품을 구성하는 섬유의 강도에 일차적으로 영향을 받지만 직물이나 피복으로 사용되면 굴곡 · 마찰 등의 기계적 작용과

열 · 일광 · 약품 등의 물리 · 화학적인 요인에도 영향을 받는다.

(1) 인장 · 인열 · 파열 · 마모강도

의류제품의 외력에 대한 내구성은 인장, 인열, 파열 그리고 마모강도에 따라 달라진다.

실제 직물이 의류제품으로 만들어졌을 때 인장되어 절단되는 경우는 비교적 적지만, 인장강도는 옷감의 내구력을 가늠하는 기본적인 요소이다.

직물의 인장강도는 일차적으로 섬유의 강도(그림 2-2)에 영향을 받지만 실의 굵기, 꼬임과 크림프, 직물의 밀도나 조직 그리고 가공법 등에 따라서도 달라진다.

인열강도는 옷이 찢어지기 쉬운 정도를 나타내는 것으로 인장강도와 달라서 힘이 어느 한 점에 집중되기 때문에 이 점을 지탱하는 실의 올수와 실의 자유도에 따라 달라진다. 따라서 밀도가 크고 실의 움직임이 원활한 능직과 수자직이 평직에 비해 잘 찢어지지 않는다.

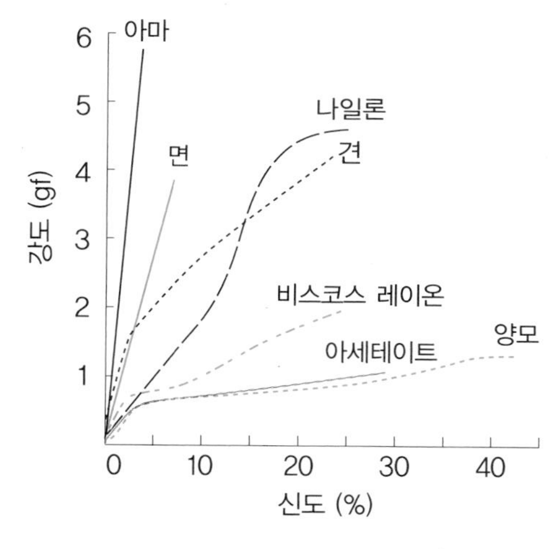

그림 2-2 섬유별 강신도 곡선[1)]

---

1) W. E. Morton, *physical properties of Textile Fibres*, (1975), p.282.

파열강도는 압력에 의한 팽창 후의 터짐에 대한 저항성이기 때문에 피륙을 구성하고 있는 섬유의 강도보다는 섬유의 신장특성에 많은 영향을 받고 있다. 파열강도는 실제 의류제품을 소비하는 과정에서 작용하는 경우는 적고, 부대 등과 같은 용도의 피륙에 요구되는 소비성능이다.

의복을 착용할 때 직물이 절단될 만큼 강한 장력이 주어지는 경우는 드물고 마찰과 굴곡이 반복되는 경우가 대부분이다. 따라서 인장 · 인열보다는 마모가 옷을 헤어지게 하는 직접적인 요소로서 작용하게 된다. 옷을 사용하다보면 셔츠의 소매, 칼라 그리고 옷의 끝단 등이 쉽게 헤어지는 것을 볼 수 있다. 이는 그러한 부위들이 접혀 변형이 큰 상태에서 반복적으로 일정한 부위가 집중적으로 마찰되기 때문이다.

마모강도를 결정하는 요소는 대단히 많고 복잡하지만 그 피륙을 형성하고 있는 섬유 고유의 마모강도가 큰 역할을 하게 된다. 나일론과 폴리에스테르, 올레핀 섬유 등은 마모강도가 우수한 섬유이므로 내마모성을 요구하는 용도로 사용되고 있다. 나일론이 마찰과 마모작용을 많이 받는 양말이나 스타킹에 사용되는 것도 이것의 한 예이다. 반면에 아세테이트나 레이온섬유는 내마모성이 좋지 않다.

(2) 봉합강도

봉합된 의류제품의 솔기가 뜯어지는 정도를 봉합강도라고 한다. 봉합강도는 솔기의 종류, 박음질 방법, 직물의 방향, 그리고 봉합의 방법 등에 따라 달라진다. 직물에 적당하지 않은 재봉사를 사용하였거나 또는 바늘땀의 크기가 적당치 않았거나, 윗실과 밑실의 장력이 조절되지 않았거나, 재단이 잘못된 경우 솔기의 봉합강도는 약해지고, 스티치의 밀도가 증가하고 봉합사의 강도가 커질수록 봉합강도는 증가한다.

일반적으로 제품을 생산할 때 면직물에는 면 재봉사, 합성섬유직물에는 폴리에스테르 재봉사 등으로 소재에 합당한 재봉사를 사용하여 옷감과 봉합사의 강신도, 수축성 등의 물리적 특성을 비슷하게 한다. 그러나 의류제품은 사용과정에서 직물보다는 봉합사에서 보다 큰 응력을 받기 때문에 보다 약한 스티치 부분이 있으면 쉽게 파손된다. 실제 의류제품의 솔기가 뜯어지는 경우는 옷을 착용하였을 때보다는 세탁 시에 많이 발생하는데, 이는 세탁하면서 봉제사가 쉽게 풀어져 이완되기 때문이다. 이완되는 정도는 필라멘트로 된 폴리에스테르사보다는 스테이플인 면사가 크기 때문에 면 재봉사를 쓴 제품에서 솔기의 파손이 자주 나타난다.

(3) 내일광성

의류제품의 내일광성은 일광에 장시간 노출되는 커튼 · 차양 · 깃발 등에서는 중요한 소비성능이다.

의류제품은 착용하거나 건조과정에서 일광에 노출되면 점차 강도가 줄어드는 노화현상이 일어난다. 노화현상에 대해 명확한 규명은 되어 있지 않지만 일광 중의 자외선에 의해 섬유중합체의 분해가 노화의 원인으로 알려져 있다. 자외선에 의한 제품의 노화현상은 피륙을 구성하고 있는 섬유의 내일광성에 영향을 받고 있다. 그림 2-3은 여러 가지 섬유를 남국에서 일광에 노출한 후의 강도 변화를 나타낸 것으로 견 · 나일론 등이 내일광성이 나쁘고, 면 · 레이온 · 아세테이트 등은 중간 정도이며, 폴리에스테르 · 아크릴섬유는 내일광성이 우수하다.

이와 같이 의류제품은 일광에 노출되면 강도가 저하될 뿐 아니라 염색된 옷은 일광에 의하여 변색이나 퇴색되는 경우가 많다. 이는 염색물의 염료가 공기중에서 산화하여 염료의 화학적 구조가 변하기 때문이다.

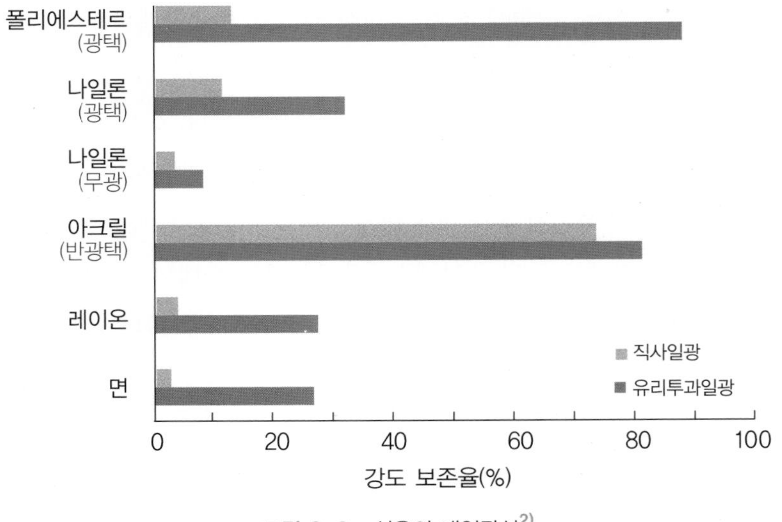

그림 2-3 섬유의 내일광성[2)]

(일광노출시간은 1년으로 아마, 양모, 스판덱스, 폴리프로필렌 등은 유리 투과일광에서도 완전히 손상되어 강도측정이 불가능하였음)

2) 외관에 관련된 성능

의복 재료가 귀하던 시절에는 내구적 성능이 제품의 수명을 결정하였지만, 근래에 와서 의류제품의 수명은 외관에 많이 의존한다.

외관적 성능이란 형상에 관계하는 직물의 역학적 특성 외에 촉감과 시감에 연결되는 부드러움, 그리고 색채와 광택 등과 같은 감각적 성능도 포함하고 있다.

(1) 드레이프성

제품이 자체 하중에 의하여 밑으로 드리워지는 성질을 드레이프성이라고 한다. 이는 옷 또는 커튼 등이 형성하는 자연곡선을 나타내는 특성으로서 옷의 실루엣에 많은 영향을 준다. 제품의 드레이프성은 일차적으

2) D. J. Bringarndver, J. W. McCarty and P. P. Pritulsky, *Textile Ind*, (1966), **130**(4), 125.

표 2-3 직물의 드레이프 계수[3)]

시 료	드레이프 계수
범포(면)	0.87
부직포(건식)	0.82
부직포(스펀본드)	0.65
브로드(면)	0.61
서지(양모)	0.50
트리코(나일론)	0.29
크레이프드신(견)	0.22

로 제품을 구성하는 직물의 강연성에 영향을 받는다.

강연성은 직물의 부드러움과 빳빳함을 나타내는 것으로 옷의 태를 결정하는 중요한 요소로서 강연성이 작은 천은 탄력성이 있어 부드럽게 밑으로 드리워지기 쉽고, 의복으로 만들면 인체의 형태를 잘 들어내게 된다. 직물의 강연성은 일차적으로 직물을 구성하는 섬유의 초기탄성률에 영향을 받아서 초기탄성률이 클수록 강직해진다(표 2-3).

또한 무게와 직물조직도 드레이프성에 영향을 준다. 무거운 천은 가벼운 천에 비해 드레이프성이 좋다. 피륙을 구성하는 섬유와 실의 움직임이 원활할수록 쉽게 변형될 수 있기 때문에 평직에 비해 수자직이 드레이프성이 좋고, 부직포는 섬유가 접착되어 있기 때문에 섬유의 움직임이 원활하지 못하여 드레이프성이 불량한 것이 많다. 직물보다는 편물이 드레이프성이 우수한 경우가 많다.

(2) 방추성

의복을 세탁하거나 착용을 하면 외부의 힘에 의해 구김이 발생한다. 피륙에 구김이 생기는 정도는 일차적으로 피륙을 구성하는 섬유의 레질리

3) 日本纖維消費科學會, *纖維消費科學 핸드북*, 光生堂(日), (1988), p.100.

언스와 탄성회복성에 영향을 받는다. 탄성회복성이 좋은 섬유는 방추성이 우수하다. 실의 꼬임과 굵기, 그리고 직물의 조직도 방추성에 영향을 주게 되는데, 실의 꼬임이 아주 많으면 구김은 쉽게 생긴다.

또한 조직 내에서 조직점이 적으면 실의 움직임이 용이하기 때문에 구김에 대한 내성이 생긴다. 따라서 능직이나 수자직은 평직에 비해 방추성이 좋고 편성물도 실의 움직임이 자유스러워 직물에 비해 방추성이 좋다.

한편 방추성은 수분과 열의 영향도 받게 되는데, 수분과 열이 주어지면 수소결합과 같은 분자 간 결합력이 줄어들면서 적은 힘에도 섬유의 분자들이 미끄러지게 되어 구김이 쉽게 생긴다. 비가 오거나 흐린 날 옷에 구김이 쉽게 가는 것을 경험하는 것도 이와 같은 이유 때문이다.

섬유에 방추성을 부여하기 위하여 수지가공을 하게 되는데, 이는 수지에 의해 섬유분자에 강한 분자 간 가교가 형성되면서 외력에 안정한 구조가 되기 때문이다. 이들 가공의 대표적인 것이 면직물의 워시앤드웨어(wash and wear; W&W) 가공인데, 이는 건방추성과 함께 습방추성을 향상시킨 것으로 이들 제품은 세탁 후의 다림질이 생략될 수 있다. 또 워시앤드웨어 가공과 유사한 가공은 듀어러블 프레스(durable press; DP) 가공으로 워시앤드웨어성과 형태보존성을 동시에 주는 것이다. 면 또는 그 혼방제품이 착용하는 동안 그 형태가 변화하지 않고 영구적으로 유지되고, 재봉질한 부분의 심퍼커링이 생기지 않게 한 가공으로 이 가공을 한 제품은 형상 기억제품 등으로 소개되기도 한다. 이 가공제품의 단점은 강도가 약하고 염소의 흡착, 포름알데히드의 발생, 그리고 비린내 등이다.

(3) 색상 및 광택

의류제품의 색상은 소비자의 제품선택에 중요한 역할을 한다. 대개 제품은 구성하는 섬유의 원색이나 백색으로 사용되는 경우도 있지만 상품의 품질과 상품가치를 높이기 위하여 염색을 하게 된다.

섬유의 염색성은 일차적으로 섬유의 화학적 조성과 섬유 내에 염료와 반응할 수 있는 원자단의 존재 유무에 의해 영향을 받게 된다. 따라서 같은 염료라도 제품을 구성하고 있는 섬유에 따라 염착되는 정도가 다르고 색상의 선명도에도 차이가 날 수 있어 각 섬유에 적절한 염료와 염색법이 선택되어야 한다.

최근에는 감성에 호소하는 상품들이 개발되고 있는데, 이 중에서 주위 환경에 따라 제품의 색상이 가역적으로 변하는 변색제품들이 소개되기도 한다. 이들은 크게 온감변색, 광감변색 또는 주위의 색과 같은 색조로 변색하는 카멜레온 소재를 제품에 부분적으로 사용하거나 전체적으로 사용하는 데 아동복이나 운동복 등에 이용된다.

제품의 광택은 표면에 반사되는 빛의 양에 따라 결정되기 때문에 표면의 평활성에 많은 영향을 받는다. 인조섬유는 천연섬유에 비해 표면이 매끄러워서 광택을 가지고 있는 경우가 많다. 이러한 광택은 장점이 될 수도 있으나 의복재료로 바람직하지 않을 때가 많다. 그리하여 인조섬유의 광택을 없애기 위하여 이산화티탄입자를 섬유에 첨가하기도 한다. 그리고 차분한 광택을 위하여 섬유의 표면에 미세한 요철을 만들기도 한다. 표면이 오톨도톨한 크레이프(crepe)는 꼬임이 많은 실로 직조한 것인데 평활성이 적기 때문에 광택이 적고 내부반사광이 많아져서 부드럽고 심도가 있는 광택을 가지게 된다.

요즘에는 야간에 빛을 낼 수 있는 제품들이 출시되기도 한다. 이들은 다른 광원으로부터 빛이 섬유제품에서 반사되는 광재귀성 반사재를 직물에 가공을 한 제품들과 형광물질을 의류제품의 무늬부분에 도입하여 기능성과 감각적인 면을 보강한 것이다.

3) 쾌적감에 관련된 성능

일차적인 의복의 기능은 외부의 환경으로부터 인체를 쾌적하게 보호하는 것이다. 쾌적감에 영향을 주는 요소는 온도와 습도이기 때문에 옷감의 열이동과 수분이동은 위생적인 측면에서 고려해야 할 중요한 요소이다.

(1) 보온성

의복의 계절성에 가장 영향을 주는 요인이 의복의 보온성이다. 여름철에는 되도록 보온성이 낮고 시원한 옷을, 겨울철에는 보온이 잘 되는 따뜻한 옷을 입게 된다.

일반적인 환경기후에서 체온이 주위의 온도보다 높기 때문에 열은 인체에서 주위로 이동한다. 따라서 일차적으로 의복의 열차단효과에 따라 의류제품의 보온성은 달라진다. 옷감의 열차단성은 섬유자체의 열전도율과 함기성에 영향을 받는다. 섬유의 열전도성은 섬유의 종류에 따라 차이가 있는데, 모섬유는 열전도성이 낮은 반면에 마섬유는 열전도성이 커서 모섬유는 겨울 옷감으로, 마섬유은 여름 옷감으로 사용된다.

일반적으로 공기의 낮은 열전도성으로 함기성이 큰 것이 보온에 유리하지만 정지공기층의 범위를 벗어날 정도로 함기성이 지나치면 대류현상이 일어나므로 보온성은 오히려 저하된다. 일반적으로 의류제품의 함기성은 50% 이상으로 60~80% 범위 내의 것이 많다. 제품의 함기는 제품을 구성하고 있는 섬유, 실, 직물, 그리고 안감과 겉감 사이에 공기를 함유하고 있다.

의복의 함기성은 섬유의 종류, 실의 굵기 및 꼬임, 사밀도, 두께, 직물의 조직 및 방향, 그리고 가공법과 옷의 착용방법에 따라 달라진다.

한편 의복이 젖으면 보온성이 현저히 떨어진다. 이는 열전도율이 낮은 공기 대신에 열전도성이 큰 수분으로 대체되고, 또한 물의 기화에 의해

열 손실이 증가되기 때문이다.

의복의 보온성은 피복면적에 영향을 주는 옷의 형태에도 영향을 받는데, 옷의 길이가 짧고 개구부위가 넓고 몸에 헐렁할수록 보온성은 낮아진다.

또한 가공에 의해 의류제품의 보온성을 증진시키는 방법도 있다. 근래까지 섬유제품의 보온성에 관한 관심과 기술개발은 공기층을 이용하거나 복사에 의한 방열 억제에 주안점을 두고 있지만 최근에 개발되고 있는 적극적 보온 소재는 세라믹이라든지 유기화합물을 섬유에 혼입시켜 태양광을 흡수 변환하여 축열을 하거나 원적외선을 방출시켜 보온성을 증진시키는 기술들이 개발되었다.

(2) 통기성

인체는 항상 수분을 발산하고 신진대사로 인하여 생긴 가스를 배출한다. 따라서 의류제품의 공기투과능력은 의복 내의 수분과 가스를 외부의 신선한 공기와 교환하여 쾌적한 환경을 형성하기 위하여 위생적인 측면에서 대단히 중요하다. 의류제품의 통기성은 계절에 따라 적당한 것이 필요한데, 여름에는 열과 수분의 이동을 원활하게 하기 위하여 통기성이 큰 것이 좋고, 겨울에는 어느 정도 체내열의 방산을 막고, 바깥의 차가운 공기의 투입을 막기 위하여 가장 바깥옷은 통기성이 적은 것이 바람직하다.

통기성은 섬유의 집합상태, 섬도 그리고 직물의 조직, 밀도, 두께 등에 영향을 받는다. 일반적으로 평직에 비해 능직이 통기성이 적은데 이는 능직이 평직에 비해 직통기공면적이 적기 때문이다. 그리고 실의 밀도와 피복성이 증가하면 통기성은 감소한다. 실의 꼬임이 많아질수록 실표면의 보풀의 감소로 인해 공기의 통과에 대한 저항이 약해지기 때문에 통기성은 증가한다.

옷의 통기성은 옷의 형태에 따라서도 차이가 있다. 몸에 붙는 옷보다는 개구부위가 넓고 헐렁한 옷이 공기의 대류현상에 의하여 통기성이 좋다.

(3) 흡습 · 투습성

흡습성은 섬유가 공기 중의 수분을 흡착하는 성질을 말한다. 흡습성은 대기의 온도와 상대습도에 영향을 받아 상대습도가 높을수록 흡습량은 증가하는데, 이런 이유로 덥고 습한 날에 옷이 눅눅하게 느껴진다.

흡습성은 직물을 구성하고 있는 섬유의 종류에 따라 다르지만 직물의 구조와 형태에 따른 영향은 거의 없다. 섬유의 흡습성은 피복재료의 성질과 용도에 크게 영향을 준다. 흡습성이 적은 섬유제품은 세탁 후에 쉽게 건조되고 형태안정성도 있지만 수분이동이 원활하지 못하여 착용감이 좋지 않고 대기가 건조할 때 표면에 정전기가 발생하기 쉽다.

투습성은 직물을 통하여 수분이 이동하는 성질로서 섬유의 흡습성과 함께 의복의 쾌적성을 평가하는 중요한 요소이다. 인체에서는 항상 수분을 발산하고 있으므로 직물이 수분을 적절히 외부로 투과시켜 피복 내의 습도를 쾌적한 상태로 유지하는 것이 바람직하다.

수분의 이동은 직물의 기공을 통해 직접 투과하는 경우와 수분이 옷감의 내부표면에서 섬유에 흡수 · 확산하여 외부표면으로 이동하고 그곳에서 외부로 증발하는 두 가지 경로로 생각할 수 있다. 직물의 밀도가 적어 직통기공이 많으면 직물의 기공을 통하여 수분이 직접 이동하지만 옷감이 치밀하면 일단 옷에 흡습된 후 증발된다.

투습성에 영향을 주는 요인은 직물을 구성하는 섬유의 종류보다는 직물의 조직과 밀도, 그리고 직물에서 섬유가 차지하는 부피에 영향을 받는다. 나일론과 비닐론 같은 소수성 섬유는 섬유의 부피 증가에 따라 투습저항이 급격히 증가하는 반면, 면이나 양모 같은 친수성 섬유는 섬유의 체적 변화에 의해 영향을 덜 받는다.

근래에 소개되는 스포츠웨어는 운동시 발생되는 땀으로 인한 불쾌감을 없애고, 외부의 빗물이 내부에 침입하지 않는 방수성과 투습성을 겸비한 소재가 많이 사용된다. 이러한 기능은 직물에 미세다공막을 부여하거나 초극세사를 사용함으로써 가능하다. 그리고 의복이 다량의 물을 흡수하면 무겁고 축축하여 불쾌감을 줄 수 있는데, 땀은 빨리 흡수하지만 흡착된 수분이 빠르게 마르는 흡한속건성소재도 개발되었다.

4) 의류관리에 관련된 성능

의류제품은 사용하는 동안 여러 원인으로 더러워지고 형태가 변하여 제품 본래의 기능을 다하지 못하게 되므로 제품의 성능를 회복시키기 위하여 세탁이 필요하다. 그리고 계절에 따라 의복이 달라져야 하기 때문에 의복의 보관은 불가피하다. 이와 같이 세탁과 보관 등의 관리적인 측면에서 요구되는 성능을 관리적 성능이라 할 수 있다.

(1) 세탁성

옷을 비롯한 섬유제품은 사용 중에 여러 가지 원인으로 더러워진다. 더러워진 옷은 보기가 흉하고, 성능도 저하되며, 해충 및 세균이 번식하기도 쉬워서 제품의 품질을 보존하기 어려워진다. 세탁은 더러워진 옷을 깨끗이 해줌으로써 제품의 본래 기능을 회복시켜 준다. 세탁은 물을 세탁용수로 하는 물세탁과 유기용제를 사용하는 건식세탁으로 나눌 수 있는데, 소비자 측면에서 어떤 세탁방법을 택할 것인가는 세탁을 하기에 앞서 가장 먼저 결정을 내려야 할 사항이다. 섬유 중에는 양모, 견과 같이 물세탁에 의해 손상되기 쉽거나, 여러 가지 소재로 구성되어 있어 물속에 들어가면 형체가 변하기 쉬운 의복, 세탁견뢰도가 좋지 않은 염색물 등은 유기용제로 세탁하면 세탁에 의한 변형 및 손상을 방지할 수 있다. 그러므로 물세탁에 의해 손상을 받을 수 있는 제품은 건식세탁을 해야 하고 이런 경우가 아닐 때는 물세탁이 경제적이다.

세탁성에 영향을 주는 요인은 제품의 구성섬유와 오염의 종류와 부착

상태, 그리고 세탁조건에 의해 영향을 받게 된다.

한편 섬유의 표면을 불소계 또는 실리콘 수지로 처리하여 섬유의 발수·발유성과 함께 오염을 방지하는 일종의 방오가공이 행해지고 있는데 이 가공을 한 제품은 세탁성이 오히려 저하된다.

(2) 내열성

의류제품은 세탁을 하거나 다림질을 하는 과정에서 열의 작용을 받는다. 일반적으로 직물의 내열성은 적어도 100℃에서 장시간 노출하여도 변화가 되지 않아야 한다.

내열성은 섬유의 종류에 따라 견디는 온도도 다르고 열에 대한 거동도 다르다. 천연섬유는 비교적 고온에서 잘 견디고, 높은 온도로 가열하면 분해되지만 아세테이트와 대부분의 합성섬유는 열에 대한 내성이 천연섬

표 2-4 소재에 따른 적정 다림질 온도[4)]

섬 유	적정온도 (℃)
면·마	160~200
레이온	120~150
견	130~140
양모	120~160
아세테이트	120~130
나일론 폴리에스테르 아크릴 폴리비닐알코올	100~130

*면·마 : 수분을 가함
견·모 : 수분 또는 스팀을 주고 덮개천
아세테이트, 폴리비닐알코올은 건조 상태로 덮개천

4) 失部章彦·林雅子, *被服整理學概論*, 光生堂(日), (1967), p.201.

유에 비해 낮고 어느 온도 이상의 열이 가해지면 용융된다. 따라서 합성섬유는 천연섬유에 비하여 낮은 온도에서 다림질하는 것이 바람직하다. 또한 합성섬유는 열에 의하여 수축하는 경우가 있는데, 이는 높은 온도에서 섬유의 내부구조가 쉽게 변할 수 있기 때문이다. 그러므로 열가소성이 있는 합성섬유는 내부구조를 변화시킬 만큼의 높은 온도에서 다림질, 건조 등을 하지 않는 것이 좋다.

(3) 내약품성

섬유제품은 세탁하거나 표백 및 증백, 그리고 염색을 하는 과정에서 다양한 화학약품에 노출되어 손상을 받는다. 제품의 관리 과정에서 의류제품에 손상을 주는 화학약품을 크게 분류하면 산과 알칼리, 산화제와 환원제, 그리고 유기용제 등이다.

섬유의 내약품성은 섬유의 화학적 조성에 의해 영향을 받는데, 면, 마와 같은 셀룰로오스섬유는 대체로 산에 약하지만 알칼리에 강하다. 반면에 단백질섬유는 알칼리에는 약하나 산에는 강한 편이다. 합성섬유는 대부분 산과 알칼리에 대해 좋은 내성을 가지고 있다.

요즘 가정에서 쉽게 사용하고 있는 염소계 표백제는 셀룰로오스섬유에는 사용해도 되지만 단백질섬유나 나일론, 폴리우레탄과 같은 합성섬유 그리고 수지가공된 것은 변색이 되기 때문에 사용하지 않는 것이 좋다.

산소계 산화표백제는 표백력이 염소계 표백제에 비하여 약하지만 제품의 소재에 관계없이 사용이 가능하기 때문에 가정용 세탁에서 최근에 폭넓게 사용되고 있다. 일반적으로 의류제품의 품질표시에는 표백제와 유기용제에 대한 취급내용이 나와 있어 제품관리에 도움이 되고 있다.

그 외 피복재료 섬유는 드라이클리닝 및 얼룩빼기에 사용되는 유기용제에 견뎌야 한다.

(4) 방충성 · 방균성

의류제품은 사용과정에서 미생물이 서식하여 인체건강을 해치거나 악취를 발생시키고 때로는 섬유제품을 변색, 오염, 손상시키기도 한다.

미생물이나 해충은 영양분이 있는 상태에서 온도와 습도가 적절하면 급속히 번식하게 된다. 천연섬유는 섬유 자체가 영양분이 되기 때문에 쉽게 해충과 미생물의 침해를 받게 되지만 아세테이트나 합성섬유는 천연섬유보다 방충성과 방균성이 있다.

그러나 섬유 자체는 생물에 대하여 강하더라도 풀과 같은 첨가물이나 오염물이 있는 경우 그것이 영양분이 되어 방충성 및 방균성이 떨어진다. 영양분 이외에도 생물의 번식은 온도와 습도에 따라 달라지는데, 온도와 습도가 높을수록 생물번식에 대한 저항성은 줄어들게 된다.

따라서 모든 섬유 제품을 보관할 때에는 이물질을 깨끗이 제거하여 온도와 습도가 낮은 곳에 보관하는 것이 미생물이나 해충으로부터 제품을 안전하게 보호할 수 있는 방법이다.

요즘은 보관중에 섬유제품의 변색 및 취화방지를 위하여, 또는 침구, 속옷, 양말, 신발, 그리고 환자복 같은 곳에 착용자의 보호를 위하여 항미생물가공을 처리한 제품들이 많이 출시되고 있다.

5) 안전성에 관련되는 성능

의복의 중요기능 중의 하나가 신체의 보호이지만, 의복으로 인하여 발생되는 재해 등도 상당히 보고되고 있다. 의류제품의 안전성에 관련된 성능은 내연성, 대전성, 피부의 자극성 등을 들 수 있다.

(1) 내연성

화재는 불이 이불, 실내장식용 천, 건축자재, 의류 등으로 옮겨 붙어서

표 2-5 섬유의 내연성[5)]

가연성 섬유	난연성 섬유	내연성 섬유	불연성 섬유
면	견	모드아크릴	석면
레이온	나일론	아라미드(노멕스)	유리섬유
아세테이트	폴리에스테르	노볼로이드	금속섬유
아크릴	양모	염화비닐섬유	
비닐론		염화비닐리덴섬유	
폴리프로필렌		PBI	

발생하기 때문에 생활의 안전을 위해 침구류와 커튼, 카펫, 실내장식품 등에 쓰이는 섬유는 내연성 내지 불연성이 요구되고 있으며, 특히 유아복과 노인복 등에도 내연성을 강조하고 있다.

섬유제품의 내연성은 실이나 직물의 구성방법에 따라 다르지만 일차적으로 제품의 섬유종류에 따라 달라진다(표 2-5).

섬유제품에 방염제를 첨가해줌으로써 자소성을 부여하거나 가연성 가스의 발생을 억제하는 방염가공은 커튼이나 카펫 그리고 유아복이나 노인복 등에 많이 하고 있다.

(2) 대전성

의복을 착용하고 있을 때, 옷감과 옷감, 옷감과 피부와의 마찰에 의하여 정전기가 발생한다. 대전압이 발생하는 정도는 마찰하는 두 물질의 종류에 따라 다르지만, 일반적으로 합성섬유는 천연섬유에 비해 강한 대전성을 나타낸다(표 2-6). 이는 합성섬유의 대부분이 전기 절연성이 좋아서 발생된 전기가 섬유의 표면에 축적되기 때문이다.

섬유제품의 경우 발생된 전기의 방전은 섬유의 수분율과 주위 환경의 습도에 따라 달라져서 섬유의 수분율이 크고, 습도가 높을수록 정전기의

5) 日本繊維消費科學會, *繊維消費科學 핸드북*, 光生堂(日), (1988), p.41, 193.

표 2-6 섬유의 대전압[6)]

섬 유	대전압(볼트)
면	50
비스코스레이온	100
양모	350
아세테이트	550
폴리비닐알코올	800
견	850
아크릴(오올론)	900
나일론	1,050

*섬유를 합성고무로 마찰하였을 때

발생량은 줄어든다. 섬유가 대전하면 의복이 몸에 달라 붙고, 옷을 입거나 벗을 때 방전하여 불편하며, 먼지를 흡착하여 옷이 쉽게 더러워진다.

피복의 대전에 의한 장해를 방지하기 위하여 대전방지가공을 하거나 영구적인 대전방지를 위하여 탄소섬유나 금속섬유와 같은 도전성 섬유를 혼방하기도 한다.

(3) 피부자극성

의복에 의한 피부장해의 원인은 크게 자극성 피부장해와 알레르기성 피부장해로 나누어 생각할 수 있다. 자극성 피부장해에는 물리적 자극에 의한 것과 화학적 자극에 의한 것이 있다.

물리적 자극에 의한 피부장해는 의류소재의 일부가 신체의 특정부위에 연속적인 마찰과 압박을 가하는 경우에 발생하는 일이 많다. 자극의 강도는 섬유의 강경성, 섬유의 단면 및 실의 형태, 굵기, 실의 강도 등에 의해 영향을 받고, 그리고 섬유의 흡습성, 통기성, 대전성 등이 그 자극성을 좌우하기도 한다. 따라서 의복의 디자인이나 치수를 체형에 맞게 하여

6) 김성련, *피복재료학*, 교문사, (1992), p.38.

표 2-7 섬유제품의 유해물질과 함량기준[7)]

유해물질명 \ 제품명		속옷류	유아복 및 유아용 제품	침구류
포름알데하이드 (mg/kg)		75 이하	검출되지 않을 것	300 이하
염소화페놀류 (mg/kg)	PCP	0.5 이하	0.05 이하	5 이하
	TeCP	0.5 이하	0.05 이하	5 이하
델드린 (mg/kg)		1.0 이하	0.5 이하	30 이하
유기주석화합물 (mg/kg)	DBT	–	1.0 이하	–
	TBT	1.0 이하	0.5 이하	1.0 이하
아조염료 (mg/kg)		각각 30 이하	각각 30 이하	각각 30 이하
프탈레이트계 가소제 (%)		–	0.1 이하	–
방염제		검출되지 않을 것	–	검출되지 않을 것

압력이 주어지거나 조이는 것을 피하는 것이 좋다.

화학적 자극은 가공처리제, 염료 등의 작용에 의한 것으로 화학물질 자체가 원인이 되어 일어난다. 자극의 정도는 가공화학물질의 종류, 가공제의 농도, 처리온도, 후처리방법 등에 따라 달라진다. 특히 유해물질을 함유하는 제품에 대하여 보건위생상의 관점에서 나라에 따라 필요한 규제조치를 취하고 있다. 표 2-7은 산업자원부 기술표준원 유아용 및 접촉성 섬유제품의 안전요건이다.

3. 의류제품의 품질기준

소비자의 새로운 요구와 가공기술의 발달로 다양한 용도와 기능을 가진 의류제품이 출시되고 있어 제품의 특성도 다양하고 복잡하여 제품에 대한 품질, 기능, 관리에 대한 정확한 정보가 소비자에게 필요하다. 따라

7) 산업자원부 기술표준원 자료.

서 의류제품에 대한 신뢰도를 높이고 소비자가 불이익을 당하지 않도록 제품에 대해 품질과 취급표시가 요구되는데, 우리나라에서는 소비자기본법, 품질경영촉진법 등의 법령으로 제품의 품질기준을 제시하고 있다.

1) 의류제품의 품질

의류제품의 품질은 디자인, 소재, 봉제, 부자재 등의 요소들에 의해 종합적으로 좌우되지만, 특히 실용적인 측면에서 제품의 품질은 그 제품의 용도에 알맞은 기능과 성질에 의해 많은 영향을 받게 된다.

(1) 품질의 개념

품질은 그 상품을 구성하고 있는 물건의 고유의 성질과 성분을 그대로 의미하는 것은 아니고, 그 용도에 맞는 물리적 · 화학적 성분과 성능을 의미한다. 이러한 품질의 개념은 실용성에 중점을 둔 것으로 제품 고유의 품질을 제1차 품질이라 한다.

의류제품에 요구되는 품질은 용도에 따라 다르지만 동일 용도에 있어서도 개인적 · 사회적 · 경제적 조건에 따라서 차이가 있고 품질평가의 기준도 달라진다. 예를 들면 색, 무늬, 광택, 질감 등의 감각적 인자라든지

그림 2-4 소비자요구와 품질

유행, 관습 등의 사회적 인자 등은 소비자가 또 다른 측면에서 의류제품에 요구하는 품질이라고 할 수 있다. 이러한 품질은 제2차 품질이라고 하며 상대적이고 주관적이기 때문에 제1차 품질에 비해 평가가 어렵다.

제1차 품질은 잠재적이어서 사용해 보지 않으면 알 수 없는 것이 많아 소비자 불만으로 나타나는 것도 많지만, 기계적, 물리 · 화학적으로 시험 · 측정과 수량화를 할 수 있고 평가를 기준화하기 쉽다. 제2차 품질은 심미성능, 정보성능으로서 소비자 개인의 취미나 기호라고 하는 감각적인 것이 상당히 포함되어 있어 구입할 때 개인의 취향에 따라 용이하게 판단할 수 있으나, 기계적, 물리 · 화학적인 시험 등에 의한 측정이 어렵기 때문에 평가 기준이 변하기 쉬운 품질이다.

실제 소비자가 요구하는 품질은 제1차적 품질과 제2차적 품질을 다 포함하는 것으로 항상 일정한 것이 아니고 사회적 환경에 따라서 변화하기 때문에 소비자가 각각의 상품에 대하여 어떤 품질을 기대하고 있는지를 인지하는 것은 제조 또는 유통업자에 있어서는 상품의 품질설계에 있어 중요하다.

(2) 의류제품의 품질요구도

소비자가 섬유제품에 기대하고, 요구하는 품질은 용도에 따라 크게 달라진다. 소비자요구항목이라 함은 소비자가 섬유제품의 품질에 대하여 요구하는 다양한 항목을 말한다. 여기에는 재료에 대한 요구성능과는 별도로 형태, 구성, 색채 등에 대한 요구가 있는데, 피복의 착용목적에 따라서 요구의 중요성은 달라진다.

표 2-8은 1972년 일본 섬유제품소비과학회에서 남 · 녀 속옷 품질 요구항목의 중요도를 발표한 내용으로 의류제품의 용도에 따른 요구항목과 중요도를 이해하는 데 도움이 될 수 있다.

표 2-8 속옷의 품질 요구 항목

여자 속옷		남자 속옷	
중요성 순위	품질요구항목	중요성 순위	품질요구항목
1	세탁의 난이(4.4)	1	세탁의 난이(4.5)
2, 3	촉감(4.0), 내피로성(4.0)	2	내한성(4.1)
4, 5, 6	형태(3.9), 느낌(3.9), 내한성(3.9)	3	내피로성(4.0)
7	신축성(3.8)		촉감(3.8), 느낌(3.8),
8, 9	중량(3.7), 통기성(여름)(3.7)	4, 5	통기성(여름)(3.8)
10	보온성(겨울)(3.6), 인장강도(3.6)	6, 7	인장강도(3.6), 내마모성(3.6)
11	드레이프성(3.5)	8, 9	신축성(3.5), 보온성(겨울)(3.5)
12	흡습성(3.4)	10	중량(3.4), 흡습성(여름)(3.5)
13	내마모성(3.3)	11	흡습성(겨울)(3.3), 흡수성(3.3)
14	흡수성(3.2)	12	형태(3.2), 통기성(겨울)(3.2)
15	통기성(겨울)(3.1)	13	내약품성(2.9)
16	내약품성(3.0)	14	드레이프성(2.8), 파열강도(2.8)
17	색의 견뢰도(2.9), 인열강도(2.9)	15	색의 견뢰도(2.7) 방미성(2.7)
18	색채(2.8), 구김(2.8)	16	보온성(여름)(2.6), 방충성(2.6)
19	방미성(2.7), 보온성(여름)(2.7)	17	색채(2.5), 내열성(2.5), 내일광성(2.5)
20	압축(2.5), 방충성(2.5),	18	구김(2.4)
	내일광성(2.5), 파열강도(2.5)	19	압축(2.2)
21	다림질의 난이(2.4), 내열성(2.4)	20	다림질의 난이(2.1)
22	대전성(2.2)	21	대전성(2.0)

*괄호 안의 숫자는 중요도의 만점을 5점으로 했을 때의 점수를 나타냄

2) 품질표시와 품질보증

의류제품의 종류와 기능이 다양해지므로 소비자는 제품을 구입하고 사용하는 데 어려움을 겪고 있다. 이때 신뢰할 수 있는 품질표시와 공인된 기관에서 부여하는 품질보증제도는 소비자가 제품을 구매하거나 관리하는 데 유용한 정보로서 이용될 수 있다.

표 2-9 섬유제품의 품질표시 사항 (1997. 7. 21 개정)

섬유상품	섬유혼용률	번수·데니어	길이·중량	폭	제조자명·상표	수입자명	주소·전화번호	치수	충전재	방수발수가공	방염가공	취급상주의	원산지
1. 실	○	○	○		○	○	○						○
2. 원단	○		○	○	○	○	○				○	○	○
3. 솜	○		○		○	○	○						
4. 위의 실 및 원단을 사용하여 제조 또는 가공한 섬유 상품 • 외의류(남녀의류 : 슈트, 스웨터, 원피스, 자켓, 오버코트, 버커롤 등) • 중의류(남녀의류 : 베스트, 블라우스, 셔츠, 조끼 등) • 다운 의류(외의류 및 중의류 중 다운을 충전재로 사용한 의류제품)	○				○	○	○	○	○	○	○	○	○
5. 위의 실 및 원단을 사용하여 제조 또는 가공한 섬유 상품 • 한복 • 기타 섬유 제품 (손수건, 타월, 머플러, 스카프, 넥타이, 모기장, 덮개류, 숄, 중 · 고등학생복, 가방)	○				○	○	○					○	○

(1) 품질표시

정부에서는 공산품의 품질향상과 소비자보호를 위해 품질경영촉진법(1997. 7: 고시 97-155호)으로 공산품에 대한 품질표시제도를 규정하고 있다. 품질표시제도는 일반 소비자가 제품의 품질을 식별하기 곤란한 상품에 대해 상품의 성분 · 성능 · 규격 · 용도 · 취급 등 품질에 관한 제반 사항과 사용상 주의를 상품별 표시기준에 따라 제조자 또는 수입자로 하여금 표시하게 하여 소비자의 상품에 대한 이해도를 높이고 상품선택을 용이하게 하기 위한 제도이다.

(여성 상의)

품질경영촉진법에
의한 품질표시

호 칭 : 95
항 목 : 신체치수(cm)
가슴둘레 : 95
신 장 : 160–170

혼 용 률

겉 감 : 나일론 100%

취급주의사항

관리번호 : M
제조업체 : (주) 지오다노
주 소 : 서울시 서초구
서초동 1306–1
전 화 : 02–21039899
LOT번호 : 26–2401(06)

제품 취급시 주의사항

1. 세탁 시 물이나 세제에 담가두지 마시고 단시간 내(30분)에 세탁하십시오..
2. 합성세제 및 효소세제 사용 시 제품이 탈색 및 손상이 되므로 사용을 피해주십시오.
3. 염소계 및 산소계 표백제 사용 시 탈색 및 이염이 되오니 절대 사용하지 마십시오.
4. 세탁 후 그늘에서 건조시켜 주십시오.
5. 진한 색상과 연한 색상의 옷은 별도 구분하여 세탁하십시오.
6. 다림질은 적정온도에서 가볍게 하십시오.
7. 반드시 미지근한(약 30℃) 물에 세탁하십시오.

(여성 하의)

품질경영촉진법에
의한 품질표시

호칭(77)
76-94

허 리 둘 레 : 76cm
엉덩이 둘레 : 94cm

섬유의 조성 및 혼용률
마 100%

취급주의사항

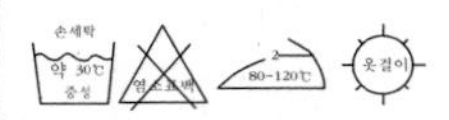

이 상품은 물세탁이
가능합니다.

ST/NO.NT013SK603
자 연 주 의
제조원 : 신세계 이 · 마트
전화 (02) 3484–5123

그림 2–5 의류제품 품질표시의 실제

품질표시 상품으로 지정, 고시된 상품은 섬유제품 분야는 실, 원단, 솜, 남성의류, 여성의류, 셔츠류, 유아복, 양말류, 브래지어, 모포, 다운의류, 이불과 요, 한복, 침낭, 기타 섬유제품 등 15종이다. 이들 섬유제품의 상품별 품질표시 기준과 표시사항은 표 2–9와 같으며 포장 또는 낱개에 호칭, 제조업체명 또는 상표, 제조업체의 주소 또는 전화번호, 제조년월 및 롯트 번호를 알아보기 쉽게 보기 쉬운 곳에 표시한다.

그림 2–5는 품질경영촉진법에 의한 품질표시의 실제적인 예이다.

(2) 품질표시방법

섬유제품 분야에 대한 상품별 세부표시기준은 섬유의 성분표시, 치수표시, 취급상 주의사항의 표시로 되어 있다.

섬유의 성분표시

의류제품의 성분표시는 겉감, 안감 또는 충전제 등 각 의류제품에 사용된 모든 소재의 섬유성분을 표시한다.

섬유의 조성 또는 혼용률 표시는 조성섬유의 명칭을 표시하는 문자에 섬유의 조성 또는 혼용률을 백분율로 나타내는 수치를 명기한다. 다만, 조성이 다른 두 종류 이상의 실로 된 원단 또는 조성이 다른 두 종류 이상의 원단을 사용하여 제조하거나 가공한 섬유상품에 대하여는 실 또는 원단의 사용된 부분을 분리하여 표시하고, 각 사용 부분별 섬유의 조성 또는 혼용률을 명시하여 표시할 수 있다.

섬유의 조성 또는 혼용률을 표시할 때 방적과정에서 섬유가 일부 탈락되거나 혼입되는 경우를 감안하여 각 섬유별 허용공차를 인정하며, 성분 표기방법에도 어느 정도 다양성을 인정하고 있다.

□ 섬유의 조성이 한 가지 경우

순모 또는 모 100%

면 100%

□ 섬유의 조성이 2종 이상인 경우

레이온 50%
면 50%

폴리에스테르 40%
면 35%
아세테이트 25%

□ 성분섬유나 혼용률이 정확하지 않은 경우

레이온 50%
면 30%
기타 20%

폴리에스테르 65%
레이온
면 > 35%

폴리에스테르 40%
면 35%

□ 의류제품의 부분별 조성이 다른 경우

겉 — 몸체 : 모 100% 겉 — 소매 : 나일론 100% 안 아세테이트 100%	바 탕 : 나일론 100% 레이스 : 레이온 50% 면 50%	경 사 : 견 100% 위 사 : 레이온 60% 나일론 40%

치수표시

의류산업이 대량생산체제화가 되어 기성복의 이용도가 점차 높아짐에 따라 기성복의 규격을 표준화를 하는 것이 중요하다. 우리나라에서도 국민들의 체위를 조사하고 이를 바탕으로 하여 의류치수 규격을 제정하였으며, 1990년에 이를 보다 단순하게 개정하여 1991년 1월부터 적용하고 있다. 의류제품의 규격에 대한 지식과 착용자의 신체치수를 알고 있으면 실제 의류를 착용해 보지 않고도 체격에 맞는 의류를 손쉽게 구할 수 있으므로 의류구매의 소요되는 시간과 노력을 절약할 수 있다.

의복규격의 일반적인 표시방법은 의복종류에 따른 기본 신체치수를 cm 단위없이 '–'로 연결하여 표시한다. 다만 신장을 범위로 표시하는 경우에는 가슴둘레만을 호칭 숫자로 사용한다. 표시하는 기본 신체치수는 의복의 종류에 따라 다르므로 의복종류별 기본치수를 알고 이에 부응하는 부위의 착용자 신체치수를 비교해서 부합되는 것을 선택하면 된다.

의류 종류별 의류치수에 기본이 되는 기본 신체부위는 표 2–10과 같다.

취급상 주의표시

최근 의류제품은 신소재개발과 가공기술의 발달로 제품의 품질과 성능이 다양해지면서 소비자가 제품의 취급에 주의할 점이 많아졌다. 따라서 소비자의 편의를 위하여 섬유의 세탁방법 등에 관한 표시기호(KS K 0021)가 제정되었는데, 섬유제품의 취급표시기호는 표 2–11와 같다. 섬유제품의 취급표시기호는 3종류 이상을 표시하되 바탕은 보통 하얀색, 기호는 검정색 또는 남색을 사용하며 보기 쉬운 곳에 봉합하거나 인쇄한다.

표 2-10 남성의류 종류별 기본 신체 부위

의류 종류	기본 신체 부위 및 표시 순서			적용하는 신체 치수
	1	2	3	
남성의류				
• 상의류 및 전신용 의류				
– 정장용 신사복 상의, 성인용 코트	가슴둘레	허리둘레[a]	신장	비고 1
– 청소년복	가슴둘레	신장		비고 1
– 아동복	가슴둘레	가슴둘레		비고 1
– 기타의 것 중 피트성을 필요로 하는 것[b]	신장	신장		비고 1
– 기타의 것 중 피트성을 그다지 필요로 하지 않는 것[c]	가슴둘레	신장[d]		비고 1
• 하의류				
– 청소년복, 아동복	가슴둘레	신장[d]		비고 1
– 기타의 것 중 피트성을 필요로 하는 것[b](신사복 하의 등)	허리둘레	엉덩이둘레		비고 1
– 기타의 것 중 피트성을 그다지 필요로 하지 않는 것[c](운동복, 작업복 등)	허리둘레	신장[e]		비고 2
• 셔츠류[f], 편물제 상의류(남방 셔츠, T셔츠, 스웨터, 카디건 등)	가슴둘레			비고 2
• 속옷류, 잠옷류, 수영복류				
– 전신용	가슴둘레	신장[d]		비고 2
– 상반신용	가슴둘레			비고 2
– 하반신용	엉덩이둘레			비고 2

*주 :

a 제품의 스타일에 따라 허리둘레(남), 엉덩이둘레(여)에 대한 피트성을 그다지 필요로 하지 않는 제품은 허리둘레(남), 엉덩이 둘레(여)를 제외할 수 있다.

b 체위에 대한 의류치수의 적합성이 강조되는 의류, 즉 비교적 착용할 수 있는 체위의 범위가 좁을 것

c 체위에 대한 의류치수의 적합성이 그다지 강조되지 않는 의류, 즉 비교적 넓은 범위의 체위가 착용할 수 있는 의류

d 신장에서 비교적 넓은 범위의 체위가 착용할 수 있는 것

e 바지길이가 미완성되어 있거나 길이의 수정이 용이하여 비교적 넓은 범위의 체위(신장)가 착용할 수 있는 것 또는 반바지는 신장을 제외할 수 있다.

f 남성 정장용 드레스 셔츠는 KS K 0037에 따른다.

*비고(1)

남 : 100cm를 기준으로 가슴둘레, 엉덩이둘레 및 허리둘레는 2cm, 신장은 5cm 간격으로 연속한다.

녀 : 100cm를 기준으로 가슴둘레 및 허리둘레는 3cm, 엉덩이둘레는 2cm, 신장은 5cm 간격으로 연속한다.

*비고(2)

남 : 가슴둘레, 허리둘레, 엉덩이둘레 및 신장은 각각 5cm 간격으로 연속한다.

녀 : 가슴둘레, 허리둘레, 엉덩이둘레 및 신장은 각각 5cm 간격으로 연속한다.

표 2-10 (계속) 여성의류 종류별 기본 신체 부위

의류 종류	기본 신체 부위 및 표시 순서			적용하는 신체 치수
	1	2	3	
여성의류				
• 상의류 및 전신용 의류				
– 정장용 숙녀복 상의, 드레스, 성인용 코트, 원피스	가슴둘레	엉덩이둘레[a]	신장	비고 1
– 청소년복	가슴둘레	신장		비고 1
– 아동복	신장	가슴둘레		비고 1
– 기타의 것 중 피트성을 필요로 하는 것[b]	가슴둘레	신장		비고 2
– 기타의 것 중 피트성을 그다지 필요로 하지 않는 것[c](점퍼, 작업복, 운동복 등)	가슴둘레	신장[d]		비고 1
• 하의류				
– 청소년복, 아동복	허리둘레	신장[d]	신장	비고 1
– 기타의 것 중 피트성을 그다지 필요로 하지 않는 것[b](숙녀복 하의, 스커트, 슬랙스 등)	허리둘레	엉덩이둘레		비고 1
– 기타의 것 중 피트성을 필요로 하는 것[c](운동복, 작업복 등)	허리둘레	신장[e]		비고 2 비고 2
• 셔츠류[f], 편물제 상의류	가슴둘레			
• 내의류, 잠옷류, 홈드레스, 슬립				
– 전신용	가슴둘레	신장[d]		비고 2
– 상반신용	가슴둘레			비고 2
– 하반신용	엉덩이둘레			비고 2
• 수영복류				
– 전신용	가슴둘레	엉덩이둘레		비고 2
– 상반신용	가슴둘레			비고 2
– 하반신용	엉덩이둘레			비고 2

표 2-11 섬유의 세탁방법에 관한 표시기호(KS K 0021)

	번 호	기 호	뜻
물세탁 방법	101	95℃	물의 온도 95℃를 표준으로 세탁할 수 있다. 삶을 수 있다. 세탁기에 의하여 세탁할 수 있다(손세탁 가능). 세제의 종류에 제한 받지 않는다.
	102	60℃	물의 온도 60℃를 표준으로 하여 세탁기에 의하여 세탁할 수 있다(손세탁 가능). 세제의 종류에 제한 받지 않는다.
	103	40℃	물의 온도 40℃를 표준으로 하여 세탁기에 의하여 세탁할 수 있다(손세탁 가능). 세제의 종류에 제한받지 않는다.
	104	약40℃	물의 온도 40℃를 표준으로 세탁기에서 약하게 세탁할 수 있다. 세제의 종류에 제한받지 않는다.
	105	약40℃ 중성	물의 온도 30℃를 표준으로 세탁기에서 약하게 세탁 또는 약한 손세탁도 할 수 있다. 중성세제를 사용한다.
	106	손세탁 약 30℃ 중성	물의 온도 30℃ 표준으로 하여 약하게 손세탁을 할 수 있다 (세탁기 사용불가). 중성세제를 사용한다.
	107		물세탁은 되지 않는다.
염소표백의 여부	201	염소표백	염소계 표백제로 표백할 수 있다.
	202	염소표백	염소계 표백제로 표백할 수 없다.
	203	산소표백	산소계 표백제로 표백할 수 있다.
	204	산소표백	산소계 표백제로 표백할 수 없다.

표 2-11 (계 속)

	번 호	기 호	뜻
	205	염소, 산소표백	염소, 산소계 표백제로 표백할 수 있다.
	206	염소, 산소표백	염소, 산소계 표백제로 표백할 수 없다.
다림질 방법	301	3 180~210℃	다리미의 온도 180~210℃로 다림질을 할 수 있다.
	302	3 180~210℃	헝겊을 덮고 온도 180~210℃로 다림질을 할 수 있다.
	303	2 140~160℃	다리미의 온도 140~160℃로 다림질을 할 수 있다.
	304	2 140~160℃	헝겊을 덮고 온도 140~160℃로 다림질을 할 수 있다.
	305	1 80~120℃	다리미의 온도 80~120℃로 다림질을 할 수 있다.
	306	1 80~120℃	헝겊을 덮고 온도 80~120℃로 다림질을 할 수 있다.
	307		다림질을 할 수 없다.
드라이클리닝	401	드라이	드라이클리닝을 할 수 있다. 용제의 종류는 퍼클로로에틸렌 또는 석유계를 사용한다.
	402	드라이 석유계	드라이클리닝을 할 수 있다. 용제의 종류는 석유계에 한한다.

표 2-11 (계 속)

	번 호	기 호	뜻
	403	드라이	드라이클리닝을 할 수 없다.
짜는 방법	501	약 하 게	손으로 짜는 경우에는 약하게 짜고, 원심탈수기일 경우는 단시간에 짜도록 한다.
	502		짜면 안된다.
건조방법	601	옷걸이	옷걸이에 걸어서 건조시킨다.
	602	옷걸이	옷걸이에 걸고 그늘에서 건조시킨다.
	603	뉘어서	뉘어서 건조시킨다.
	604	뉘어서	그늘에 뉘어서 건조시킨다.
	605		기계건조할 수 있다.
	606		기계건조할 수 없다.

(3) 품질인증마크

소비자가 품질이 좋은 제품을 선택할 수 있도록 하기 위하여 소비자 대신에 정부나 공인시험기관에서 제품을 종합적으로 검정하여 품질이 일정 이상이 되는 제품에는 품질을 보증하는 특별한 마크를 붙이는 제도가 있다. 이러한 마크에는 국가가 법률로 정한 권위 있는 마크 외에 업체단체 등이 판매 촉진용으로 만든 마크도 있는데, 잘 알려진 섬유제품의 품질보증마크와 그 내용은 표 2-12와 같다.

특수가공기술 개발제품에 대하여 의류로서 갖추어야 할 기본적 요구품질은 물론 기능성이 우수한 의류제품임을 보증하는 제도가 있어 의류제품류에 사용된다(표 2-13).

의류로서 갖추어야 할 기본 요건은 물론 세계 일류상품과 경쟁력이 있는 최고 품질의 제품임을 보증하는 명품마크가 있다. 이 명품마크는 신사복류, 숙녀복류, 골프복류, 코트류 등을 대상 품목으로 한국의류시험연구원에서 부여하고 있다.

표 2-12 섬유 및 의류제품의 품질마크

마 크	마크명 (제정기관)	내 용
	울 마크 (국제양모사무국)	신모 100%로 만들어진 것으로 이화학적 규격과 봉제기준에 합격한 상품이다.
	울 마크 블랜드 (국제양모사무국)	신모가 50% 이상 사용된 울제품으로 울 마크 브랜드 품질규격에 합격한 제품에 사용된다.
	울 블랜드 (국제양모사무국)	울 브랜드 마크 제품은 신모가 30% 이상 50% 미만 사용된 울제품으로 울 블랜드 품질규격에 합격한 제품에 사용된다.
SILK 100%	**실크 마크** (국제견업협회)	실크 마크는 국제견업협회가 순견제품의 품질보증을 목적으로 제정한 고급 견제품 품질표시 마크이다.
COTTON 100% 우량면제품표시	**우량 면제품 마크** (대한방직협회)	우량 면제품 표시 마크는 순면 100%로 만들어진 우량의 면제품을 보증하는 마크이다.
	SF 마크 (한국원사직물시험연구원)	섬유제품의 항균방취 위생가공에 대한 평가기준과 방법을 제정하여 위생가공제품의 품질과 안전성을 보증하는 위생가공 보증 마크이다.
	Q 마크 (한국의류시험연구원, 한국원사직물시험연구원)	민간검사기관과 제조업자 간의 계약에 따라 제품 및 공정 등이 검사에 합격한 경우에 한하여 표시하여 그 제품의 품질을 보증하고 있다.
	KS 마크 (기술표준원)	정부에서 해당 제품이 정해진 KS 규격에 적합한지 등을 심사하여 합격하였을 때 그 업체와 생산된 해당 제품에 대해 표시토록 하는 마크이다.
	품 마크 (기술표준원)	공장에서 품질관리 수준을 실시하여 일정수준 이상인 업체와 이 업체에서 생산된 제품에 부착하는 마크이다.

표 2-13 의류제품의 품질 기능 마크[8)]

마 크	마크명	내 용
F.I.R	항균방취 마크 (+ : 황갈색)	• 항균, 방취가공이 되어 세균으로 부터 피부를 보호하고, 청결하고 쾌적한 의생활을 할 수 있는 의류제품이다. • 균감소율이 90% 이상이고 착용시 피부 자극이 없으며 세탁 후에도 항균성이 우수하다.
F.I.R	원적외선 마크	• 원적외선을 방출하는 물질을 의류에 첨가가공이 되어있어 상온에서 인체에 이로운 원적외선이 방출된다. • 건강에 유익한 4~14㎛의 원적외선이 방출된다.
S.P.F	자외선차단 마크	• 인체에 유해한 자외선을 차단하는 가공이 되어 피부암 등을 예방할 수 있다. • 자외선 차단지수(S.P.F)가 10 이상으로 차단성능이 우수하다.
	향가공 마크 (+ : 노랑색)	• 의류에 향첨가 가공이 되어 착용 시에 향기로운 냄새가 난다. • 세탁 후에도 향이 지속적으로 유지된다.
	Gold Down 마크	• 오리 및 거위의 솜털을 충전물로 다량 사용함으로써 공기층이 많아 가볍고 보온성이 풍부한 제품이다. • 솜털함량이 80% 이상이다.
	Free Formalin 마크	• 피부염 및 피부알러지, 후두암을 일으키는 포름알데히드가 함유되어 있지 않다. • 포르말린 함량이 유아용 의류는 검출되지 않고 성인용 의류는 75ppm 이하이다.
Eco Quality EQ 한국의류시험연구원	Eco-Quality (EQ) 인증 마크	섬유원료나 염료, 가공제에 함유된 인체에 해로운 유해물질을 철저하게 관리함으로써 의류산업의 경쟁력을 강화하고, 소비자를 보호하기 위하여 한국의류시험연구원이 도입한 품질인증 마크이다.

8) 한국의류시험연구원 자료.

표 2-13 (계 속)

마 크	마크명	내 용	
名品	명품 마크	기본 요구품질	• 혼용률 등 품질표시 내용이 정확하다. • 세탁방법 등 취급주의 표시 내용이 정확하다. • 염색물감이 빠지지 않고 색상변화가 없다. • 세탁 및 드라이클리닝 후 줄지 않는다. • 보풀이 발생하지 않는다. • 원단의 재단이 바르고, 바느질 상태가 양호하며 옷의 결점이 없다.
		부가 요구품질	• 세탁 및 드라이클리닝 후 봉제 겉모양, 원단 평활성 좋으며 형태변화가 없다. • 착용 시 주름 회복성이 좋다
		품질관리	• 가봉성 시험 등을 거쳐 포질이 안정된 원단을 사용한다. • 품질의 안정을 위한 기술지도를 실시한다. • 분기별 생산제품의 품질안정성 여부를 확인한다. • 해외 유명 명품과 품질비교를 평가한다.

4. 의류제품의 소비자보호

오늘날과 같이 생산과 소비의 주체가 분리된 경제체제하에서는 사회구성원 모두가 소비자라 할 수 있으며, 의류제품에 대한 정보가 부족한 소비자를 보호하기 위해서는 소비자행동에 대한 이해가 전제되어야 한다.

소비자행동의 의미는 전통적으로 구매나 소비와 같은 신체적 행동은 물론 이와 관련된 심리적 결정과정인 정보탐색과 평가, 구매 후 만족, 불만족까지도 포함하고 있다.

날로 복잡해지고 다양화되고 있는 제품 및 서비스의 생활환경으로 소비자의 불만도 커지고 있으며, 국가는 소비자기본법을 비롯한 관련 법규로 소비자보호를 도모하고 있다.

1) 소비자불만

구입한 상품이나 서비스에 대해서 품질, 성능, 안전성, 내구성 등이 기대 밖이거나 소비자의 생명이나 건강상의 위해를 입게 되거나 또는 경제상의 부당한 손실 또는 불이익을 받게 되는 경우가 있다. 그 손해의 배상을 요구하거나 수리, 교환, 환불, 할인을 요구하거나 재발방지조치를 요구하기 위하여 판매점, 제조업체, 관계업소, 국가, 지방자치단체에 신청하는 것을 소비자불만족(claim)이라고 한다. 불만족 신고의 대부분은 사업자, 판매점, 제조업체에 대한 교섭으로 처리하고 있지만 문제가 해결되지 않는 것은 소비자상담소나 소비자연맹 또는 신문사, 방송국 등에 의뢰하는 경우가 많다[9].

불만을 제기하는 목적에는 구입자의 인적 · 물적 손상의 보산, 장래의 생산과 판매의 개선, 행정의 감시 및 제도 책임 강화를 들 수 있다. 불만은 상품판매방법에 대한 실제 사용체험을 토대로 한 소비자의 평가이다. 이러한 정당한 권리 이익의 주장인 올바른 불만은 기업에 대하여는 귀중한 피드백의 정보이고, 상품이나 판매방법의 개선에 힌트가 되는 정보자원이다. 성의 있는 불만처리는 소비자와의 쌍방 의사소통의 길을 열 수 있는 것이다.

한편 국가는 지방공공단체, 소비자단체 등에서 올바른 소비자불만을 파악함으로써 문제점을 알 수 있다. 또한 국가는 이러한 자료를 통하여 입법 · 행정의 개선뿐만 아니라 기업과 소비자 및 정부 사이의 불신감을 없애는 데 큰 역할을 하고, 소비자피해를 가져오는 상품 · 서비스에 대해서는 엄격하게 기업의 책임을 묻는 제도를 확립하여 건전한 경제구조를 구축하도록 한다[10].

---

9) 김은애 외, *패션소재기획과 정보*, 교문사, (2000), p.280.
10) 성수광 · 권오경, *섬유제품소비과학*, 교문사, (2000), p.382.

(1) 불만의 책임소재별 발생원인

소비자가 상품을 구입하거나 서비스를 받을 때 광고, 표시, 소비자 자신의 경험 등에서 그 상품이 당연히 갖추어야 할 안전성, 품질, 성능, 내용 등에 문제가 발생하여 소비자의 기대에 어긋날 때에 불만이 발생한다. 불만의 발생 원인을 분석하면 대체로 다음 네 가지로 분류할 수 있다.

제조자측의 과실

제조자측의 잘못으로는 제품의 설계, 생산공정, 품질관리, 표시, 보관, 이송, 판매, 세탁 등에 대한 잘못이 원인이고, 생산자, 판매자, 세탁업자 등에 책임이 있는 것이다.

소비자측의 과실

소비자로부터의 불만이 있어도 조사해 보면 소비자 자신의 취급상의 잘못인 경우도 있다. 예를 들면, 상품에 대한 지식부족이나 취급부주의 등에 의한 것이다.

제조자와 소비자 양측에 의한 과실

이러한 종류의 불만은 제조자 · 소비자의 입장이나 사고방법에 차이가 있기 때문에 서로 자신의 입장을 주장하여 해결이 어려울 때가 많다. 예를 들어, 상품의 품질에 문제가 없는 것은 아니지만 소비자의 취급방법에 조금 무리가 있는 경우이다.

법규나 행정상의 과실

법규가 현실에 적합하지 못하거나 불비할 경우, 행정지도나 감독의 부주의 등이 원인인 경우도 있다.

(2) 불만의 발생과정

구매상의 불만

패션제품의 구매과정에서 나타나는 불만족으로는 판매원요인, 품질 및 치수요인, 정보/서비스요인, 구매결정의 어려움, 제품 다양성 부족요인, 쇼핑환경요인, 세일요인 등을 들 수 있다.

착용상의 불만

착용 불만족의 경우로는 레이블, 의복압 등에 의한 피부장애라든지 쾌적하지 못한 촉감, 뜯기기 쉬운 옷감표면 등을 들 수 있다.

레이블에 대한 불만의 예로는 상표표시 및 품질표시 레이블이 뻣뻣하고 레이블의 표면 및 가장자리가 거칠고 여러 장이 붙어 있어 불편하다는 점 등이 있다.

관리상의 불만

구입단계나 착용단계보다는 관리 시 세탁단계에서의 품질 변화로 인하여 불만을 고발하는 경우가 많은 비중을 차지하고 있다. 소비생활 수준이 향상되고 소비자의식이 고취됨에 따라 의류제품관련 소비자상담 및 피해구제 건수가 매년 증가하고 있는 추세이다.

(3) 불만의 내용

섬유제품에 대한 소비자의 불만사항을 분석한 내용을 살펴보면 품질 · 기능, 부당판매, 계약 · 해약, A/S 불만, 가격 등으로 나타났다.

의류제품의 불만 내용을 항목별로 분류한 결과 색상변화에 관련된 불만이 가장 많이 차지하고 있었다. 그 다음 표면 변화에 관한 불만, 옷의 강도에 관한 불만, 외관 및 형태에 대한 불만의 순서로 나타났다.

색상 변화

반복착용과 세탁과정에서의 변색, 이염 등이나 황변, 색이 고르지 않음, 퇴색된 하얀줄이 생김 등이 있다.

표면 변화

외부 물체와의 마찰에 의해 의류의 표면이 거칠어지고 보풀이나 올 뜯김이 발생하는 현상을 말하는데, 이는 주로 외부 물체와의 접촉이 많은 겉옷류에서 발생하며 의류의 외관을 손상시키므로 소비자불만의 높은 비율을 차지하고 있었다. 표면 변화는 착용환경에서뿐만 아니라 세탁 · 건조과정에서도 종종 발생하는데, 특히 텀블 건조기 또는 드라이클리닝 머신을 사용하는 과정에서 많이 발생한다.

의류의 강도 변화

강도가 약해서 봉제선이 터지거나 직물의 찢어짐, 미어짐, 구멍 등이 이에 해당된다.

외관 및 형태 변화

수축이 가장 큰 비중을 차지하고 있으며, 신장, 오글거림, 뒤틀림 등이 있다.

의류품목별로 살펴보면 소비자불만은 직물제 정장류가 가장 많고, 다음으로는 자켓류, 셔츠류, 한복류, 하의류, 의류용 피혁류 순으로 나타났다(1997~2001년 한국소비자원 자료 등).

불만이 제일 많이 발생하는 의류 · 세탁물 사고 시 분쟁물품의 분석내용 결과를 보면 의외로 소비자책임 비율(70.4%)이 높게 나타났다(그림 2-6). 제조업체나 세탁업체의 과실 비율과는 큰 차이가 보이는데, 이것은 소비

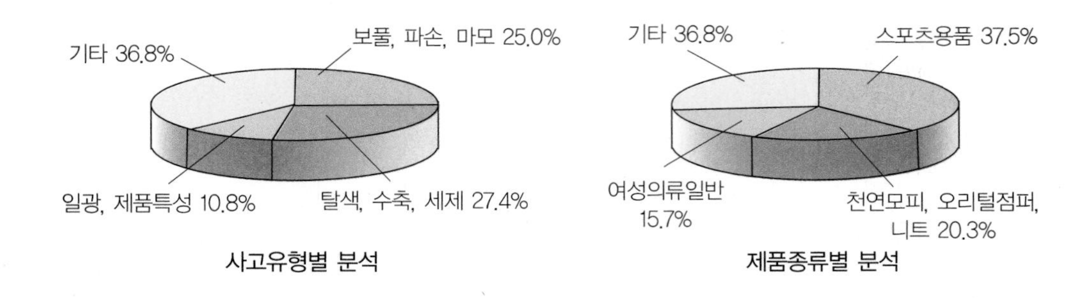

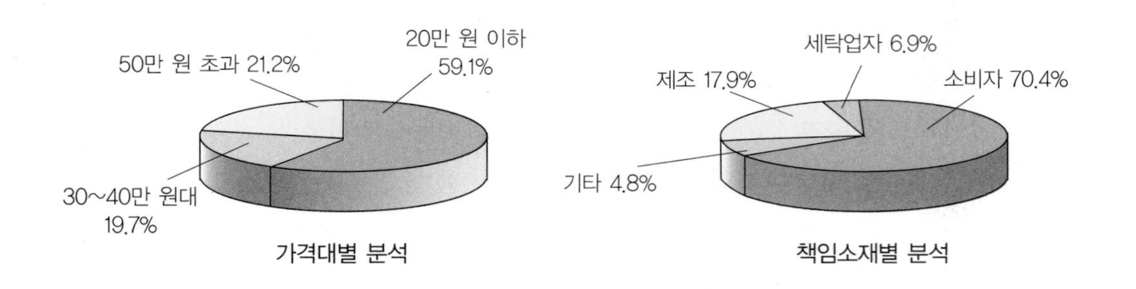

그림 2-6 의류 · 세탁물 사고 물품 분석 결과[11]

자가 의류구매 시 의류의 소재, 디자인의 특성, 섬유의 혼용률, 세탁방법, 착용자의 구입목적, 의류의 용도 등에 대한 기본적인 정보가 부족한 점이 가장 큰 원인일 수 있다. 특히, 기본적인 취급표시상의 정보를 알게 된다고 하더라도 실제 세탁이나 보관상에서 적용하지 못하고 취급표시 등을 무시한 채 기존의 세탁 습관에 의존하여 세탁한다는 점도 중요 요인이 될 수 있다. 그러므로 소비자의 취급표시에 대한 이해 및 습득 노력과 더불어 실제로 적용할 수 있는 의지도 필요하다.

이러한 의류 및 세탁사고 분쟁의 예방을 위해 첫째, 소비자는 세탁사고가 발생한 후 취급표시의 적정성에 대해 문제 삼기보다 제품 구입 시 제

11) 2004년 (사)대한주부클럽연합회에서 사고 분쟁 접수물품 1,000건을 대상으로 분석한 자료를 저자가 재구성함

품 유지 관리에 필요한 정보를 꼼꼼히 살펴본 후 합리적이지 못한 제품은 구입하지 않는 것이 바람직하다. 소비자가 합리적으로 상품 선택권을 행사함으로써 제조자의 자발적인 품질 개선을 유도할 필요가 있다. 둘째, 제조 및 판매처에서는 제품 제조나 판매 시, 특히 분쟁이 늘어나고 있는 고가의 제품에 대해 제품의 유지관리에 필요한 정보와 소비자의 기대심리에 대해 제품 가격에 맞는 정확한 정보를 제공하는 것이 필요하다. 셋째, 제품 취급표시의 현실화와 실용적인 제품 개발이 중요하다. 현실성이 결여되고 편리성을 외면한 취급표시는 계속적인 소비자의 불만을 조장함으로써 취급표시의 본래적인 목적을 상실할 수밖에 없다. 의류에 적합한 소재는 신소재 여부와 관계없이 한 가지 물성이라도 특별히 미흡하게 제조되어서는 안 되며, 여러 특성과 함께 다양한 요구를 '실용적 수준'에서 동시에 만족시키는 것이 대단히 중요하다.

2) 소비자보호

소비자보호를 위해 제정된 소비자기본법과 기업의 소비자대책에 대해서 주로 살펴보기로 한다.

(1) 소비자기본법

소비자기본법은 소비자의 권익을 증진하기 위하여 소비자의 권리와 책무, 국가 · 지방자치단체 및 사업자의 책무, 소비자단체의 역할 및 자유시장경제에서 소비자와 사업자 사이의 관계를 규정함과 아울러 소비자정책의 종합적 추진을 위한 기본적인 사항을 규정함으로써 소비생활의 향상과 국민 경제의 발전에 이바지함을 목적으로 한다(소비자기본법 제1조).

우리나라 소비자기본법은 1980년 1월 제정, 2006년에 전면 개정되어 소비자의 기본적 이익을 지키고 증진시키고자 지방 공공단체 및 기업의 책무가 명시되었다. 즉 소비자불만에 대하여 적절하고 신속한 처리를 하도록 노력하여야 한다는 것이다. 그러기 위해서 국가는 지방 공공단체 및 사업체에 대해서 불만상담의 창구를 설치하도록 요구하고 있다. 또한 접수된 불만족은 적절, 신속하게 처리하며 신고자 및 관계자에게 알릴 것 등을 정해두고 있다(표 2-14, 15).

기업을 둘러싸고 있는 환경은 소비자의 소리가 높아짐과 동시에 엄격해지고 있다. 결함상품의 속출, 환경오염, 가격 문제 등을 가지고 기업의

표 2-14 소비자보호에 관한 여러 법규

법 규	제 정 (개 정)	내 용
상표법	1948 (2007)	상품의 상표를 등록하여 소비자권익 보호
부정경쟁 방지 및 영업비밀 보호에 관한 법률	1961 (2007)	타인의 상표 · 상호 등을 부정하게 사용하는 등의 부정경쟁행위와 타인의 영업비밀을 침해하는 행위를 방지하여 건전한 거래질서를 유지
독점규제 및 공정거래에 관한 법률	1990 (2007)	사업자의 시장지배적 지위의 남용과 과도한 경제력의 집중을 방지하고, 부당한 공동행위 및 불공정거래행위를 규제하여 공정하고 자유로운 경쟁을 촉진함으로써 창의적인 기업활동을 조장하고 소비자를 보호
품질경영촉진법	1967 (1999)	공산품에 대한 품질표시, 품질검사 및 품질관리 등급제를 실시함으로써 공공의 이익과 소비자의 이익을 보호
물가안정에 관한 법률	1976 (2007)	독과점 상품과 서비스의 가격규제
소비자기본법	1980	소비자보호제도를 마련하고 소비자보호운동을 법률로 제정
	1999 (2006)	국가 · 지방자치단체 및 사업자의 의무와 소비자 및 소비자단체의 역할을 규정하고 소비자보호시책의 기본적 사항 규정
산업표준화법	1992 (2007)	산업표준을 제정 · 보급함으로써 광공업품의 품질고도화 및 동제품 관련 서비스의 향상, 생산효율의 향상, 생산기술혁신을 기하며 거래의 단순 · 공정화 및 소비의 합리화를 도모

표 2-15 소비자불만족 처리기관

소 속	처리기관 (창구)
국 가	한국원사직물시험검사소, 한국의류시험검사소, 한국화학분석시험검사소, 한국유화시험검사소, 한국생활용품시험검사소, 한국전기전자시험검사소 등
지방행정기관	각 시 · 군 · 구청 민원실 및 동사무소 민원실 등
민간단체	대한YWCA연합회, 대한주부클럽연합회, 한국여성단체협의회, 전국주부교실 중앙회, 한국소비자연맹, 한국소비자생활교육원, 한국공익문제연구소, 한국소비자원, 한국부인회, 대한YMCA연맹 등
기업	한국화섬협회, 대한방모공업협동조합, 한국피복공업협동조합, 대한메리야스공업협동조합, 한국봉제공업협회, 한국소모방협회 등, 백화점 내의 소비자실, 소비자상담실, 소비자서비스실, 소비자정보실, 소비생활상담실

책임이 문책되는 시대이며, 특히 안정성을 중심으로 소비자의 운동이 빈번해지고 있다. 또한 소비자기본법의 제정으로 지방자치단체에서는 소비자보호 조례 같은 기업을 규제하는 새로운 법률을 제정하고 있다. 예를 들어 의류에 대한 포르말린 규제가 행해지는데, 이와 같은 상품의 리콜(recall)이 이루어지면 기업은 막대한 손실을 입으며 명성이나 장래에 치명적인 문제가 된다. 단순히 상품자체의 결함만이 아니고 생산, 사용, 폐기 단계에서 일어나는 환경오염문제도 소비자대책에 포함시켜야 할 것이다.

소비자보호를 위한 창구를 통해 접수된 소비자불만족사항은 분쟁조정위원회에서 처리하고 그 결과를 단체에 보고하여 같은 불만이 재발하지 않도록 하고 있다(표 2-15).

불만족에 대한 처리는 정보제공 및 시험분석, 시정소송 및 심의, 교환 및 환불, 합의 및 배상 등으로 해결되고 있으며 간혹 소비자부주의로 판정되거나 수선 및 재세탁 등으로 해결되고 있다.

(2) 소비자분쟁해결기준

소비자분쟁해결기준은 소비자와 사업자 간의 분쟁발생 시 사전에 양

당사자간에 보상방법에 대해 별도의 의사표시가 없는 경우에 보충적으로 적용되는 규범으로서, 소비자의 불만 및 피해를 신속하고 공정하게 처리하고, 분쟁을 원활히 해결하기 위해 법령에 정한 방법에 따라 제정된 기준이다(소비자기본법 제16조 2항). 이 기준은 소비자 · 사업자 간에 자율적으로 분쟁을 해결하거나 소비자원, 소비자단체 또는 행정기관에서 소비자 피해를 상담 · 합의권고하는 경우의 가이드라인으로 적용된다.

소비자가 물품 · 용역에 대한 피해나 불만을 사업자에게 상담하거나 피해구제를 요청하였으나 해결되지 않은 경우에는, 민간 소비자단체나 한국소비자원에 소비자상담 · 정보제공이나 피해구제를 신청할 수 있다. 이 경우 소비자단체나 소비자원은 소비자불만 · 피해의 사실여부와 정도 등을 확인하여 사업자와 소비자 간에 합의를 권고하며, 합의가 이루어지지 않은 경우 한국소비자원에 설치된 소비자분쟁조정위원회에 분쟁조정을 신청하게 된다. 분쟁조정위원회의 조정을 당사자가 수락한 경우에는 재판상 화해와 동일한 효력이 있다. 만일, 당사자가 조정내용에 불만이 있거나 수락하지 않은 경우에는 법원에 민사소송을 제기하여야 한다. 이 경우 소비자원은 소비자의 민사소송을 도와줄 수 있다.

소비자분쟁해결기준에서는 대상품목 및 품목별 피해보상기준을 따로 명시하고 있으며, 2009년 현재 132개 업종, 600여 개 품목에 대한 세부사항이 규정되어 있다. 세탁업의 경우 하자발생(탈색, 변 · 퇴색, 재오염, 손상 등)과 분실/소실의 피해유형에 대해 보상기준을 제시하고 있다(부록 참조).

(3) 기업의 소비자 대책

기업은 소비자 창구를 통하여 소비자의 불만, 요구, 필요를 받아들여 소비자의 희망과 욕구에 관한 정보를 수집, 분류, 정리, 축적하며 이것을 제품의 개발, 계획부분이나 상품구입 부분의 피드백(feedback) 정보로 사용, 반영, 활용을 도모함으로써 최고의 품질을 생산할 수 있게 된다. 이에 따라서 기업은 소비자 만족, 고객 행복을 강조하기 시작하여 서비스의 질적 상승을 도모하고 있다.

소비자만족을 위한 활동

CSI조사와 활용

CSI(customer satisfaction index)조사는 기업이 생산하는 제품에 대해 소비자가 얼마나 만족하는가를 측정하는 것이다. CSI조사 시에는 만족도, 재구입 의사, 기대수준 충족도, 가격의 적정성 등을 조사하는 종합평가와 성능, 편리성, 디자인, 판매시점에서의 서비스, A/S 등을 조사하는 제품별 세부항목 평가로 나누어진다. 기업에서는 이러한 CSI 결과를 활용하여 소비자가 어디에 만족했고 어디를 불만족했는가를 진단할 뿐만 아니라 소비자가 중요하게 여기는 것은 무엇이지, 충성소비자는 어느 정도가 되는지, 소비자의 기대수준 대비 충족도는 어느 정도인지 등을 확인한다.

VOC 청취

넓은 의미의 VOC(voice of customer) 청취는 소비자가 자신의 기업에 대해서 어떻게 이야기하는지를 직접 듣고 이에 대한 개선책을 찾는 활동을 말한다. 소비자의 소리를 듣는 방법에는 여러 방법이 있는데, 제품의 종류나 상황에 따라 한 가지만 할 수도 있고 여러 가지를 동시에 실시할 수 있다.

좁은 의미의 VOC란 주로 제품을 사용한 이후에 발생하는 소비자불만을 접수하는 현장의 개선에 활용하는 활동을 말한다. VOC를 접수시킬 수 있는 방법은 여러 가지가 있으나 전화와 팩스, 인터넷 등의 온라인 방법 등 매우 다양하다.

소비자만족경영 풍토 조성

소비자만족경영의 기업 풍토를 조성하는 데는 최고경영자의 강력한 의지, 소비자 지향적인 제도 및 시스템, 직원 개개인의 소비자지향적 체질화 등이 구비되어 있어야만 한다. 그러나 단시간 내에 직원 개개인이 소비자지향적 사고방식으로 바뀌지는 않는다. 따라서 기업에서는 장기적으로 인력을 육성하고 이러한 체질이 형성, 정착되도록 끊임없이 직원의 재교육에 투자하여야 한다.

최근 국내 일부 기업에서는 과거에 비해 소비자만족경영 풍토를 조성하기 위해 많은 노력을 기울이고 있지만 전반적으로 볼 때 기업의 노력이 필요한 실정이다.

제 2 부

의류의 세탁

제 3 장

세 제

세제는 전통적으로 사용해 온 비누와 최근에 개발하여 사용하고 있는 합성세제로 크게 나뉜다. 세제는 세척작용을 하는 주된 활성성분인 계면활성제와 세척작용을 향상시키기 위한 여러 가지의 조제 및 첨가제가 배합되어 있다.

최근에는 다양한 소비자의 욕구에 따라 세제의 종류가 세분화되어 여러 가지 용도로 상품이 개발되고 있다. 전통적인 비누도 원료와 첨가제에 따라 품질에 많은 차이가 나타나고 있으며, 합성세제는 그 제조과정의 특성으로 인하여 특정 목적에 부합되는 여러 가지 세제가 용이하게 제조되고 있다. 현재 시판되고 있는 대표적인 비누와 합성세제의 종류에 대하여 알아보고 각각의 특성을 살펴본다.

1. 계면활성제

세제의 주성분인 계면활성제는 용액의 표면이나 계면에 흡착되어 용액의 표면장력과 계면장력을 낮추고 기름을 유화하는 등의 여러 가지 특

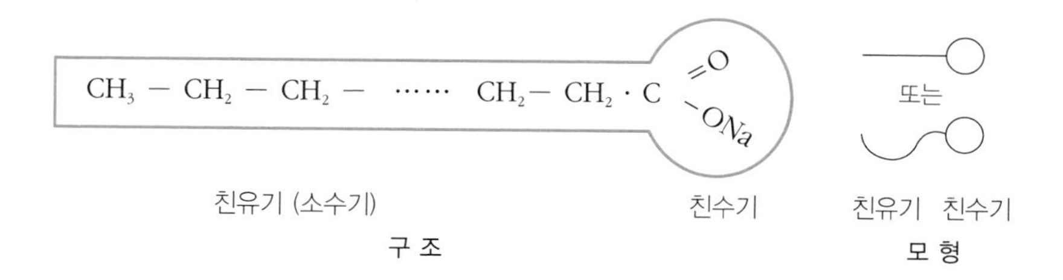

그림 3-1 계면활성제(비누)의 구조(좌)와 모형(우)

성을 가지고 있다. 세제를 이해하기 위하여 먼저 계면활성제에 대해 알아본다.

1) 구 조

계면활성제의 분자구조는 한쪽에는 물과 친화성이 큰 친수기가 있고, 다른 한쪽에는 기름과 친화성이 큰 친유기를 함께 가지고 있다(그림 3-1).

비누의 경우는 친수기로 카르복실산나트륨과 친유기로 알킬기를 갖고 있다. 계면활성제는 여러 가지의 친수기와 친유기를 결합시켜서 만들 수 있으며, 일반적으로 계면활성제로 많이 이용되고 있는 친수기와 친유기는 표 3-1과 같다. 친수기와 친유기의 발달정도에 따라 계면활성제의 특성이 좌우되므로 사용하는 목적에 따라 적절하게 선택하여 만들 수 있다.

이때, 계면활성제의 친수성과 친유성의 정도를 수치로 나타낸 것을 HLB(hydrophilic-lipophilic balance)라고 하며, HLB를 알면 계면활성제의 특성을 쉽게 알 수 있으므로 매우 편리하다. 계면활성제의 HLB는 1~40의 범위에 있으며 숫자가 클수록 친수성이 발달한 것이다. 일반적으로 널리 사용되고 있는 계면활성제의 HLB는 1~20 사이에 있으며 표 3-2에 계면활성제의 HLB와 용도를 나타내었다.

표 3-1 계면활성제의 친수기와 친유기[1)]

친수기			친유기		
음이온	카르복실산염	$-COOM$	알킬기	$C_nH_{2n+1}-$	(n : 8~20)
	술폰산염	$-SO_3M$	알케닐기	$C_nH_{2n-1}-$	(n : 8~20)
	황산에스테르염	$-OSO_3M$			
양이온	아민염	$[-N^+-H]X^-$	알킬아릴기	$C_nH_{2n+1}-C_6H_4$	(n : 8~15)
	4차 암모늄염	$[-N^+-]X^-$		$C_nH_{2n+1}-C_{10}H_6-C_nH_{2n+1}$	(n : 3~4)
	피리디늄염	$-^+NC_5H_5X^-$			
비이온	수산기	$-OH$	탄화플르오르기	$C_nF_{2n+1}-$	
	옥시에틸렌	$-CH_2CH_2O-$		$H(CF_2)_nCH_2-$	

* 여기서 M : Na^+, K^+, NH_4^+
X : Br^-, Cl^-

2) 계면활성제의 종류

계면활성제는 친수기의 특성에 따라 다음과 같이 4가지 종류로 나누어진다(그림 3-2).

(1) 음이온 계면활성제

계면활성제가 물에 용해되어 해리되었을 때 음이온이 계면활성을 나타내는 것을 음이온계 계면활성제라고 한다. 이것은 세척성이 우수하여 세제로 가장 널리 사용되고 있으며, 대표적인 음이온계 계면활성제로는 비누, 알킬벤젠술폰산나트륨, 고급 알코올황산에스테르염 등이 있다.

음이온 계면활성제는 양이온 계면활성제와 함께 사용할 수 없으나 양

1) 김성련, *세제와 세탁의 과학*, 교문사, (2003), p.24.

표 3-2 계면활성제의 HLB와 그 용도[2)]

HLB	용 도
1~3	소포제
3~4	드라이클리닝용 세제
4~8	유화제(기름 속에 물 분산)
7~9	침윤제
8~18	유화제(물 속에 기름 분산)
13~15	세탁용 세제
15~18	가용화(물 속에 기름 분산)

성 또는 비이온 계면활성제와 함께 사용할 수 있다. 혼합계면활성제를 사용하면 섬유유연효과, 살균효과, 상승된 세척작용 등의 부수적인 혼합 효과를 얻을 수 있다.

(2) 양이온 계면활성제

계면활성제가 물에 용해되어 해리되었을 때 양이온이 계면활성을 나타내는 것을 양이온 계면활성제라고 한다. 대부분의 일반 세제가 음이온 계면활성제이므로 양이온 계면활성제를 역성(逆性)비누라고도 한다.

양이온 계면활성제는 일반 세제로 사용되는 일은 적으나, 물속에서 음으로 하전된 섬유에 잘 흡착되어 섬유의 유연성, 대전방지, 발수성 등을 나타내므로 유연제, 대전방지제 등으로 사용된다. 음하전을 가진 세균을 강력하게 흡착하여 생활 기능을 없애버리므로 살균, 소독의 목적으로 사용되기도 한다. 대표적인 양이온 계면활성제로는 아민염, 4차 암모늄염, 알킬피리디늄염 등이 있다.

2) W. C. Griffin, *J. Soc. Cosmetic Chemists.*, 1, 311 (1949).

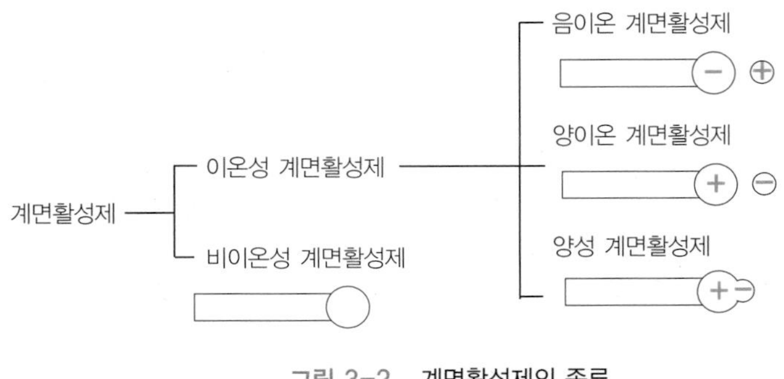

그림 3-2 계면활성제의 종류

(3) 양성 계면활성제

계면활성제의 친수기가 양이온과 음이온으로 해리되는 부분을 가지고 있어서 등전점보다 알칼리성 용액에서는 음이온으로, 산성용액에서는 양이온으로 작용한다. 따라서 알칼리성 용액에서는 세척력도 갖고 있으나 가격이 비싸므로 세제로서의 중요성은 별로 없다. 대표적인 양성(兩性) 계면활성제에는 아미노산형과 베타인형이 있다.

(4) 비이온 계면활성제

비이온 계면활성제는 물속에서 해리하지 않는 약한 친수기를 여러 개 가지고 있으며, HLB를 쉽게 조절할 수 있는 장점이 있다. 친수성을 향상시켜서 물세탁용 세제에 배합하기도 한다. 대표적인 비이온 계면활성제로 알코올 또는 알킬페놀폴리옥시에틸렌 에테르, 다가알코올의 지방산 에스테르, 알칸올아미드 등이 있다.

3) 계면활성제의 성질

세제에 주로 사용되는 계면활성제의 공통적인 성질은 다음과 같다.

(1) 계면에의 흡착

계면활성제가 물에 용해되면 농도가 낮을 때는 일반 용액과 마찬가지로 분자 또는 이온상태로 용해된다. 계면활성제의 친수기는 물과 잘 화합하는데 비해, 친유기는 물과 화합하지 못하며 계면활성제 분자의 일부는 물을 피해서 용액의 표면 또는 용기와의 계면으로 몰려가서 친수기는 수용액 내부로 향하고, 친유기는 액체 밖으로 향하는 배열을 가지게 된다. 이와 같이 계면활성제 분자가 표면이나 계면에 몰려와서 규칙적인 배열을 갖는 현상을 계면흡착(界面吸着)이라고 한다(그림 3-3).

계면활성제의 농도가 높아져서 어느 정도의 농도가 되면 표면 또는 계면은 계면활성제 분자로 완전히 덮이게 되어 단분자(單分子)층을 이루게 되는데 이것을 단분자막이라고 한다. 농도가 더욱 높아지면 액체 내부에서도 계면활성제의 친유기끼리 뭉쳐서 집합체를 형성하게 된다(그림 3-3).

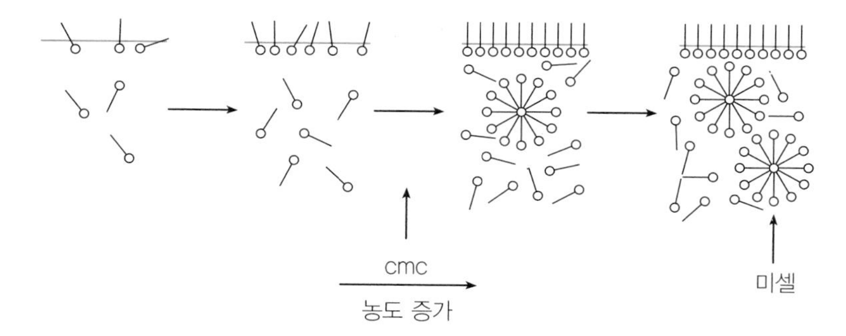

그림 3-3 계면활성제 용액의 농도증가에 따른 계면활성제 분자의 배열상태

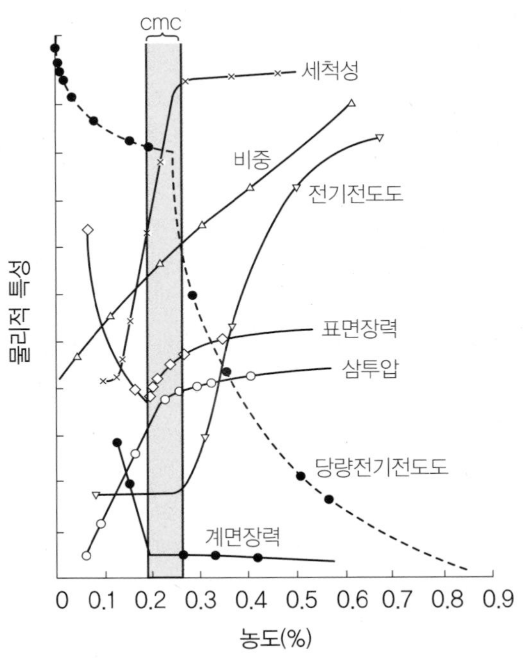

그림 3-4 임계미셀농도에 따른 계면활성제 수용액의 성질[3)]

(계면활성제 : 라우르황산나트륨)

(2) 미셀의 형성

계면활성제 수용액은 농도가 낮을 때에는 일반 화합물의 수용액과 마찬가지로 분자 또는 이온상태로 분산되어 있어 표면장력, 전기전도도, 어는점 강하, 끓는점 상승, 증기압 강하 등 여러 가지 성질이 용액의 농도에 비례한다. 그러나 어느 한계농도 이상이 되면 농도가 증가하여도 용액의 성질에 변화가 없을 때가 많다(그림 3-4). 이것은 계면활성제는 어느 한계농도 이상에서 용해된 계면활성제 분자가 회합하여 집합체를 만들고 분자 또는 이온상태로 분산된 계면활성제의 농도에는 변화가 없기 때문이다. 이러한 계면활성제 분자의 집합체를 미셀(micelle)이라 하고 계면활성제가 미셀을 형성하기 시작하는 농도를 임계(臨界)미셀농도(critical micelle

3) W. C. Preston, *J. Phys. Calloid Chem.*, 52, 84 (1948).

concentration; cmc)라고 한다. 일반적으로 계면활성제의 cmc는 친유기가 커지면 현저히 작아지는데 비해 친수성이 커지면 cmc는 커진다(표 3-3).

미셀을 형성하는 계면활성제 분자의 수는 계면활성제의 종류에 따라 달라진다. 미셀의 모양은 계면활성제의 농도가 비교적 낮은 때에는 구상 또는 구상에 가까운 모양의 미셀을 형성하고, 농도가 커져서 cmc의 10배 이상이 되면 층상 또는 원통상 미셀을 이루는 것으로 알려져 있으며, 농도가 더욱 높아지면 용해된 계면활성제 전체가 층상으로 배열된 미셀, 즉 액정을 형성하게 된다(그림 3-5).

(3) 표면장력의 저하

액체가 최소의 표면적을 가지려고 하는 힘을 표면장력(表面張力)이라 하며, 단위로는 dyne/cm(힘/길이)가 사용된다.

액체 내부에 있는 분자는 사방의 물분자로부터 동등한 인력을 받아 균형이 잡혀 있으나, 표면의 분자는 액체 내부 분자로부터의 인력만을 받으므로 항상 내부로 끌리고 있어 뭉치려고 하는 힘이 생긴다(그림 3-6).

표 3-3 계면활성제의 임계미셀농도[4) 5)]

계면활성제	온도(℃)	cmc (mole/ℓ)x10^3
라우르산나트륨	25	36.0
팔미트산나트륨	70	3.8
라우르황산나트륨	40	8.6
라우르술폰산나트륨	40	11.4
도데실벤젠술폰산나트륨	60	1.2
염화디스테아릴디메틸 암모늄	25	0.34
노닐페놀폴리옥시에틸렌에테르 (OE : 10)	25	0.075

4) 西一郎 · 今井怡知朗 · 笠井正威, *界面活性劑便覽*, 産業圖書(日), (1979), p.127.
5) M. J. Roson, *Surfactants and Interfacial Phenomena*, John Wiley & Sons, (1989), p.122.

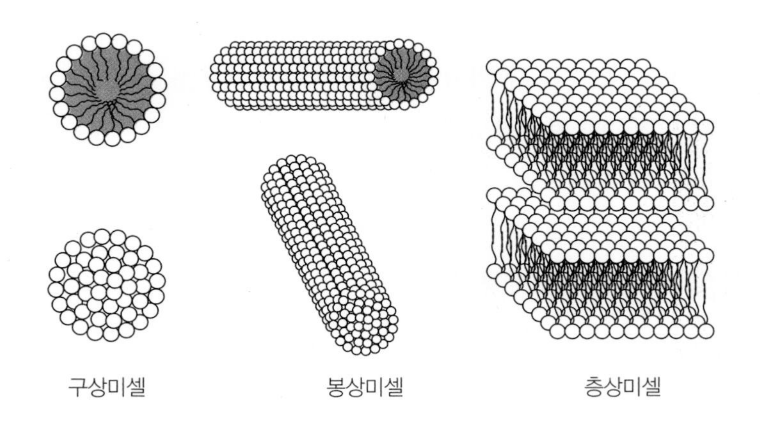

그림 3-5 미셀의 여러 가지 모형

이 표면장력으로 인하여 물방울이 둥글게 되고, 모세관 현상이 생기게 된다. 이러한 액체의 표면에서의 장력은 액체와 액체, 액체와 고체 간의 계면에서도 존재하는데, 이것을 계면장력이라고 한다. 물은 표면장력이 매우 커서 모직물이나 피부표면에서 물방울을 형성하고 넓게 번져나가거나 내부로 잘 침투하지 못한다. 그러나 표면장력이 작은 알코올은 쉽게 번지고 직물의 내부로 침투하는 것을 볼 수 있다.

물의 표면장력은 72.8 dyne/cm로 다른 액체에 비해 아주 크지만(표 3-4) 계면활성제가 첨가됨에 따라 표면장력이 점차 감소되어 계면활성제 농도 0.2%에서 표면장력은 33.8 dyne/cm로 순수한 물의 반 이하가 된다. 이와

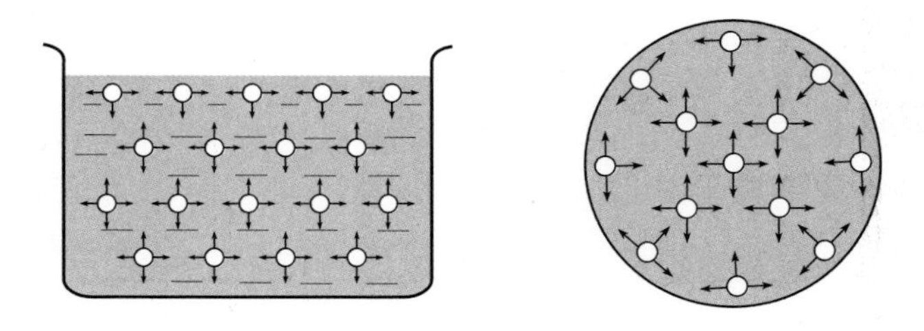

그림 3-6 액체 내부와 표면에서의 분자 간의 인력

표 3-4 액체의 표면장력[6)]

액 체	온도(℃)	표면장력 (dyne/cm)
물	20	72.8
에틸알코올	20	22.8
벤 젠	20	28.8
아세톤	20	23.7
헥 산	20	18.4
사염화탄소	20	26.9
글리콜	20	47.7
글리세롤	20	63.4
수 은	20	487

같이 계면활성제 수용액의 표면 · 계면장력이 현저히 감소되는 것이 계면활성제가 세제로 사용되는 중요한 이유이다. 계면활성제 용액의 표면장력이 감소되는 것도 앞에서 설명한 계면활성제 분자가 액체의 표면이나 계면에 흡착 배열되기 때문이다. 계면활성제 수용액은 표면장력이 감소되어 고체표면을 잘 적시고 침투력이 좋으며 거품이 잘 생기게 한다.

(4) 침윤과 접촉각

액체가 고체표면에서 퍼져 가는 현상, 다시 말해서 고체표면의 공기를 액체가 치환하는 현상을 침윤(浸潤)이라고 한다. 액체가 고체표면을 잘 침윤하느냐의 여부를 판정하는 데, 접촉각을 사용한다. 접촉각은 액체가 고체표면과 접하고 있는 점에서 액체면에 접선을 그었을 때 접선이 고체표면과 이루는 각(액체쪽)을 말한다(그림 3-7). 따라서 접촉각이 작을수록 고체표면을 잘 침윤하고 접촉각이 클수록 침윤이 어렵다는 것을 나타낸다.

6) V. Sedivec and J. Fle, *Handbook of Analysis of Organic Solvents*, Ellis Horwood, (1976).

접촉각과 고체 및 액체의 계면장력 사이에는 다음과 같은 관계식이 성립한다. 이 식을 영(Young)식[7]이라고 한다.

$$\gamma_{SA} = \gamma_{SL} + \gamma_{LA}\cos\theta$$

여기서 θ : 접촉각
γ_{SA} : 고체의 표면장력
γ_{LA} : 액체의 표면장력
γ_{SL} : 고체와 액체의 계면장력

이에 따라 $\cos\theta = \dfrac{\gamma_{SA} - \gamma_{SL}}{\gamma_{LA}}$ 가 된다. 따라서 액체의 표면장력(γ_{LA})과 액체와 고체 간의 계면장력(γ_{SL})이 작고, 고체의 표면장력(γ_{SA})이 크면 $\cos\theta$의 값이 커지고 접촉각 θ가 작아져서 고체 표면을 잘 침윤하게 된다. 일반적으로 고체가 극성을 가져 친수성이 커지면 표면장력(γ_{SA})이 커져 $\cos\theta$가 커지고 접촉각(θ)은 작아진다.

계면활성제 용액의 표면장력(γ_{LA})과 계면장력(γ_{SL})이 현저히 감소하므로 계면활성제 수용액은 순수한 액체에 비해 접촉각이 작아지고 침윤이 잘 된다.

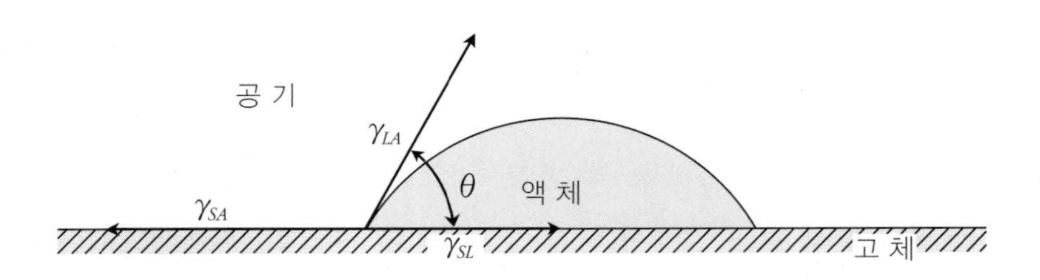

그림 3-7 접촉각과 고체 · 액체 · 기체 간의 계면장력

7) T. Young, *phil. Trans. Roy. Soc.*, 95, 68 (1805).

표 3-5 계면활성제의 HLB와 수용성[8)]

HLB	용 도
1~3	분산 안됨
3~6	미량 분산
6~8	강력한 교반에 의해 우유상 분산
8~10	안정한 우유상 분산
10~13	반투명 또는 투명한 분산
13 이상	투명한 용해

(5) 용해도

계면활성제는 친수기와 친유기를 함께 가지고 있어 계면활성제의 종류에 따라 물 또는 유기용매에 대한 용해성이 현저히 달라진다. 그리하여 계면활성제의 HLB가 작으면 유기용매에 녹으나 물에는 잘 녹지 않고, HLB기가 커짐에 따라 물에 대한 용해도는 증가한다(표 3-5).

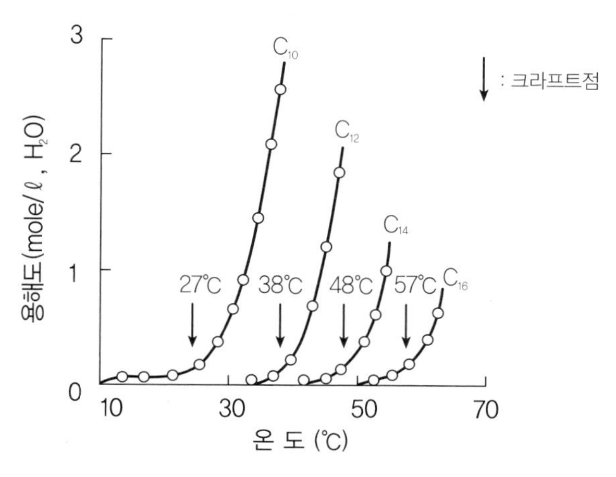

그림 3-8 계면활성제 (알킬술폰산나트륨)의 탄소수와 용해도[9)]

8) J. P. Carter, *Amer. Perfumer & Cosmetic*, 71(6), 43 (1958).
9) H. V. Tartar and K. A. Wright, *J. Amer. Chem. Soc.*, 61, 539 (1939).

계면활성제는 온도가 올라감에 따라 용해도가 증가하는 것은 다른 일반 화합물과 같으나 이온성 계면활성제는 어느 온도에 이르면 용해도가 급격히 증가한다. 이 온도를 크라프트점(kraft point)이라고 한다(그림 3-8).

크라프트점은 계면활성제의 고유한 특성의 하나로 크라프트점 이상이 되면 계면활성제가 미셀을 형성하여 미셀의 형태로 분산용해되기 때문이다. 따라서 어떤 계면활성제의 크라프트점에서의 용해도는 그 온도에서의 cmc와 같다. 한편 비이온 계면활성제의 크라프트점은 너무 낮아서 관측이 되지 않는다. 그런데 비이온 계면활성제, 특히 옥시에틸렌계 수용액은 온도가 올라가 어떤 온도 이상이 되면 투명하던 용액이 백탁이 된다. 이 온도를 담점(曇點) 또는 클라우드점(cloud point)이라고 한다. 이 현상은 계면활성제의 친수기(옥시에틸렌기)에 수소결합으로 수화되어 있던 물이 온도가 올라가면서 수소결합이 끊어져 계면활성제로부터 분리 · 탈수되

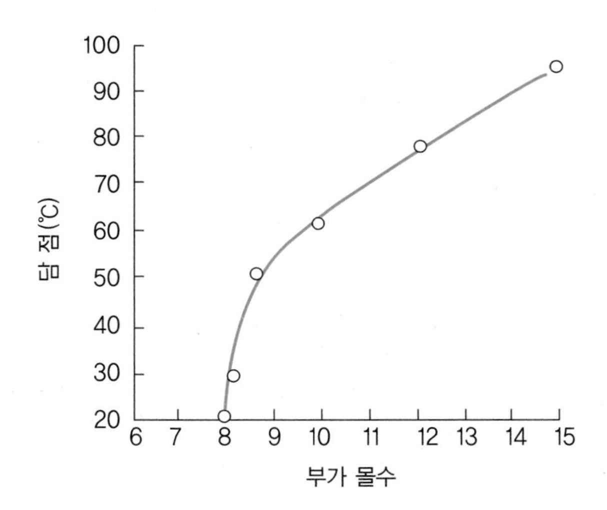

그림 3-9 노닐페놀 폴리옥시에틸렌 에테르[C_9H_{19} ⌬ $(OCH_2CH_2)_nOH$]의 옥시에틸렌 부가몰수와 담점[10)]

10) 西一郎 · 今井怡知朗 · 笠井正威, *界面活性劑 便覽*, 産業圖書(日), (1979), p.169.

어 용해도가 떨어지기 때문에 생긴다. 일반적으로 부가된 옥시에틸렌기의 수가 많을수록 담점은 높아진다(그림 3-9).

(6) 유화와 현탁

물에 소량의 기름을 넣고 강하게 흔들면 기름이 작은 알맹이로 분할되어 분산되나, 이것을 가만히 놓아두면 다시 모여서 위로 뜨면서 물층과 기름층으로 분리된다. 그러나 여기에 소량의 계면활성제를 넣고 세게 흔들면 마치 우유와 같은 균일한 유백색(乳白色) 액체가 얻어지며 이것은 장시간 가만히 두어도 물과 기름 두 층으로 분리되지 않는다. 이런 상태의 혼합액체를 유탁액(乳濁液) 또는 에멀션(emulsion)이라 하며, 유탁액이 이루어지는 현상을 유화(乳化) 또는 에멀션화라고 한다. 유화를 도와주는 물질, 즉 계면활성제를 유화제라고 한다(그림 3-10).

에멀션에서는 계면활성제의 친유기는 기름 내부 쪽으로 향하고 친수기는 물 쪽으로 향하면서 작은 기름 입자를 둘러싸고 있어 이에 따라 분산된 기름입자가 친수화되고 서로 충돌하여도 계면활성제의 장벽 때문에 합쳐지는 것이 방지된다. 이와는 반대로 계면활성제의 도움을 받아 기름

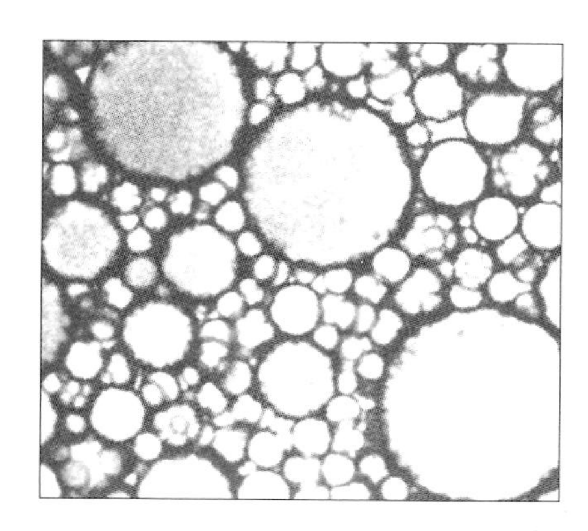

그림 3-10 에멀션 내에서 분산상의 입자 상태의 현미경 사진

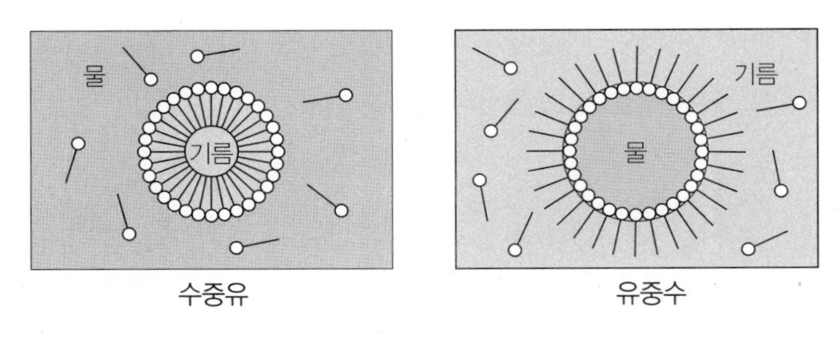

그림 3-11 에멀션의 원리

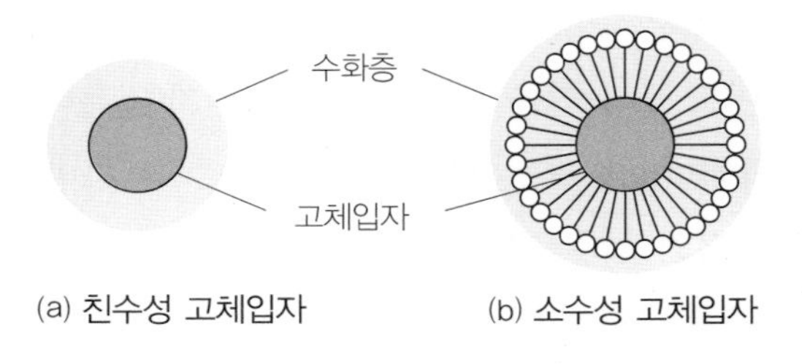

그림 3-12 고체입자의 서스펜션

속에 물이 분산될 수 있다. 전자를 수중유(水中油) 에멀션이라 하고, 후자를 유중수(油中水) 에멀션이라고 한다(그림 3-11). 수중유 에멀션에는 친수성이 좋은(HLB가 큰) 계면활성제가, 유중수 에멀션에는 친유성(HLB가 작은) 계면활성제가 유화제로 쓰인다.

고체입자도 조건에 따라 안정된 분산을 유지할 수 있다. 단백질, 산화티탄과 같은 친수성 고체입자는 수중에서 표면에 물을 흡착하여 수화층(水和層)을 만들어 비교적 안정한 분산이 얻어진다(그림 3-12). 그러나 카본블랙과 같은 소수성 고체입자는 표면에 물을 흡착하지 않아서 잘 분산되지 않는다. 여기에 계면활성제를 첨가하면 고체입자 표면에 계면활성제가 친수기를 밖으로 향하면서 흡착되어 입자 주변이 친수기로 둘러 싸여 여기에 물이 수화되어 비교적 안정된 분산을 만든다. 이와 같이 고체입자가 액체 속에 분산되어 있는 것을 현탁(懸濁) 또는 서스펜션(suspension)이라고 한다. 계면활성제에 의한 기름의 유화와 고체입자의 서스펜션은 세탁에서 오구(汚垢)를 분산시키는 데 중요한 역할을 한다.

(7) 가용화

계면활성제 용액에 기름을 넣고 흔들면 유탁액이 얻어진다. 그러나 cmc 이상의 계면활성제 용액에 소량의 기름을 넣고 흔들면 유화와는 달리 투명하고 균일한 액체가 얻어지며 오랜 시간이 경과하여도 기름층이 분리되는 일이 없다. 이때에는 기름입자가 유화되어 있는 것이 아니고 계면활성제의 미셀 내의 친유기의 흡착되어 있는 상태로서 이것을 가용화(可溶化)라고 한다. 유성(油性)물질이 계면활성제 미셀에 가용화되는 상태에는 여러 가지가 있다(그림 3-13).

가용화는 기름입자가 분산되어 있는 에멀션, 설탕, 소금용액과 같이 분자나 이온상으로 분산되어 있는 용액과는 본질적으로 다르다. 그러므로 가용화는 cmc 이상의 짙은 계면활성제 용액에서 일어나며, 가용화할 수 있는 한계량 이상의 기름이 첨가되면 가용화를 벗어나 유화상태가 된다. 마찬가지로 계면활성제에 의하여 유성액체 속에 물이 가용화 되기도 한다. 이러한 계면활성제에 의한 가용화 현상은 세탁이나 드라이클리닝에 있어서 오구의 제거에 기여하는 것으로 알려져 있다.

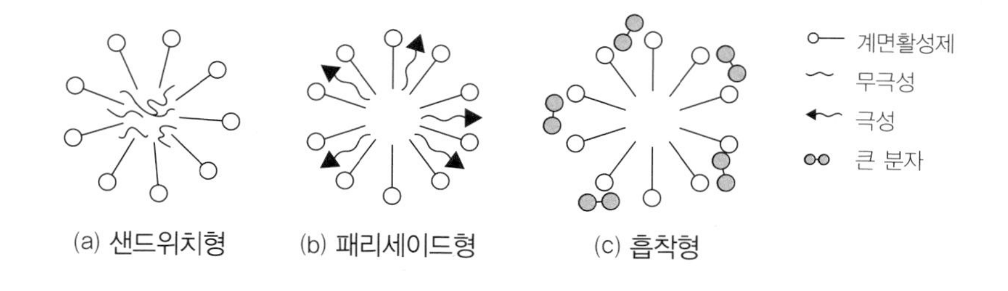

그림 3-13 가용화 상태

(8) 거 품

계면활성제의 수용액은 대체로 거품이 잘 생긴다. 계면활성제에 의해서 거품이 생기는 원리도 계면활성제가 물과 공기의 계면에 흡착되어 배열되기 때문이다. 거품 피막의 양쪽 표면에 흡착 · 배열된 계면활성제는 표면장력을 저하시키고 거품의 양쪽 표면 간의 액체막을 보존해 주므로 기포가 파괴되는 것을 방지한다(그림 3-14). 그러나 계면활성제의 화학적 구조와 특성에 따라 기포성의 차이가 크다. 그리하여 계면활성제 중에는 기포능력이 거의 없는 것이 있을 뿐 아니라 도리어 거품을 제거하는 소포성을 가진 것도 있다.

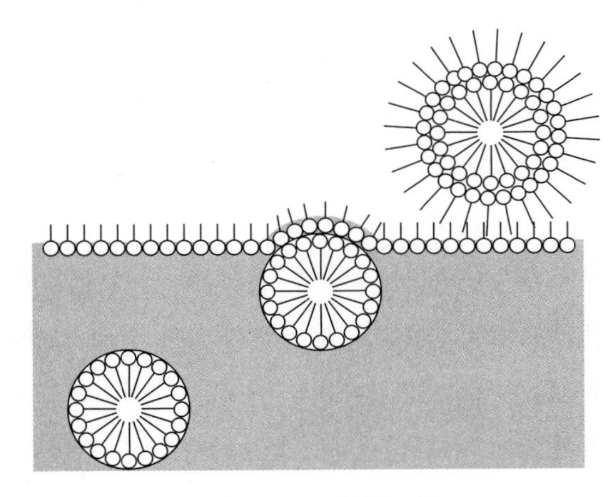

그림 3-14 거품의 모형

2. 비 누

합성세제가 개발되기 전에는 비누의 중요성이 매우 컸으나 오늘날 세탁기의 보급과 함께 비누의 소비는 현저하게 낮아지고 있다.

1) 비누의 원료

비누의 주원료는 우지, 야자유, 미강유, 어유 등 동·식물성 유지로서 유지원료에 따라 지방산의 종류와 조성이 달라지므로 제조후의 비누의 특성도 차이가 난다. 비누 제조에 많이 사용되는 주요한 유지의 조성은 표 3-6과 같다. 비누의 원료로 적합한 지방산은 탄소수가 12~18개 정도이다. 일반적으로 탄소수가 적은 지방산 비누는 찬물에 잘 용해되지만 지방산의 탄소수가 많아지면 찬물에는 잘 용해되지 않고 더운 물에만 용해된다. 그러나 탄소수가 많아도 분자 내에 이중결합을 가지고 있으면 물에 잘 녹게 된다(표 3-7).

표 3-6 유지의 주요 지방산 조성[11]

(단위 : %)

지 방 산		유 지						
		우지	야자유	팜유	팜 핵유	면실유	올리브유	미강유
포화 지방산	라우르산($C_{11}H_{23}COOH$)		45~52		44~55			
	미리스트산($C_{13}H_{27}COOH$)	2~8	15~22	1~3	10~17	0~30		0~1
	팔미트산($C_{15}H_{31}COOH$)	24~35	4~10	35~48	6~10	20~30	7~15	11~21
	스테아르산($C_{17}H_{35}COOH$)	14~30	1~5	3~7	1~7	1~5	1~3	1~3
불포화 지방산	올레산($C_{17}H_{33}COOH$)	30~50	2~10	37~50	1~17	15~30	70~85	35~50
	리놀레산($C_{17}H_{31}COOH$)	1~5	1~3	7~11	0~2	40~52	4~12	25~40

11) 日本油化學協會, *油脂便覽*, 九善(日), (1998), p.122.

표 3-7 나트륨 비누의 용해도 (단위 : %)

비 누	온 도(℃)	
	25[12]	90[13]
라우르산 비누	2.8	36
팔미트산 비누	0.2	26
스테아르산 비누	0.1	19
올레산 비누	18.1	30

거품의 발생은 비누의 지방산의 종류에 따라 상당한 차이가 있어 라우르산 · 미리스트산 · 올레산 비누는 거품의 발생이 좋고, 스테아르산 비누는 거품이 잘 생기지 않는다. 그러나 거품의 발생량과 세탁효과와는 직접적인 관계가 없다(그림 3-15).

보통 비누의 원료로는 우지가 가장 많이 쓰이는데 우지는 팔미트산, 스테롤산, 올레산 등을 적당하게 함유하고 있어 비누의 좋은 원료이다. 그

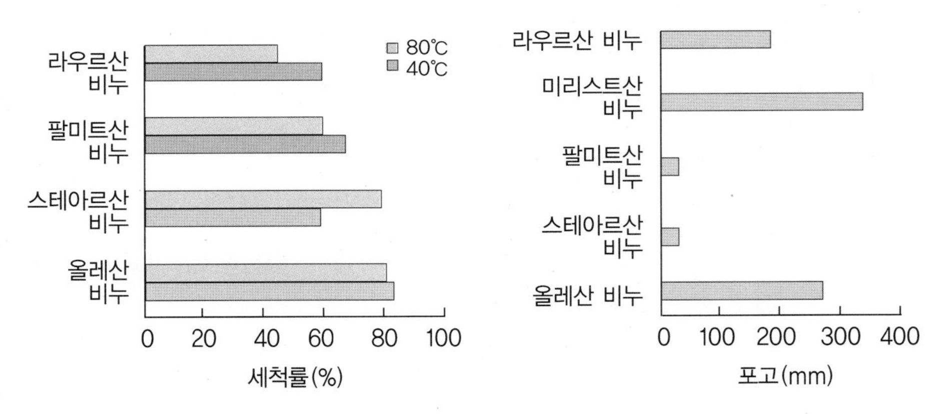

그림 3-15 나트륨비누의 세척성(좌)[14]과 기포성(우)[15]

12) R. N. Shreve, *Chemical Process Industry*, McGraw-Hill, (1956), p.617.
13) J. M. McBain and W. C. Sierichs, *J. Amer. Oil Chemists' Soc.*, 25, 221 (1948).
14) 김성련, *세제와 세탁의 과학*, 교문사, (2003), p11.
15) 難波義郎 · 林靜三郎 · 淵澤豊造, *油脂化學協會誌*(日), 4, 238 (1955).

러나 우지에는 라우르산과 같은 탄소수가 적은 지방산을 함유하지 않으면서 불포화지방산인 올레산의 함량이 너무 많기 때문에 여기서 얻어지는 비누는 무르고 변질될 우려가 있다. 그러므로 여기에 라우르산이 다량 함유되어 있고 불포화성이 적은 야자유를 혼합하면 보다 굳고, 찬물에도 잘 풀리고, 부드럽고, 거품도 잘 생기는 비누를 얻을 수 있다. 가정용, 특히 저온 세탁비누와 화장비누에는 우지에 야자유를 적절히 혼합한 원료를 사용하는 것이 보통이다. 우지와 야자유의 혼합비는 비누의 종류에 따라 95:5~75:25 범위에 있다.

비누제조에 쓰이는 알칼리로는 수산화나트륨, 탄산나트륨, 수산화칼륨, 암모니아, 에탄올아민 등이 있다. 흔히 쓰는 고형비누는 수산화나트륨을 이용한 나트륨비누이며, 이 비누만이 고형비누를 얻을 수 있다. 수산화칼륨을 사용하여 만든 칼륨비누의 화학적 성질은 나트륨비누와 큰 차이가 없으나, 무르고 물에 잘 녹아 액체 비누 등 특수한 용도에 사용된다.

샴푸 등에 사용되는 액체비누에는 알칼리성이 약한 수산화암모늄, 에탄올아민 등으로 만들어진다.

화장비누는 거의 순수한 비누로 되어 있으나 대부분의 세탁비누는 비누의 세탁성능을 보충하고 사용이 편하도록 여러 가지 다른 성분이 배합되어 있다.

보통 세탁비누는 알칼리성에서 잘 풀리고 세탁효과도 좋아지도록 알칼리제로 규산나트륨 또는 탄산나트륨 등을 배합하여 수용액의 pH가 10.5 내외가 되도록 하고 있다. 이들 알칼리 첨가제는 경수를 연화하는 목적도 함께 가지고 있어 고형비누에는 대개 20% 정도의 규산나트륨이 첨가된다. 탄산나트륨은 고형비누에 첨가하면 비누가 너무 굳어지고, 표면에 탄산나트륨의 백색분말이 석출하는 등 좋지 않은 점이 있어서 주로 가루비누에 30~40%까지 첨가된다.

경수연화제로 EDTA 같은 금속이온 봉쇄제가 쓰이는데 이 금속이온

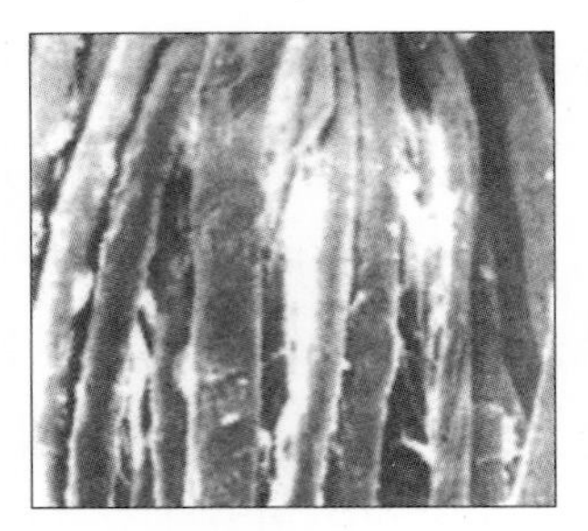

(a) 미첨가 비누

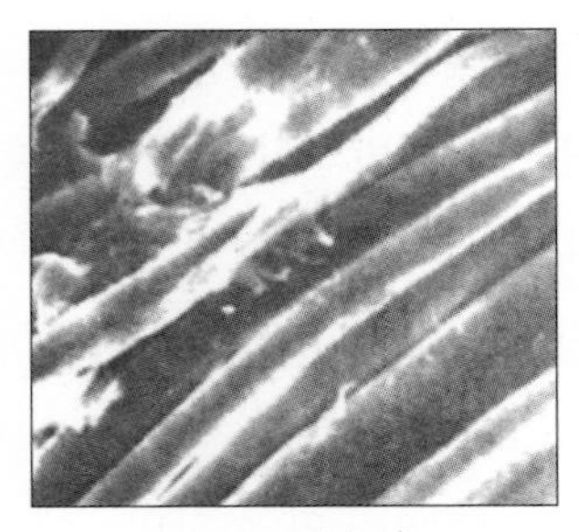

(b) LSDA첨가 비누

그림 3-16 칼슘비누 분산제의 효과 (비누 0.2%, 경도 300ppm, 25회 세탁)

봉쇄제를 비누에 첨가하면 경수를 효과적으로 연화하여 세척력을 향상시킬 뿐만 아니라, 산화를 방지하여 비누의 산패에 의한 변색, 나쁜 냄새를 방지할 수 있다.

기타 경수에 의해 생성된 칼슘비누가 세탁을 방해하는 것을 방지하기 위하여 칼슘비누 분산제(LSDA)를 첨가하기도 한다.

그림 3-16은 칼슘비누 분산제의 효과를 나타낸 것인데, (a)는 보통비누로 세탁한 것은 표면에 많은 칼슘비누가 붙어 있는 것이 보이나, (b)의 칼슘비누 분산제(LSDA)를 첨가한 비누로 세탁한 섬유의 표면은 깨끗하다.

세탁용 비누에는 과붕산나트륨과 같은 표백제 또는 형광증백제 그리고 살균제 등이 배합되기도 한다.

2) 비누의 제조

비누를 만드는 방법에는 감화법, 중화법, 에스테르 교환감화법 등이 있다.

(1) 감화법

감화법은 동 · 식물성 유지와 수산화나트륨을 함께 끓여서 만든다. 이때 가열과 교반을 하면 감화반응에 의하여 비누와 글리세롤(glycerol)의 혼

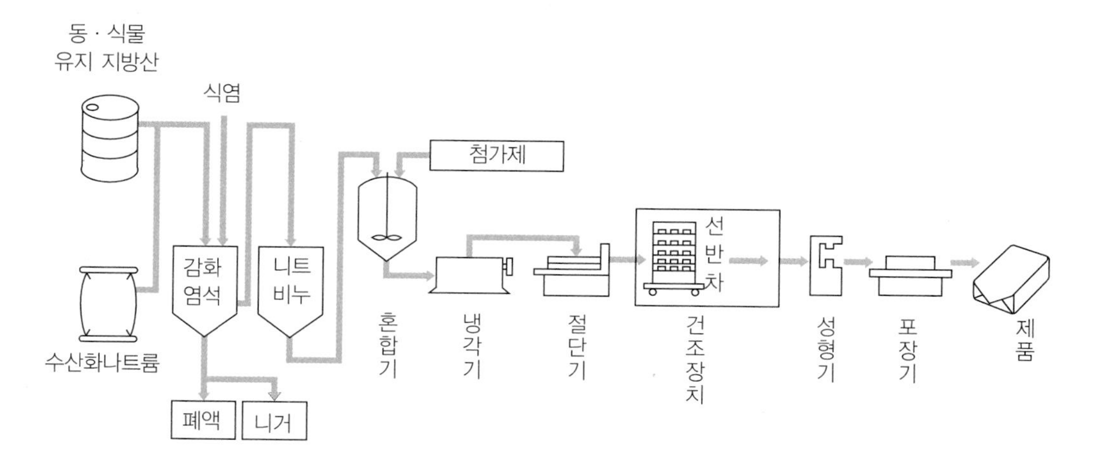

그림 3-17 감화법에 의한 비누제조 공정도

합물이 얻어지는데, 여기에 적당량의 식염을 넣어서 다시 교반, 가열 후 놓아두면 비누가 위에, 글리세롤과 식염수의 혼합물이 아래로 분리된다. 이 공정을 염석(鹽析)이라고 한다. 분리된 비누에는 아직 감화되지 않은 유지분이 남아 있다. 여기에 소량의 수산화나트륨을 첨가하고 가열한 후 놓아두면, 감화가 완료되어 위에 양질의 니트(neat)비누와 아래에 니거(nigger)로 분리되는데, 니트비누에 첨가제를 배합한 후 건조하여 비누 제품을 만들고, 니거는 30~40%의 비누를 함유하므로 유화제로 쓰거나 정제한 후 하급비누를 만드는데 사용한다(그림 3-17).

(2) 중화법

중화법은 유지를 산이나 금속산화물 같은 촉매를 쓰고, 높은 온도(200℃ 내외), 높은 압력(100기압)에서 가수분해하여 글리세롤과 지방산으로 분해하여 얻어진 지방산을 정제한 후, 염기로 중화하여 비누를 만드는 방법이다.

중화법은 유지를 가수분해하여 깨끗한 글리세롤을 얻을 수 있고, 감화법으로 만들 수 없는 암모니아나 아민(amine)과 같은 약한 염기비누를 만들 수 있으며 연속작업을 하기가 용이한 장점 등이 있어 대규모 공장은 이 공법을 사용하는 경우가 많다.

3) 비누의 특성

비누는 세탁효과가 좋고 거품이 잘 생기나 헹굴 때는 거품이 쉽게 사라진다. 또한 생분해가 잘 되므로 환경오염을 줄이는 데 기여할 수 있고, 분말 합성세제에 적절히 혼합 사용하면 거품을 억제시킬 수 있다.

그러나 비누는 경수에서 세척력이 저하되고 금속비누를 생성하여 세탁물에 부착되는 등 다음과 같은 특성이 있다.

(1) 수용액에서 가수분해 되어 유리지방산을 생성하고 알칼리성을 나타낸다

비누는 약산인 지방산과 강알칼리인 수산화나트륨의 염(鹽)이므로 물에 용해되면 가수분해 되어 불용성 지방산을 생성하면서 약알칼리성(pH 10.0 내외)을 나타낸다.

$$\underset{\text{비 누}}{RCOONa} + H_2O \rightarrow \underset{\text{지방산}}{RCOOH} + Na^+ + OH^-$$

(2) 산성용액에서는 사용할 수 없다

비누는 산성용액에서 유리지방산을 생성한다.

$$\underset{\text{비 누}}{RCOONa} + H^+ \rightarrow \underset{\text{지방산}}{RCOOH} + Na^+$$

이때 생성된 유리지방산은 물에 용해되지 않고 세탁물에 부착되므로 산성용액에서는 비누를 낭비하고 세탁효과가 없어진다. 세탁물에 지방산이 부착되면 시간이 경과함에 따라 직물이 변색되고 냄새가 나는 원인이 된다. 일반적으로 오구는 산성을 띠고 있으므로 세탁과정에서 이러한 지방산의 생성이 현저하게 나타난다.

(3) 알칼리성에서 세탁효과가 좋다

앞에서 설명한 바와 같이 세탁할 때 비누의 가수분해를 방지하고 유리지방산의 생성을 방지하기 위해서는 비누용액에 알칼리를 첨가하여야 한다. 비누용액에 알칼리를 첨가하면 생성된 지방산은 알칼리와 중화되어 다시 비누를 생성하게 되어 비누용액에서 유리지방산이 사라진다.

$$\underset{\text{지방산}}{RCOOH} + \underset{\text{알칼리}}{Na^+ + OH^-} \rightarrow \underset{\text{비 누}}{RCOONa} + H_2O$$

(4) 경수와 반응하여 칼슘비누 침전을 만든다

비누는 경수 중의 칼슘, 마그네슘 또는 철 이온과 결합하여 불용성 금속 비누를 만들어 침전이 생긴다.

$$\underset{\text{비 누}}{2RCOONa} + \underset{\text{(경 수)}}{Ca^{2+}} \rightarrow \underset{\text{칼슘비누}}{(RCOO)_2Ca} \downarrow + 2Na^+$$

이와 같은 불용성 금속비누의 생성은 비누를 낭비할 뿐 아니라 이때 생긴 불용성 금속비누 침전이 유리지방산, 옷에서 분리된 오구 등과 합쳐져 부유물(浮游物)을 만든다. 이것을 비누때(scum)라고 한다. 이 비누때는 세탁물에 부착하여 세탁이 깨끗이 안되고 세탁이 되풀이되면 옷감이 황변되고, 광택이 나빠지고, 촉감이 거칠어지고, 불포화지방산이 변질되면서 나쁜 냄새도 풍기게 된다. 그리하여 비누에 경수연화제나 칼슘비누 분산제를 첨가하면 칼슘비누의 침전을 방지하여 경수의 장해를 어느 정도 방지할 수 있다.

(5) 원료에 제한을 받는다

비누의 원료는 동 · 식물유지로서 이것은 식량이므로 인구와 식량시장과 밀접한 상관관계가 있어 원료의 공급과 가격에 제한을 받는다.

4) 비누의 품질과 규격

비누는 제조 시 세탁효과를 올리기 위한 첨가제의 종류와 양에 따라 비누의 품질에는 상당한 차이가 있다. 이외에도 비누는 증량을 위하여 불필요한 물질을 첨가한 것, 필요 이상의 수분을 함유한 것, 제조공정 관리의 불량으로 품질을 고르지 못한 것이 있어 외관만으로는 비누의 품질을 평가하기 어렵다. 우리나라에서는 세탁비누의 규격(KS)을 제정하여 소비자를 보호하도록 하고 있다(표 3-8, 3-9).

비누의 품질에서 가장 중요한 것은 순비누분이 얼마나 되느냐 하는 것이다. 비누분 외에 많이 함유하고 있는 것이 수분인데 저급품은 50% 이상 되는 것도 있다. 비누가 너무 무른 것은 다량의 수분을 함유하고 있는 경우가 많아서 건조되면서 점차 감량되고 굳어진다.

유리알칼리는 비누제조시 사용한 알칼리가 미반응된 채로 남아 있는 것으로 이 유리 알칼리의 존재는 알칼리에 약한 섬유를 상하게 하고 세탁하는 사람의 손을 거칠게 만든다.

석유 에테르 가용성분은 원료 중에서 미반응 상태로 남아 있는 중성지방과 감화되지 않은 비누와 상관없는 기름성분으로 이것은 세탁을 방해하므로 세탁효과를 감소시킨다.

에틸알코올 불용성분은 비누제조에 사용한 식염과 탄산나트륨 · 규산나트륨 등의 첨가제와 기타 비누 중에 존재하는 무기물의 양을 나타내는 것이다.

표 3-8 고형 세탁비누의 규격[16)]

(단위 : %)

항 목	종 류		
	순 품	연 품	센 품
수분 및 휘발성 물질	30 이하	30 이하	34 이하
순비누분	95 이상	87 이상	77 이상
유리알칼리	0.1 이하	0.1 이하	0.2 이하
석유에테르 가용성분	1.5 이하	1.5 이하	1.5 이하
에틸알코올 불용성분	2.0 이하	10.0 이하	18.0 이하

표 3-9 가루 세탁비누 규격[17)]

항 목	종 류	
	무첨가제형(또는 1종)	첨가제 혼합형(또는 2종)
수분 및 휘발성 물질 (%)	15 이하	25 이하
pH (25℃)	9.0~11.0	9.0~11.0
순비누분 (%)	94 이상	50 이상
석유에테르 가용성분 (%)	1.5 이하	0.8 이하
에틸알코올 불용성분 (%)	2.0 이하	45 이하
세척력	–	표준품과 동등 또는 이상

16) 한국산업규격, KS M 2703, 고형 세탁비누(2006).
17) 한국산업규격, KS M 2704, 가루 세탁비누(2007).

3. 합성세제

제2차 세계대전 중 독일에서 비누 부족으로 알칸술폰산나트륨(sodium alkanesulfonate)을 주성분으로 하고 여기에 황산나트륨 · 탄산나트륨 · 인산나트륨 등을 배합한 합성세제를 만들어 사용하였다. 이 합성세제는 세탁효과가 비누와 대등할 뿐 아니라 비누와 비교할 때 다음과 같은 장점이 있다.

- 수용성이 좋아서 빨리 용해되고 헹구기가 쉽다.
- 비누와 달리 칼슘이나 마그네슘 이온과도 침전이 덜 생겨 경수에서도 사용할 수 있다.
- 해수 · 산성 · 알칼리성에서도 사용할 수 있다.
- 거품이 잘 생기며 침투력이 우수하다.
- 자체가 중성이므로 중성세제를 만들 수 있다.
- 원료가 석탄 또는 석유화학제품이므로 값이 싸고 원료의 제한을 받지 않는다.

합성세제는 세탁기를 사용할 때 비누보다 편리하다는 것이 인정되어 제2차 세계대전 후 유럽에서는 가정용 전기세탁기의 보급과 함께 널리 쓰이기 시작하였다. 그 후 계면활성제로 알킬벤젠술폰산염, 조제로는 트리폴리인산염이 도입되면서 본격적인 합성세제 시대가 열리게 되었다.

우리나라에서는 1966년 합성세제의 생산을 시작하였으나, 초기에는 세탁기의 보급이 늦고 세탁법이 대부분 재래식을 따르고 있어 합성세제보다는 비누를 선호하였다. 1980년대 후반부터 세탁기의 보급과 함께 비누 소비가 줄어들고 합성세제의 소비가 급격히 늘어났으나, 1988년 이후 농축세제의 보급에 따라 전체 세제의 소비는 줄어들다가, 2000년 이후

드럼세탁기의 보급률이 크게 높아지면서 드럼형 세제의 보급률이 현저하게 증가하고 있다.

1) 합성세제에 주로 사용되는 계면활성제

세제의 용도에 따라 사용되는 계면활성제가 달라지며 주로 세척력 향상, 생분해성 증가를 목적으로 몇 가지를 혼합하여 사용한다. 대체로 음이온계가 주류를 이루고 있으나 점차 비이온계 계면활성제가 많이 사용되어 현재는 음이온계와 비이온계의 비율이 9:1~6:4로 이용되고 있다.

세탁용 분말세제에 사용되는 음이온계 계면활성제로는 LAS, AS, AOS, AES 등이며, 비이온계 계면활성제로는 AE가 주로 사용된다.

액체세제에는 LAS, AES, 비누 등이 사용된다. 이때 비누는 거품억제용으로 첨가한다.

(1) 알킬벤젠술폰산나트륨(LAS)

알킬벤젠술폰산나트륨(sodium alkylbenzene sulfonate), 즉 ABS는 1941

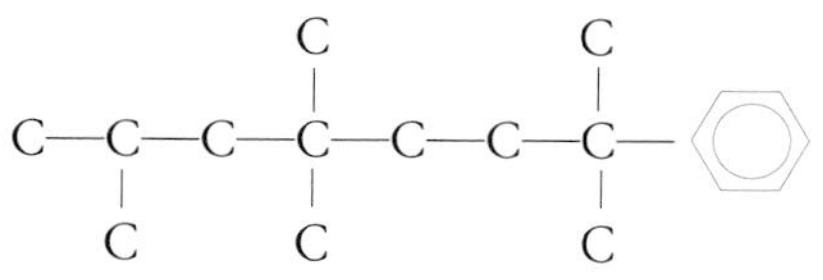

```
            C         C
            |         |
C—C—C—C—C—C—C—(벤젠고리)
   |        |         |
   C        C         C
```

그림 3-18 ABS의 도데실벤젠(측쇄상)의 화학구조(예)

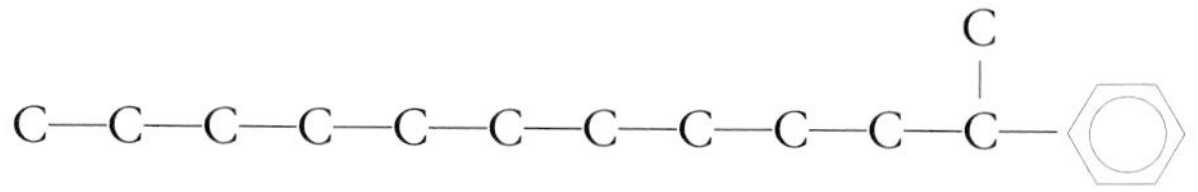

```
                              C
                              |
C—C—C—C—C—C—C—C—C—C—C—(벤젠고리)
```

그림 3-19 LAS(직쇄상)의 화학구조

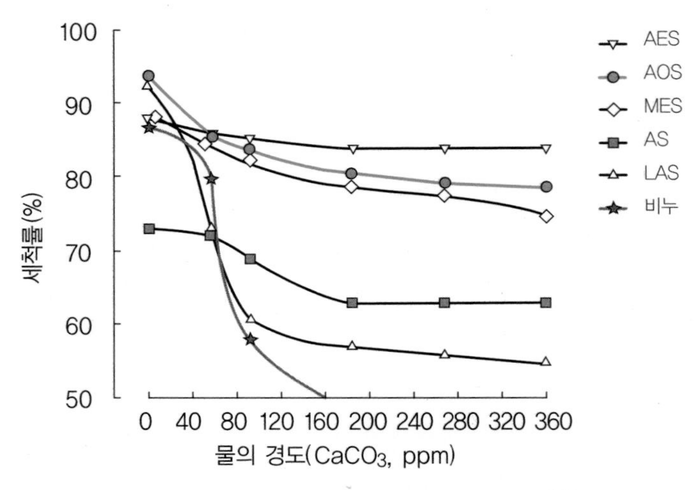

그림 3-20 물의 경도와 계면활성제의 세척성[18]

(계면활성제의 농도 : 0.021%, 알칼리빌더 : 0.034%)

년에 개발되어 제2차 세계대전 후 합성세제의 활성분으로 쓰였던 계면활성제이다.

ABS는 세제의 훌륭한 원료로서 과거에는 합성세제 활성분의 주역이었으나, 생분해성이 나빠 환경오염의 원인이 된다는 것이 알려져 사용이 규제되고 있다. 이와 같이 ABS가 생분해성이 나쁜 것은 벤젠에 결합되어 있는 알킬기, 즉 도데실기는 측쇄를 가지고 특히 4차 탄소를 가지고 있기 때문이다(그림 3-18).

그리하여 직쇄상의 알킬기를 사용하면 미생물에 의한 분해가 용이하여 공해를 방지할 수 있다. 이와 같이 직쇄상 알킬벤젠으로 만들어진 직쇄 알킬벤젠술폰산나트륨을 LAS(linear alkylbenzenesulfonate)라고 한다(그림 3-19). LAS는 거품이 잘 생기고, 제포제로 거품을 억제하기도 쉬우며 세척력이 좋아 현재 생산되는 대부분의 합성세제는 LAS를 주성분으로 사용하고 있다. 그러나 내경수성이 좋지 못한 것이 단점이다(그림 3-20).

18) 山根嚴美, *化學과 工業(日)*, 30, p.75 (1977).

(2) 알칸술폰산염(SAS)

제2차 세계대전 중에 독일에서 합성세제를 만들 때 활성분으로 사용된 계면활성제이다.

여러 가지 성질이 ABS와 같아서 보다 경제적인 ABS 또는 LAS로 대체되었으나, LAS에 비해 생분해성이 좋고, AS보다 수용성, 기포성, 수용액에서의 안정성이 좋아서 액체세제의 원료로 주로 유럽에서 쓰이고 있다.

(3) 고급알코올 황산에스테르염(AS)

알코올 황산에스테르염은 생분해성이 LAS보다 좋고 탈지력이 적어서 섬유, 특히 동물성 섬유의 우아한 품성을 해치지 않는다. 그리하여 양모, 견섬유를 비록한 고급직물에 쓰이는 중성세제, 샴푸, 치약, 부엌용 세제에는 상당량이 사용되고 있으나, 내경수성과 냉수에서 용해성이 좋지 못하다. 내경수성과 세척력이 더 좋은 새로운 계면활성제가 개발됨에 따라 세제의 활성분으로서의 중요성은 적어지고 있다. 원료가 되는 고급 알코올은 유지를 가수분해하여 얻는 지방산, 또는 유지의 에스테르 교환에 의해 얻는 지방산 메틸에스테르를 환원하거나, 왁스를 가수분해하여 만들고 있으나, 최근에는 석유화학공업에서 제조되는 합성 알코올도 상당량이 쓰이고 있다. 세제의 원료로는 탄소수가 12~16정도의 고급 알코올이 쓰이며(그림 3-21), AS의 탄소수에 따른 세탁력은 $C_{14} > C_{12} > C_{16} > C_{18}$의 순으로 되어 있어 유지원료로는 야자유와 팜핵유가 적당하다.

(4) 알코올 폴리옥시에틸렌 황산에스테르염(AES)

AES(alcohol ether sulfate)는 AS에 비해 수용성이 좋고 내경수성이 계면활성제 중에서 가장 좋아 세척성이 물의 경도에 거의 영향을 받지 않으므로, 세척성을 향상시키기 위해 무인산세제의 활성분으로 주목되어 그 중요성이 날로 커가고 있다. 거품의 발생과 거품안정성이 매우 좋으며, LAS와 적절하게 혼합하면 효과가 상승한다. 따라서 샴푸, 부엌용 세제 등 기포성을 필요로 하는 세제에는 적당하나, 드럼식 세탁기용 세제의 활성분으로는 부적당하다.

(5) 알파올레핀술폰산염(AOS)

알파올레핀술폰산나트륨(Na-α-olefinsulfonate)은 LAS에 비해 내경수성, 생분해성이 좋고 피부에 대한 자극성이 적어서 세제의 활성분으로 점차 많이 이용되고 있다. 효소의 활성을 방해하는 일이 적어서 효소세제의 활성분으로 좋다. 또한 기포성이 좋아 드럼식 세탁기에 쓰이는 세제로는 적당하지 않으며, LAS나 AS에 비해 알킬기의 탄소수가 많은 것이 세척성이 좋다.

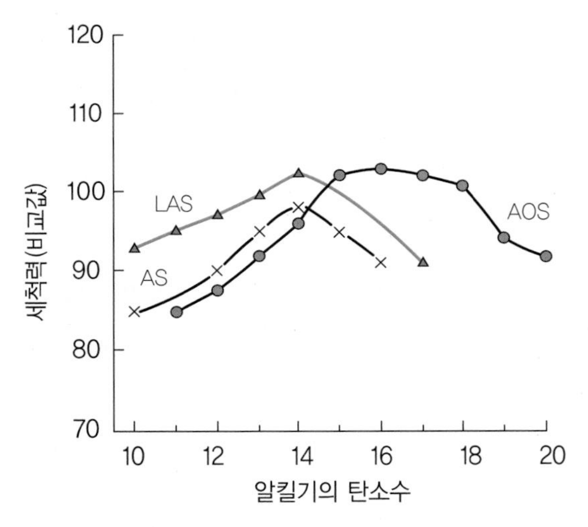

그림 3-21 계면활성제의 친유기 탄소수와 세척성[19]

(계면활성제 농도 : 0.033%, STPP : 0.05%, 온도 : 25℃)

---

19) 山根嚴美 外, *工化誌(日)*, 73, 723 (1970).

(6) 메틸에스테르술폰산염(MES)

최근 세제의 활성분으로 주목되고 있는 계면활성제로 메틸에스테르술폰산염(methylester sulfonate; MES)이 있다. 우지(牛脂)나 팜유와 같이 비교적 탄소수가 많은 유지를 에스테르 교환에 의해 지방산메틸에스테르를 얻고 이것을 무수황산으로 술폰화한 후 중화하면 얻어진다.

MES는 내경수성이 좋고(그림 3-20) 세척력이 매우 좋아 LAS 및 AOS의 1/2 정도의 양으로 동등한 세척력을 나타내며(그림 3-22), 생분해성도 다른 계면활성제보다 좋아 환경오염에 대한 부담도 적기 때문에 세제의 활성분으로 주목되고 있다. 그러나 알칼리와 열에 의해 분해되어 효과가 적은 2나트륨염이 생기는 결점이 있다.

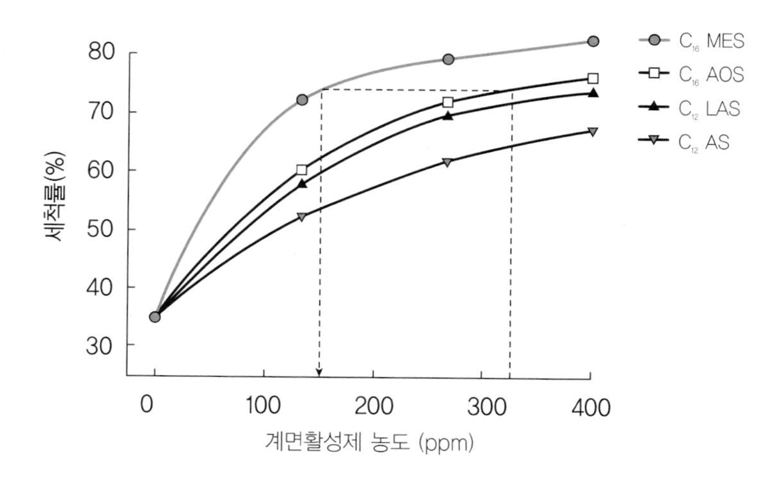

그림 3-22 MES의 세척성[20]
(세탁조건 : 습식오염포, 25℃, 10분)

20) 奧村統, *纖消誌(日)*, 32, 556 (1991).

(7) 알코올 폴리옥시에틸렌에테르(AE)

알코올에 옥시에텔렌이 부가된 알코올 폴리옥시에틸렌에테르(alcohol ethoxylate; AE)는 비이온 계면활성제로 훌륭한 세척력을 가졌을 뿐 아니라 생분해성도 좋다.

원료가 되는 고급 알코올은 유지의 환원이나 합성으로 얻어지며 알킬기의 탄소수와 옥시에틸렌의 부가몰수는 용도에 따라 차이가 있다. 세제로 알코올의 탄소수는 대략 $C_{10} \sim C_{18}$, 옥시에틸렌의 부가몰수는 7~12가 많이 쓰인다. AE는 비이온 계면활성제이므로 경수와 다른 이온성 조제의 영향을 적게 받으면서 거품의 발생이 적고 좋은 세척력을 가지고 있으며, 유성오구, 특히 합성섬유로부터 제거에 좋은 성능을 가지고 있어 액체 중성세제의 활성분으로 많이 쓰인다.

AE의 cmc는 LAS, AS의 1/10이 되므로 저농도에서도 좋은 세척력을 갖고 잇는 것이 또 하나의 장점이다.

(8) 알킬페놀 폴리옥시에틸렌에테르(APE)

알킬페놀에 폴리옥시에틸렌이 8~12분자가 부가된 알킬페놀 폴리옥시에틸렌에테르(alkylphenol ethoxylate; APE)는 비이온 계면활성제로 세제의 활성분으로 이용되는데, 그 중의 대표적인 것이 노닐페놀 폴리옥시에틸렌에테르(nonylphenolpolyoxyethylene ether)이다. 원료는 석유화학공업에서 값싸게 얻을 수 있으며, 세제로서의 특성은 앞의 AE와 비슷하며 소수성 섬유에는 LAS보다 세탁효과가 좋다.

AE에 비해 생분해성이 나쁘고 분해 중간생성물의 독성이 환경에 나쁜 영향을 준다는 일부 주장이 있다.

(9) 지방산 에탄올아미드

유지로부터 얻는 고급 지방산(C_{12}~C_{18})과 디에탄올아민(diethanolamine)을 1:1로 축합시킨 지방산 디에탄올아미드(diethanolamide)는 물에 잘 녹지 않으나, 지방산과 디에탄올아민의 1:2 축합물은 지방산 디에탄올아미드 60~70%, 디에탄올아민 25~30%, 지방산의 아민염 3~5%의 혼합물로 되어 있어 물에 잘 녹는다. 세제에 배합하면 피부를 보호하고, 세척력과 함께 기포안정성, 액체세제의 점도를 증가시키므로 중성세제, 부엌용 세제, 샴푸 등 액체세제에 다른 계면활성제와 함께 사용된다.

(10) 산화아민

산화아민은 3차 아민(N–alkyldimethylamine)을 과산화수소로 산화하면 얻어지는 양성 계면활성제이다. 따라서 산성에는(pH 3 이하) 양이온성이나 중성 또는 알칼리성에는 해리하지 않으므로 세제를 처방하는 데 있어서는 비이온 계면활성제로 취급된다. 알킬기의 크기는 C_{12}~C_{18}이 적당하다.

다른 계면활성제와 혼합하면 세척성이 향상되고, 에탄올아미드에 비해 저농도(약 1/3)에서 거품을 안정화하고, 액체세제의 점성을 높이고 피부를 보호하며, 샴푸에 배합하면 머리를 부드럽고 윤기 있게 하고, 대전을 방지하는 등 여러 장점이 있어 값이 비싼데도 불구하고 중성세제, 부엌용 세제, 샴푸 등 액체세제에 1~2%가 첨가 된다.

2) 합성세제의 첨가제

합성세제는 계면활성제를 주성분으로 하고 있으나, 이 활성분의 함량은 20~40% 정도이고 세제의 품질을 높이기 위하여 여러 가지 약제가 배합되는데 이를 조제라고 한다. 조제 중에는 경수를 연화하고 알칼리성을 보충하기 위하여 첨가되는 조제를 특히 빌더(builder)라고 하여 다른 조제와 구별하기도 한다.

(1) 알칼리제

옛날부터 세탁에 잿물같은 알칼리가 사용되어 상당한 세탁효과를 거둘 수 있었다(그림 3-23).

알칼리제는 경수를 연화하고(표 3-10), 오구 중의 불용성 유리지방산을 비롯한 산성 물질을 중화하여 가용성 물질로 만들고, 세액의 계면장력을 저하하여 세척에 긍정적인 작용을 한다. 뿐만 아니라 알칼리제는 섬유와 오구 간, 그리고 오구와 오구 간 전기적 반발력을 증가시켜 섬유에서 오구의 제거를 용이하게 하고, 오구의 분산력이 상승되어 재오염의 기회가 줄어들게 하는 등 세탁에 있어 알칼리의 중요성은 크다. 그러므로 계면활성제가 중성인 합성세제에 있어서 알칼리 물질을 첨가하여 적절한 알칼리도로 맞추어 주는 것이 중요하다. 사용되는 알칼리제는 완충효과를 가지는 것이 중요한데, 합성세제에 첨가되는 알칼리제는 탄산나트륨, 규산나트륨 등이 주로 사용된다.

탄산나트륨

값이 싸고 알칼리 완충효과와 경수연화 능력이 좋기 때문에 인산염이 제한된 곳에서 알칼리로 많이 사용된다. 그러나 유럽과 같이 심한 경수에서는 탄산칼슘이 직물에 부착되어 직물의 색상을 흐리게 하고, 세탁과정에서 섬유를 마모시키기 때문에 잘 사용되지 않는다.

규산나트륨

적당한 알칼리성과 좋은 완충작용을 가지고 있어 합성세제뿐 아니라 세탁비누에도 많이 사용되는 알칼리이다. 규산나트륨은 여러 가지 종류가 있지만 Na_2O와 SiO_2의 결합비가 1 : 1.6~2.6 정도의 것이 주로 배합된다.

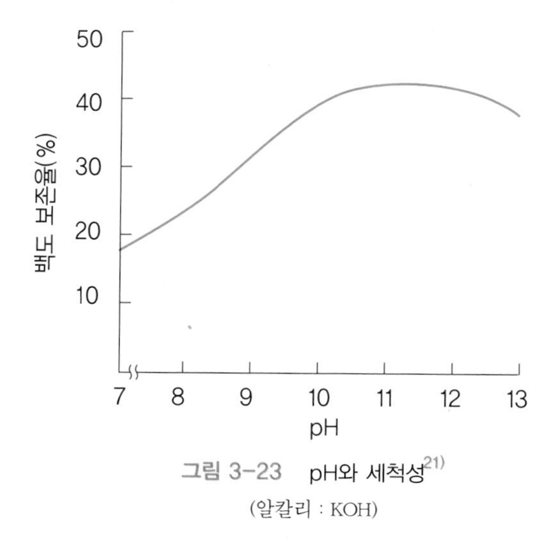

그림 3-23 pH와 세척성[21)]
(알칼리 : KOH)

규산나트륨은 일반 알칼리와 같이 경수를 연화하고 알칼리 완충작용을 하며 오구의 좋은 분산제의 역할과 금속부식방지 작용을 하지만 알칼리성이 좀 강한 편이기 때문에 중질세제에 많이 쓰인다.

기타 알칼리제

세스키탄산나트륨($Na_2CO_3 \cdot NaHCO_3 \cdot 2H_2O$)은 탄산나트륨과 탄산수소

표 3-10 알칼리제의 경수연화 효과[22)]

경도(ppm)	Na_2CO_3	Na_2SiO_3	$Na_5P_3O_{10}$	$Na_2B_4O_7$	$Na_2CO_3 \cdot NaHCO_3 \cdot 2H_2O$
60	12	34	0	54	20
120	24	68	0	110	40
180	30	110	12	146	53
300	36	164	52	232	72
400	46	253	112	336	92

* 0.2% 알칼리 빌더 첨가 후의 잔존경도

21) E. K. Gtte, *J. Colloid Sci.*, 4, 478 (1949).
22) A. David sohn and B. M. Milwidsky, *Synthetic Detergents*, John Wiley & Sons, (1978), p.64.

나트륨의 복염으로 알칼리성이 약한 가정용 세제에 배합되기도 한다.

탄산수소나트륨($NaHCO_3$)은 경수를 연화하는 능력이 없지만 알칼리성이 약하고 완충력이 있어 알칼리성을 낮추거나 유리알칼리를 중화하기 때문에 세제에 첨가되기도 한다.

붕산나트륨($Na_2B_4O_7$)은 붕사로 잘 알려져 있으며 경수를 연화하는 능력은 적으나 알칼리성 조제로 알칼리 완충작용을 하고 세제의 분산성, 기포성을 향상시키기 때문에 알칼리성이 낮은 경질세제의 알칼리제로 사용된다.

(2) 경수연화제

대부분 섬유와 오구는 물 속에서 음전하를 가지므로 Ca^{2+}, Mg^{2+} 등과 같은 금속이온은 섬유와 오구에 결합되어 새로운 이물질을 생성하여 세척률을 저하시키기 때문에 합성세제도 경수의 영향을 받는다.

인산나트륨

합성세제에 사용되는 인산나트륨은 주로 트리폴리인산나트륨($Na_5P_3O_{10}$)으로 경수를 연화할 뿐만 아니라 알칼리를 보충하는 역할과 오구를 분산시키는 능력이 커서 분말 합성세제에 뺄 수 없는 조제였다.

근래에 인산염에 의한 폐쇄수역의 부영양화에 따른 환경오염이 크게 문제가 되어 인산염의 사용을 제한하는 나라가 많아지고 있으나, 유럽에서는 아직 상당량 사용하고 있다.

제올라이트

종전에 사용된 인산나트륨이 경수연화능력이 뛰어나지만 환경을 오염시킨다는 것이 알려져 대체품으로 각광을 받는 것이 제올라이트이다.

제올라이트는 알루미노규산나트륨(sodiumaluminosilicate)으로 천연물과 합성품이 있는데, 세제의 조제로 사용되는 것은 제올라이트 4A형으로

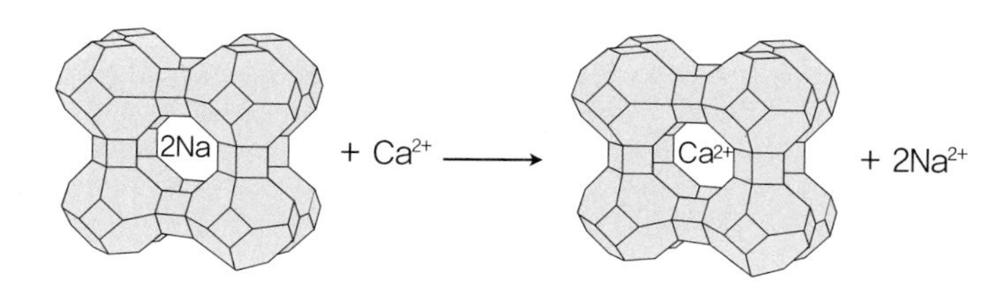

그림 3-24 제올라이트의 이온교환

$Na_2O \cdot Al_2O_3 \cdot 2SiO_2 \cdot 4H_2O$와 같은 화학조성을 가지고 있는 다공성 분말이다.

제올라이트는 이온교환에 의해 경수를 연화하는데(그림 3-24), 금속이온을 봉쇄하여 경수를 연화하는 트리폴리인산나트륨에 비해 경수의 연화능력도 떨어지고 지름이 큰 Mg^{2+}를 제거하는 능력이 거의 없다(그림 3-25). 소량의 인산나트륨, 구연산, 니트릴로삼초산염(nitrilotriacetate; NTA)과 같은 수용성 금속이온봉쇄제를 소량 배합하면 제올라이트의 세탁효과가 향상된다.

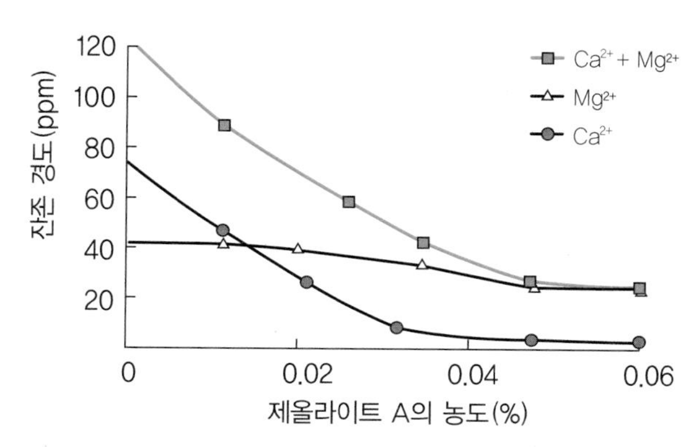

그림 3-25 제올라이트의 경수연화효과[23)]

(온도 : 20℃, 시간 : 10분)

23) A.C. Savitsky, *Soap/Cosmetics/Chemical Specialties*, 53(5), 29 (1977).

또한 제올라이트는 세탁과정에서 탈락된 색소를 흡착하여 이염되는 현상을 막아주고 제올라이트의 입자가 왁스상의 계면활성제의 주위를 둘러싸서 계면활성제 입자간의 응집을 막아 세제의 용해성을 향상시킨다.

유기빌더

인산염을 대체할 수 있는 경수연화제로 제올라이트가 많이 사용되지만 그밖에 여러 가지 유기화합물이 경수연화제로 쓰이기도 한다. 유기화합물은 인산염과 같이 금속이온을 봉쇄하는 것과 제올라이트와 같이 이온교환에 의해 경수를 연화하는 종류가 있다. 금속이온봉쇄제로는 니트릴로삼초산염과 구연산나트륨이 많이 사용되고, 이온교환제로는 폴리아크릴산(polyacrylic acid)과 폴리아크릴산 공 말레산[poly(acrylic acid co-maleic acid)] 등이 있는데, 이들은 생분해가 잘 되지 않는 문제점이 있다.

(3) 효 소

우유, 혈액, 피부각질 등의 단백질 오구는 단순한 세제만으로 제거가 어렵지만 단백질분해효소를 이용하면 쉽게 제거할 수 있다.

효소는 물에 잘 용해되지 않는 고분자 오구를 분해하여 물에 가용화시키기 때문에 세제에 효소가 첨가되면 세탁효과는 커진다. 효소가 세제에 사용되기 이전에는 세탁시 물리적인 힘이 주된 역할을 했지만, 효소가 세제에 첨가되면 이화학적 요소가 오히려 세탁의 중요한 역할로 바뀌게 된다.

효소 중에서 현재 세제에 가장 많이 이용되는 것은 단백질분해효소인 프로테아제이고, 그밖에 지방분해효소인 리파아제, 그리고 전분분해효소인 아밀라아제, 셀룰로오스의 분해효소인 셀룰라아제 등이 이용되기도 한다. 효소는 온도, 농도와 시간, pH, 그리고 공존하는 물질에 따라 활성도가 다르다. 효소의 종류에 따라서 작용에 적합한 pH가 있는데, 일반세탁은 알칼리성에서 진행되므로 보통세제에 사용되는 효소는 알칼리에서

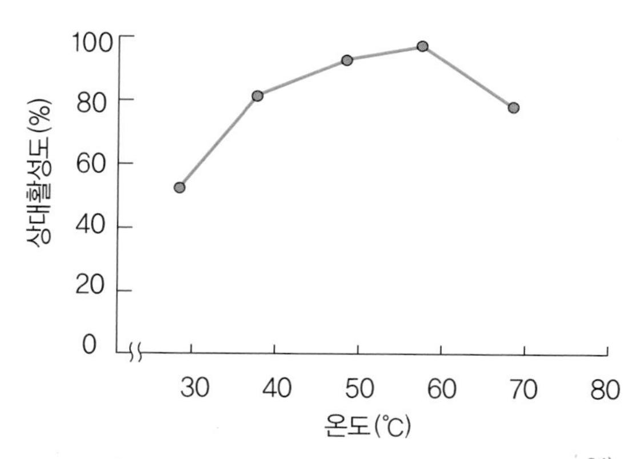

그림 3-26 온도에 따른 프로테아제의 상대활성[24)]

(효소 : 알칼라아제, 오구 : 피부 각질 단백질, 시간 : 25분)

활성이 좋은 것이 사용된다. 효소의 작용도 일반 화학반응과 마찬가지로 온도가 상승되면 활발해지지만 일정 온도 이상이면 효소는 기능을 상실한다. 세제에 사용되는 효소는 50~60℃에서 가장 활발하다. 그러므로 냉수에서 하는 세탁에서는 그 효과를 기대하기가 어렵기 때문에 최근에는

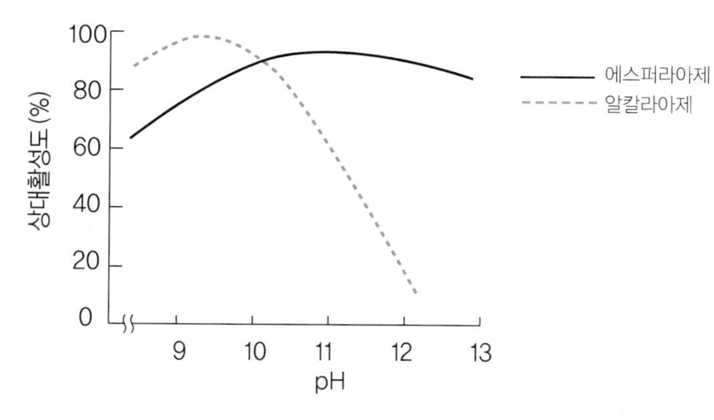

그림 3-27 pH에 따른 효소의 상대 활성[25)]

24) 李貞淑 · 金聲漣, *韓國衣類學會誌*, 10(3), 1 (1986).

25) C. A. Starge, *J. Amer. Oil Chem. Soc.*, 58, 165 (1981).

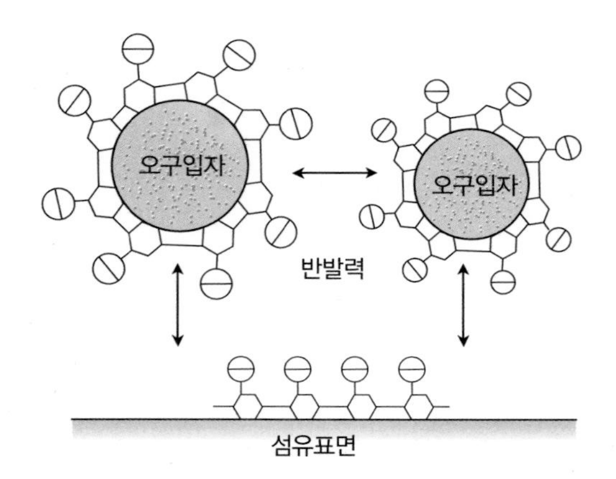

그림 3-28 재오염방지 원리

저온에서도 활성효과가 높은 효소가 개발되고 있다.

그림 3-26, 3-27은 프로테아제계 효소의 온도와 pH의 적정범위를 나타내고 있다.

그리고 효소는 농도와 반응시간에 따라 효과가 다르기 때문에 실제 세제에 사용되는 효소의 농도는 극히 낮아서 충분한 효과를 올리기 위하여 효소의 작용시간을 길게 할 필요가 있다.

또한 효소의 활성은 계면활성제의 종류와 조제에 따라서 달라진다. 일반적으로 LAS와 AS는 효소의 활성을 방해하는 경향이 있지만 AES와 AOS는 덜 영향을 주기 때문에 효소세제의 계면활성제에는 이들이 주로 사용된다. 그리고 조제로 사용되는 인산염과 구연산도 탄산나트륨에 비하여 효소의 활성을 많이 저하시키고, 표백제도 효소의 활성을 저하시키는데, 산소계 보다는 염소계 표백제의 피해가 심하다.

(4) 재오염방지제

세탁과정에서 세탁물에서 제거된 오구가 다시 옷에 부착되는 현상을 재오염이라 한다. 합성세제에 배합되는 재오염방지제는 오구와 섬유에 잘 흡착되는 수용성 고분자화합물이 사용된다. 오구나 섬유의 표면에 이러한 화합물이 흡착되어 보호콜로이드가 형성되면 전기적인 반발력에 의하여 오구의 입자분산의 안정성이 유지되어 상호간 응집이 어려워지고, 섬유와 입자 간도 상호접근이 힘들게 되므로 재오염은 방지된다(그림 3-28).

CMC(carboxylmethylcellulose)는 면섬유와 같은 친수성 섬유에는 수소결합으로 잘 흡착되어 재오염방지효과가 현저하나, 나일론이나 폴리에스테르와 같은 소수성 합성섬유에는 거의 효과가 없다. 그런 반면에 PVP(poly vinylpyrolidone)는 CMC와 같이 흡착되어 재오염을 방지하는 원리는 동일하지만 셀룰로오스 섬유뿐만 아니라 합성섬유에도 잘 흡착되어 재오염방지 효과를 나타낸다(표 3-11).

(5) 표백제 및 형광증백제

표백제는 하얀색 세탁물에 붙어 있는 색소물질을 제거하여 원래의 색상을 되찾아 주고 살균을 하는 역할이 있어서 대부분 세제에 배합된다. 세제에 배합되는 표백제는 과붕산나트륨($NaBO_3 \cdot 4H_2O$)과 과탄산나트륨($2Na_2CO_3 \cdot 3H_2O_2$)이 주로 사용되는데, 이들 표백제가 물 속에서 분해되어 과산화수소를 발생하여 표백작용을 하게 된다.

이들 표백제의 표백작용은 60℃ 이상의 온도에서 좋은데, 이보다 낮은

표 3-11 재오염 방지제의 첨가효과(표면반사율 증가%)[26]

섬 유	CMC	PVP
면	10.8	21.4
폴리에스테르	0	34.7
나일론	0	36.7
아크릴	0	31.3
아세테이트	8.3	32.6
레이온	8.3	27.7
양모	0.1	9.5

26) 荻野圭三, *合成洗劑의 知識 新書(日)*, (1981), p.142.

세탁온도에서도 표백작용을 할 수 있도록 TAED(tetraacetylethylene diamine)와 같은 표백활성화제를 첨가하기도 한다. 그림 3-29는 과붕산나트륨에 표백활성화제의 첨가효과를 나타낸 것으로 TAED가 첨가되면 낮은 온도에서도 표백효과가 커진다.

하얀 옷을 더욱 희게 하기 위하여 증백을 하게 되는데, 이때 효과적인 방법은 형광증백제를 사용하는 것이다. 형광증백제는 염료와 같이 섬유에 흡착되어 자외선을 흡수하고 청색계 가사광선을 복사함으로써 하얀색 옷을 더욱 희고 밝게 보이게 한다.

형광증백제는 섬유에 따라 여러 가지 종류가 있으나 세제에 배합되는 형광증백제는 셀룰로오스용이 사용된다. 또한 형광증백제는 반복되는 세탁에 의해 섬유표면에 축적되어 증백효과가 감소되는 것이 있기 때문에 세제에 배합되는 양은 1%을 넘지 않는다. 그리고 형광증백제는 염소계 표백제에 의해 증백효과가 감소되므로 최근에는 내염소성을 가진 형광증

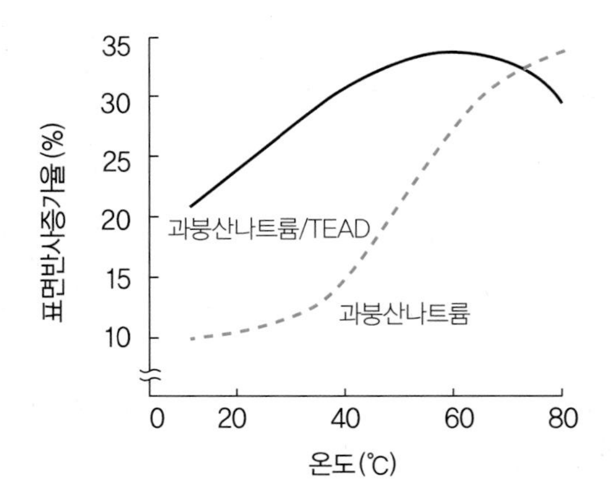

그림 3-29 표백활성화제의 첨가효과[27)]
(시료 : 홍차오염포)

27) A. Gilbert, *Deterg. Age*, 4(7), (1967), p.39.

백제가 많이 사용되고 있다.

(6) 중성염

황산나트륨은 음이온계 계면활성제를 합성할 때 중화하는 과정에서 생성되어 세제에 그대로 혼입되기도 하지만, 값이 싸고 세척력 향상에도 도움이 되기 때문에 분말세제에 희석제로 다량 사용되었다.

황산나트륨은 중성이고 화학적으로 안정되어 있으면서 섬유나 오구의 표면에 계면활성제의 흡착량을 높여 계면장력을 낮추고, 계면활성제의 임계미셀농도를 낮추어 세척에 긍정적인 효과를 준다. 그러나 제올라이트가 배합된 세제에서는 이온효과에 의하여 오히려 세척성을 감소한다.

따라서 과량의 중성염은 세척에 도움을 주지 않으면서 세제에 차지하는 부피가 너무 커서 비경제적이라는 것이 지적되어 최근 생산되는 농축세제에는 중성염을 배합하지 않는다. 그러므로 농축세제에서는 세제의 용해를 도와주고, 덩어리의 생성을 방지하는 새로운 기술이 개발되고 있다.

(7) 기타조제

거품조절제

일반소비자에게는 거품이 세탁효과를 돕는 것으로 알려져 있으나 직접적으로 오구를 제거하는 작용을 하지 않으며, 세탁을 할 때 거품이 너무 많이 생기면 거품이 세탁기에 넘치고, 배수할 때 세탁기에서 빠져나가지 않아 불편하고 헹구기 효과도 떨어진다. 특히 드럼식 세탁기에서는 거품이 세탁기의 기계적인 힘의 작용을 방해하여 세탁효과가 떨어진다. 따라서 세탁기에 사용되는 세제는 거품의 발생을 조절할 필요가 있는데, 이때 사용되는 거품조절제로는 비누, 실리콘유, 파라핀유 등이 사용된다.

한편 세제 중에도 부엌용 세제, 샴푸 등과 같이 좋은 기포성을 필요로 하는 것이 있다. 이 경우에는 알카놀아미드(alkanolamide), 지방산아미드, 산화아민, 베타인(betain) 등의 거품증진제를 소량 배합하면 거품의 발생과 거품안정성이 크게 향상된다.

3) 합성세제의 종류와 특성

합성세제는 소비자의 사용 용도에 맞추어 형태와 성분이 다르게 제조되므로 그 종류가 매우 다양하다. 합성세제의 형태는 분말, 액체 등으로 제조되며, 합성세제는 수용액의 pH 범위에 따라 중성세제, 약알칼리성세제, 다목적세제로 나누어진다. 또한, 가정용세제는 의류용세제, 주방용세제, 욕실 및 주거용세제 등이 있으며, 인체용세제에는 샴푸, 린스, 바디클렌저 등이 있다. 최근 환경오염에 대한 우려로 저공해 및 고기능 세제 개발이 지속될 것으로 전망되고 있으며, 의류용세제를 중심으로 합성세제의 특성에 대해 알아본다.

(1) 중성세제

중성세제는 경질세제(輕質洗劑)라고도 부르며 양모, 견, 아세테이트 등 알칼리에 약한 섬유와 오염이 비교적 적은 섬세한 제품의 손세탁에 알맞

표 3-12 중성세제의 일반 처방[28)]

성 분	조 성(%)
LAS, AOS (또는 AE, APE)	20~40
CMC (또는 PVP)	0.1
형광증백제	0.1~0.3
황산나트륨	나머지

28) 荻野圭三, *合成洗劑의 知識*, 幸書房(日), (1984), p.42.

게 pH를 7~8 정도로 만든 것이다. 중성세제의 활성분으로는 과거 AS가 많이 쓰였으나, 근년에는 LAS가 주로 사용된다. 그러나 중성세제에는 제올라이트와 트리폴리인산나트륨을 비롯한 빌더를 사용할 수 없고, 중성에서는 세척력이 알칼리성에서보다 떨어진다. 그러므로 LAS보다 내경수성이 좋고 세척력이 우수한 AOS, AES 또는 비이온 계면활성제로 일부를 대체하는 것이 바람직하며 조제도 모두 중성인 것만 사용해야 한다. 일반적인 처방에서 주성분은 계면활성제와 황산나트륨이고, 그밖에 약간의 다른 조제가 첨가된다(표 3-12). 트리폴리인산나트륨과 제올라이트를 사용할 수 없어 분말세제는 덩어리(cake)가 되기 쉬우므로 액체세제를 만드는 것이 편하다.

(2) 약알칼리성세제

약알칼리성세제는 수용액의 pH를 세탁효과가 가장 좋은 10.5~11.0내외가 되도록 한 것으로 중질세제(重質洗劑)라고도 한다.

면, 마, 레이온, 폴리에스테르, 폴리프로필렌 등 내알칼리성이 좋은 섬유의 심하게 오염된 옷을 세탁하기에 알맞게 만든 세제이다. 따라서 약알칼리성세제는 세탁 효과가 좋지만 알칼리에 약한 섬유는 손상되기 쉬워서 양모, 견, 아세테이트 제품의 세탁에는 부적당하다.

세제의 성분조성은 그 나라의 문화적 배경, 용수(用水)의 질, 세탁방식과 세탁기의 형식에 따라서 다르다. 일반적으로 세제의 활성분은 LAS를 20~40% 가량 사용하고, 그 중의 일부를 형편에 따라 AOS, AS, AES, AE, APE로 대체하기도 한다. 빌더로는 트리폴리인산나트륨을 20~40% 정도 써 왔으나, 인산염의 사용이 금지 또는 제한되는 지역에서는 트리폴리인산나트륨의 일부 또는 전부를 제올라이트나 탄산나트륨 등으로 대체하고, 제올라이트의 내경수성의 향상을 위하여 코빌더(cobuilder)로 구연산나트륨과 같은 수용성 금속이온봉쇄제를 소량 첨가한다. 우리나라, 일본,

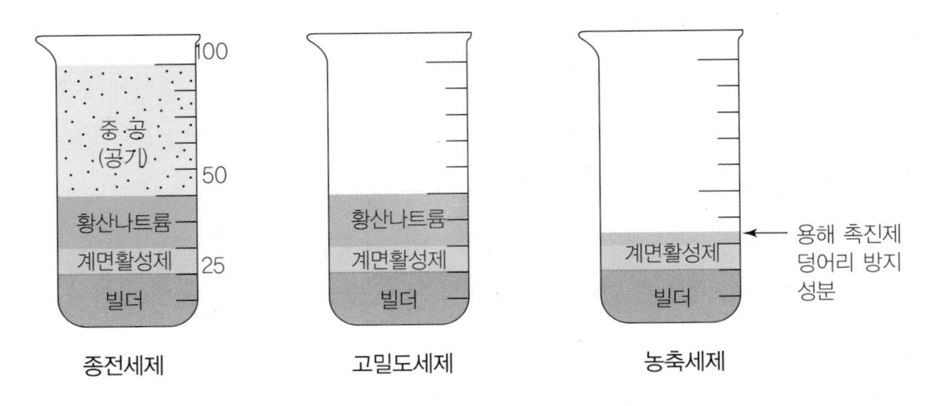

그림 3-30 세제의 고밀도 · 농축화 원리

미국의 일부 지역에서는 인산염을 다른 빌더로 대체하였으나, 물의 경도가 심한 유럽에서는 아직 완전히 배제하지 못하는 나라가 많다.

알칼리 보충과 금속의 부식을 방지하기 위하여 규산나트륨을 5~15% 첨가하여 필요로 하는 pH를 맞춘다. 우리나라, 일본 등 아시아 지역에 널리 쓰이는 와류식(pulsator) 세탁기에서는 세탁할 때 적당한 거품이 생기고 헹구기에서 세제의 농도가 떨어지면 거품이 발생하지 않도록 제포제로 비누를 5~10% 배합한다. 그러나 유럽에서 많이 사용하고 최근 우리나라에서 보급률이 높아지고 있는 회전드럼식 세탁기에 쓰이는 세제는 계면활성제도 저포성인 것이 쓰이지만 제포제로 비누와 함께 실리콘유나 파라핀유를 첨가하여 거품의 발생을 억제한다. 그리고 재오염 방지제로 CMC 0.1% 내외와 형광증백제 1% 내외를 첨가하고 황산나트륨을 가하여 전체를 100으로 한다. 유럽 세제에는 표백제로 10~20%의 과붕산나트륨을 첨가하여 세탁효과를 올린 처방이 있는데, 이 세제는 드럼식 세탁기에서 60℃ 이상의 높은 온도를 사용하여야 제대로 효과를 얻을 수 있다. 그리하여 보다 낮은 온도에서 효과를 얻을 수 있도록 표백활성화제를 2~5% 첨가한다.

표 3-13 우리나라 약알칼리성세제의 종류와 처방[29]

성 분	조 성(%)		
	일반(종전)	고밀도	농축
계면활성제	20~25	20~25	35~40
제올라이트	10~20	10~20	15~25
규산나트륨 (탄산나트륨)	15~20	15~20	15~25
효소	0.2~0.4	0.2~0.4	0.4~0.6
CMC	1~2	1~2	2~3
형광증백제	0.1~0.2	0.1~0.2	0.2~0.4
황산나트륨	20~30	20~30	–
밀도 (겉보기, g/mℓ)	0.3~0.5	0.7~0.8	0.7~0.8
표준사용량 (g/mℓ)	1~1.5	1~1.5	0.7~0.8
〃 (mℓ/ℓ)	3~5	1.5~2.5	1~1.5
세척력 (비교값)	100	100	100

이상 설명한 표준세제는 물에 잘 녹고 보관 중 덩어리가 생기지 않는 등 사용하기에 편리하다. 그러나 50%나 되는 공기층(中空)과 세탁에 큰 역할을 하지 않는 황산나트륨이 희석제로 30% 이상 함유되어 있어 부피가 매우 크다(그림 3-30). 이로 인하여 큰 포장에 따른 비용이 많이 들고, 보관과 수송에 많은 공간을 필요로 하여 물류비용이 크고, 폐기물의 처리 등 비경제적인 면이 크다. 그리하여 열풍 건조한 과립(顆粒)상 알갱이를 분말화하여 공기층부분을 없애고, 고밀도화한 고밀도세제, 더 나아가서 희석제로 쓰인 황산나트륨을 쓰지 않아 활성분의 농도를 높인 농축세제가 널리 쓰이고 있다. 물론 농축세제에는 황산나트륨을 섞지 않기 때문에 보존 중 덩어리가 생기지 않도록 하고, 물에 잘 풀리도록 하는 새로운 성분과 기술을 필요로 한다 표. 3-13은 종전의 표준세제, 고밀도세제, 농축세제의 처방을 비교한 것이다.

29) 강윤석, *한국의류학회지*, 19, 161 (1995).

(3) 다목적세제

세제는 약알칼리성과 중성세제 두 종류를 갖추어 놓고 세탁물에 따라 적합한 것을 선택하여 사용하는 것이 바람직하다. 그러나 세탁물을 일일이 구분하고, 세제를 선택하여 사용한다는 것은 대단히 불편하고 신경이 쓰이는 일이다. 또 유럽과 같이 물의 경도가 심한 지역에서는 빌더가 들어가지 않는 중성세제의 세탁효과는 기대하기 어렵다. 이러한 불편을 없애기 위하여 세제의 알칼리성을 중질과 경질의 중간점에 맞추어 pH를 9.7 정도가 되게 하여 모든 세탁물에 사용할 수 있도록 만든 것이 다목적(general purpose) 세제이다. 빌더는 트리폴리인산나트륨을 사용하거나 구연산 나트륨을 사용하고, 여기에 세스키탄산나트륨을 보충하거나 소량의 규산나트륨을 가하여 완충작용으로 일정한 pH(9.7 내외)를 유지하도록 한다. 그밖의 조제는 중성세제와 같다(표 3-14). 이 다목적세제는 물의 경도가 높은 곳에서도 양모 등 섬세한 옷감을 세탁할 수 있어 대단히 편리한 이점이 있지만, 엄격히 말해서 약알칼리성이 약하여 약알칼리성세제보다는 세탁효과가 떨어지고, 양모나 견으로 된 고급 옷의 세탁에는 알칼리성이 약간 높은 것이 있으므로 주의하여야 한다.

표 3-14 다목적세제의 일반처방[30), 31)]

성 분	조 성(%)
LAS, AOS/비이온계*	20~30
트리폴리인산나트륨 또는 구연산나트륨	20~30
세스키탄산나트륨	10~20
규산나트륨	3~5
CMC	1~2
형광증백제	0.1~0.2
황산나트륨	나머지

* AE 또는 NPE

30) A. Davidsohn & B. M. Milwidsky, *Synthetic Detegents*, John Wiley & Sons, (1978), p.224.
31) G. Jakobi and A. Lör, *Detergents and Textile Washing*, VCH, (1987), p.109.

(4) 액체세제

현재 우리가 사용하고 있는 세탁용 세제는 대부분 분말 또는 과립상으로 되어 있으나 액체세제는 용해가 빠르고 계량하기가 쉬우며, 덩어리가 생기는 불편이 없고, 폴리에틸렌으로 된 용기는 물기있는 곳에 보관할 수 있고, 젖은 손으로 만질 수 있는 등 장점이 있어 세탁용 액체세제의 소비가 증가하는 것이 세계적인 추세이다. 초기의 액체세제는 부엌용으로 순수한 계면활성제(10~15%)를 물로 희석한 것이었으나, 점차 다른 첨가제가 사용되고 있다. 액체세제의 활성분으로는 과거에는 AS가 주로 사용되었으나 근래에는 LAS가 주로 사용되고 있으며, 내경수성이 좋은 AES나 비이온계로 대체하기도 한다.

세탁용 액체세제에 무기조제를 배합함에 따라 계면활성제의 용해도가 감소되어 투명도가 떨어지고 저온에서 응고되는 경우가 많다. 그리하여 액체세제에는 크래프트점을 낮추기 위한 가용제(hydrotrope)를 첨가하게 된다. 가용제로는 에틸알코올, 이소프로필알코올 들의 저급(低級) 알코올류, 글리콜류, 톨루엔이나 크실렌의 술폰산염, 요소 등이 사용된다. 액체

표 3-15 액체세제의 처방[32]

성 분	조 성(%)	
	약알칼리성	중 성
LAS	5~15	0~10
AES	0~15	0~12
AE	5~10	15~35
구연산나트륨	5~10	–
가용제	2~6	2~6
효 소	0~2	0~2
증백제	0.1~0.3	0.1~0.3
향 료	0~0.2	0~0.2

32) K. R. Lange, ed., *Detergents and Cleaners*, Hanser Pub., (1994), p.156.

분말형 의류용세제

액체형 의류용세제

주방용세제

식기세척기용세제

욕실용세제

샴푸

바디클렌저

그림 3-31 합성세제의 종류

중성세제는 손세탁에 쓰이는 경우가 많으므로 거품을 안정화하고 피부를 보호하며, 적당한 점도(粘度)를 주기 위한 성분을 배합한다.

세탁용 액체세제의 대부분이 중성세제이지만 최근 약알칼리성 액체세제의 소비량이 점차 증가하고 있다. 빌더로서 트리폴리인산나트륨은 수용액에서 불안정하므로 쓸 수 없고, 피로인산칼륨, 규산칼륨 등 수용성이 좋고 수용액에서 안정한 것이 쓰인다. 무인산세제에는 인삼염 대신 구연산나트륨이나 폴리아크릴산 등이 사용된다(표 3-15).

(5) 고농축세제

고농축세제는 앞에서 설명하였듯이 pH에 따라 약알칼리성 세제에 포함시킬 수 있으나 종전의 일반세제에 비하여 고농축세제는 여러 가지 환경친화적인 효과를 나타내어 소비자들의 호응을 받으며 그 소비량이 크게 증가하고 있다. 세제를 담은 용기의 크기가 축소되어 쓰레기 양의 감소와 함께 자원절약의 효과를 가져와 60% 이상이 절약되며 재활용 용기나 보충용 포장제품을 사용하면 그 효과는 훨씬 커질 수 있다. 부피가 작아져서 유통시 운반비용이 절감되며 보관 진열 공간을 축소시켜 유통비용을 크게 절약할 수 있다. 운반비용의 절감은 에너지 절약의 효과로 볼 수 있다. 사용량을 1/3로 감소시킴에 따라 소비자에게 표준사용량을 유도하여 적정량을 사용하도록 함으로써 수질보호 효과를 얻을 수 있다. 최근에는 기존의 고농축세제에 비해 효능이 더욱 강화된 초고농축세제도 개발되고 있다.

(6) 유연제 배합세제

세제 중에는 세탁과 함께 섬유의 유연효과와 대전방지효과를 얻을 수 있도록 세제에 유연제를 배합한 것이 있다. 유연 · 대전방지제로는 양이온 계면활성제가 가장 많이 쓰인다. 이는 음이온 계면활성제와 결합하여 세척효과와 유연효과를 모두 상실하므로 계면활성제는 모두 비이온성 계면활성제를 쓰고, 4차 암모늄염(DSDMAC)을 5% 정도 배합한다. 재오염 방지제도 CMC는 음이온성이므로 사용할 수 없고, 비이온성인 셀룰로오스에테르나 PVP를 써야 한다.

(7) 기 타

최근 식기세척기의 보급률이 크게 높아지면서 식기세척기 전용세제가 개발되어 보급되고 있다. 직접 피부에 닿지 않는 식기 세제이기 때문에 세척력을 더 높이기 위해서 일반 주방용 세제에 비해 pH가 높게 제조된다. 거품이 많이 생성되면 세척력을 저하시키므로 식기세척기 전용세제에는 거품발생제(foaming agent)를 적게 포함시켜 세척 효과를 높일 수 있다.

그 외 욕실전용 세제를 비롯한 주거용 세제가 있으며, 샴푸, 세안용, 바디용 등의 인체전용 세제가 많이 사용되고 있다. 인체전용 세제는 탈지력이 크지 않고 피부를 보호할 수 있도록 적당한 세척력을 가져야 하며, 계면활성제 이외에도 여러 가지 첨가제를 배합하여 성능을 향상시킨 제품이 생산되고 있다.

제 4 장

가정세탁

우리가 착용하거나 사용한 의류제품은 위생적 성능과 미적 성능을 회복하여 다시 사용하는 것이 필요한데, 이를 위해서는 가정에서의 세탁이 매우 큰 비중을 차지한다. 현재 가정세탁은 주로 세탁기를 사용하고, 물에 세제를 용해한 용액에 기계적인 힘을 가하거나 경우에 따라서는 열을 가하여 더러워진 의류를 다시 깨끗이 한다. 그동안 많은 학자와 관련 산업체의 연구원들의 노력으로 세탁이론의 규명 및 세제 · 세탁기의 개발로 세탁효과를 크게 높이게 되었다. 그러나 세탁 시간과 에너지 소비를 극도로 줄이며 손쉽게 세탁효과를 높이기 위해서는 아직도 더욱 많은 연구가 필요한 실정이다.

1. 세탁용수

우리나라에서 도시와 농어촌에 따라 상수도의 보급에는 큰 차이가 있으나, 그 보급률은 매년 증가하여 2005년 기준으로[1] 90% 이상이다. 그러

1) http://www.me.go.kr/kor/info/info_10_07.jsp, 2005 상수도 통계, 환경부(2006).

므로 우리나라 인구의 대부분은 상수도를 세탁용수로 사용하고 있다.

물은 세제를 용해하며, 의류에 붙어있는 오구 중 수용성 오구도 용해하고, 섬유사이에 느슨하게 끼어있는 불용성 오구는 의류로부터 분리한다. 또한 떨어져 나온 오구도 물에 용해되어 있거나 세제의 도움으로 물에 분산되어 있으므로 의류에 재부착하는 것을 막아 준다. 세탁시 물은 열 및 기계적 힘을 전달하는 매체 역할을 하고, 헹구기 과정에서는 의류에 남아있는 세제와 오구를 제거하는 역할을 한다.

1) 물의 특성

물은 세탁용수로 다음의 특성을 가진다.

(1) 극성이 크다

물은 극성이 커서 첫째, 염, 산성 및 염기성물질 등의 극성 물질에 대한 용해성이 우수하다. 그러므로 의류에 붙은 오구성분 중 땀, 소변 외에 음식물 중의 수용성 성분은 물만으로도 제거가 가능하다. 그러나 피지나 화장품 등의 주된 성분인 비극성의 지용성 물질은 물에 용해되지 않으므로 이 지용성 성분을 제거하기 위해서는 세제의 도움이 필요하다.

둘째, 친수성 섬유는 물에서 팽윤하여 신장하거나 또는 수축하는 등 변형이 일어난다. 그러므로 이와 같은 친수성 섬유로 된 의류를 세탁할 때에는 섬유의 변형에 유의하여야 한다.

(2) 취급하기에 편하다

물은 어는 온도와 끓는 온도가 적당하여 상온에서 액체로 사용하기에 좋다. 물의 비열은 유기용매보다 커서 세탁온도를 높여서 사용할 때에 쉽게 식지 않는 이점이 있다. 또한 증기압이 적당하여 세탁 시에 물의 증발이 심하지 않고 세탁 후 의류가 비교적 쉽게 건조된다. 물은 비교적 값싸게 얻을 수 있어 손쉽게 많은 양을 사용하고 있으나 앞으로는 물의 부족이 예상되므로 되도록 필요한 양의 물만 사용하도록 자제해야 할 것이다.

(3) 표면장력이 크다

물은 유기용매에 비하여 표면장력이 크므로 세탁물을 잘 적시지 못하는 단점을 가진다. 그러나 물에 세제를 넣으면 세제 중의 계면활성제가 물의 표면장력을 낮춰준다.

(4) 지하수에는 여러 불순물을 포함하기도 한다

지하수에는 여러 금속의 염류를 포함하는 경우가 있으며, 특히 칼슘, 마그네슘, 철을 함유하고 있으면 세탁효과가 저하된다.

2) 경 수

물에 칼슘과 마그네슘 등의 광물질이 포함되어 있는 것을 경수라 한다. 물에 녹아 있는 이들 성분은 탄산수소염, 황산염, 질산염 또는 염화물의 형태로 되어 있으며, 이와 같은 경수를 사용하면 세탁 시 세제를 많이 사

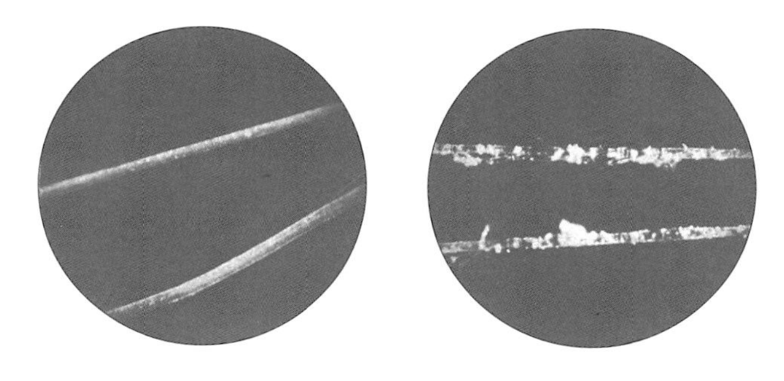

그림 4-1 비누를 사용하여 연수(좌)와 경수(우)에서 반복 세탁한 섬유

용하여도 세탁효과가 좋지 않다. 특히 비누는 경수에서 불용성의 칼슘비누 또는 마그네슘비누를 만들어 세척작용을 방해하고, 세탁물에도 부착한다(그림 4-1). 이와 같이 불용성의 금속비누가 세탁물에 부착하면 시간이 지남에 따라 누렇게 변색되고 좋지 않은 냄새가 나게 된다.

$$\underset{\text{비 누}}{2\,RCOONa} + Ca^{++} \rightarrow \underset{\text{칼슘비누}}{R(COO)_2Ca} \downarrow + 2Na^{+}$$

(1) 경 도

물 속에 녹아 있는 칼슘과 마그네슘의 2가 양이온이 포함된 양을 경도라 한다. 경도를 표시하는 방법으로는 미국식의 ppm과 유럽에서 사용하는 도(°d)가 있다. 미국식 경도는 물 1L에 녹아있는 칼슘과 마그네슘이온을 모두 탄산칼슘($CaCO_3$)으로 환산한 무게(mg)를 ppm으로 표시한다. 유럽식 중에서 독일식 경도는 물 100mℓ 에 녹아있는 칼슘과 마그네슘이온 농도를 모두 산화칼슘(CaO)의 무게(mg)로 환산한 것이 °d이다. 우리나라 상수도의 경도는 대략 50~100ppm의 범위이다.

(2) 연 화

경수에서 칼슘이나 마그네슘 등의 2가 금속이온을 불용성의 물질로 바꾸어 침전으로 만들거나, 다른 물질과 결합시켜 물에서 세탁 효과가 떨어지는 것을 방지하는 과정이 연화이다

끓 임

물을 끓이기만 하여도 경수 성분이 제거되는 물을 일시경수라 한다. 일시경수에는 칼슘이나 마그네슘이온이 탄산수소염으로 용해되어 있어 끓이면 금속이온이 탄산염으로 침전되어 물에 용해된 경수 이온의 성분이 줄어든다.

$$Ca(HCO_3)_2 \rightarrow CaCO_3\downarrow + CO_2 + H_2O$$

그러나 경수 성분이 황산염, 질산염, 염화물 등의 수용성염으로 물에 녹아 있으면 끓이는 방법으로는 연화되지 않는데 이를 영구경수라 한다.

알칼리 첨가

경수에 탄산나트륨이나 수산화나트륨과 같은 알칼리를 가하면 칼슘과 마그네슘이 불용성의 염으로 침전하여 물 속의 경수성분이 제거된다. 이때 알칼리로 수산화나트륨을 사용하면 일시경수만 연화할 수 있으나, 탄산나트륨을 사용하면 일시경수와 영구경수를 모두 연화할 수 있다.

$$Ca(HCO_3)_2 + 2NaOH \rightarrow CaCO_3\downarrow + Na_2CO_3 + 2H_2O$$

$$CaSO_4 + Na_2CO_3 \rightarrow CaCO_3\downarrow + Na_2SO_4$$

$$CaCl_2 + Na_2CO_3 \rightarrow CaCO_3\downarrow + 2NaCl$$

이온교환

이온교환법은 경수를 이온교환수지 또는 제올라이트에 통과시켜 경수 중의 금속이온과 이온교환 수지 또는 제올라이트의 나트륨이온을 교환하여 물속의 경수 성분을 제거하는 것이다.

$$\underset{\text{이온교환수지}}{Na-Resin} + Ca^{2+} \rightarrow Ca-Resin + 2Na^+$$

$$\underset{\text{나트륨제올라이트}}{Na-Zeolite} + Ca^{2+} \rightarrow \underset{\text{칼슘제올라이트}}{Ca-Zeolite} + 2Na^+$$

그러나 이온교환수지나 제올라이트의 나트륨이온이 칼슘이온으로 모두 치환되면 더 이상의 연화작용을 할 수 없게 된다. 이때는 소금용액(10~20%)으로 처리하면 다시 원래의 이온교환수지와 제올라이트로 재생되어 경수를 연화하는 능력을 가지게 된다.

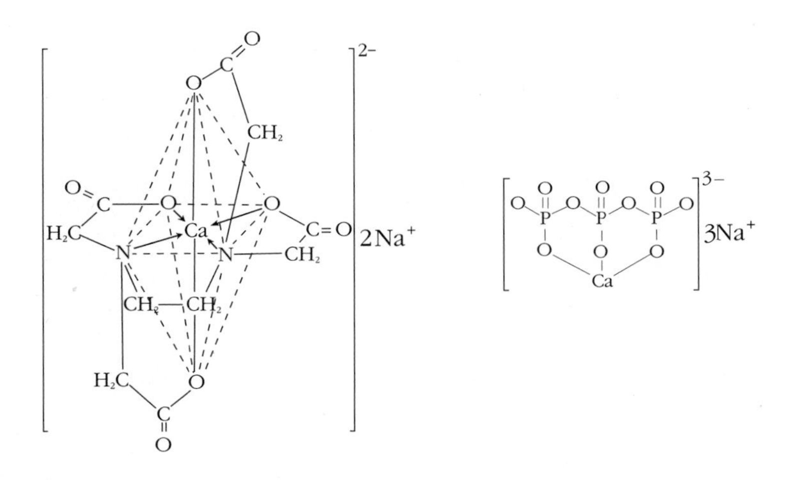

그림 4-2 Ca^{2+}이온과 EDTA(좌), STPP의 착화합물(우)

금속이온봉쇄제 첨가

EDTA(ethylenediaminetetraacetic acid), 트리폴리인산나트륨(sodium tripolyphosphate; STPP) 등은 물에서 금속이온과 매우 안정한 착화합물을 만들므로(그림 4-2) 금속이온이 다른 물질과 반응하는 것을 막아준다. 이와 같은 물질을 금속이온봉쇄제라 한다. 그러므로 경수에 금속이온봉쇄제를 첨가하면 칼슘이나 마그네슘이온에 의해 세탁효과가 저하하는 것을 방지할 수 있다.

2. 오 구

의복에 오구가 부착되면 의복의 미관을 해치며 위생적 성능을 저하한다. 오구의 특성과 오구가 직물에 부착되어 있는 상태는 세척 효과에 큰 영향을 미치게 된다.

1) 오구의 종류

의복에 부착한 오구는 발생 인자에 따라 신체로부터의 오구와 외부로부터의 오구로 구분할 수 있으며, 물리 · 화학적 성질에 따라서는 수용성 오구, 지용성 오구와 고형오구로 구분할 수도 있다.

(1) 신체로부터의 오구

신체로부터의 오구는 주로 신체 분비물, 배설물, 신진대사 탈락물 등으로 되어 있으며, 이들 성분과 조성은 개인과 계절에 따라 다르고, 시간이 경과함에 따라 변질되기도 한다.

속옷에 부착한 오구성분(표 4-1)은 트리글리세라이드(triglyceride), 유리지방산, 스테롤(sterol)류, 스쿠알렌(squalene), 탄화수소 등의 지용성 오구가 전체 오구의 약 60%를 차지하는데, 이것은 피지에서 기인한 것으로 피지의 조성(표 4-2)과 비슷하다.

피지는 피지선에서 분비되어 피부표면으로 퍼져 피막을 형성하게 되어 피부의 건조를 막고 물에 쉽게 젖지 않도록 보호하는 작용을 한다.

피지는 주성분이 트리글리세라이드와 유리지방산으로 되어 있는데, 이들은 상당량의 불포화 화합물을 가지고 있어 시간이 지나면 산화, 변질될 가능성이 크다. 스쿠알렌은 이중결합을 6개 가진 불포화 탄화수소로 쉽게 산화, 중합하여 갈색의 좋지 않은 냄새가 나는 물질로 변하며, 왁스는 중성지방으로 고급 1가 알코올과 고급 지방산의 에스테르이다.

스테롤은 지용성 알코올의 일종으로 탄화수소처럼 가수분해되지 않는 물질이다.

지용성 오구 중 극성을 가진 지방산과 고급 알코올은 비교적 쉽게 제거되나 트리글리세라이드, 왁스와 같은 중성지방과 산화 · 중합 화합물은 제거가 어렵다. 그리하여 착용과 세탁을 반복한 셔츠에는 중성지방과 산

표 4-1 속옷 오구성분[2)]

성 분	조 성(%)
트리글리세라이드	18.4
유리지방산	14.6
스테롤류	12.1
스쿠알렌 및 탄화수소	3.2
기타 지질류	11.6
소 금	15.3
회 분	3.3
질소화합물	21.5

표 4-2 피지성분[3)]

성 분	조 성(%)
유리지방산	30.2
트리글리세라이드	23.0
디 · 모노글리세라이드	5.1
스쿠알렌	10.6
탄화수소	2.1
왁 스	21.0
스테롤류	3.8
알코올	0.9
기 타	3.4

표 4-3 면 셔츠에 축적된 지용성 오구성분[4)]

성 분	조 성(%)
트리글리세라이드	23
디 · 모노글리세라이드	13
유리지방산	2
스쿠알렌	1
탄화수소	3
왁스 및 콜레스테릴에스터	12
콜레스테롤	3
칼슘비누	7
산화생성물	36

화 생성물이 많이 남아있다(표 4-3).

소금은 주로 땀으로부터 오는 것이나 회분은 공기 중의 먼지에 기인한다. 소금은 수용성이므로 물에서 쉽게 제거된다.

질소화합물은 주로 피부탈락물의 단백질과 땀의 요소에서 기인하는

2) 柏一郎 외, *油化學(日)*, 19, 1095 (1970).
3) 林信太 · 井上惠雄, *油化學(日)*, 18, 176 (1969).
4) W.C. Powe, *Surfactant Science Series Vol.* 5, W.G. Cutler & R.C. Davis ed. Marcel Dekker Inc. p.47 (1972).

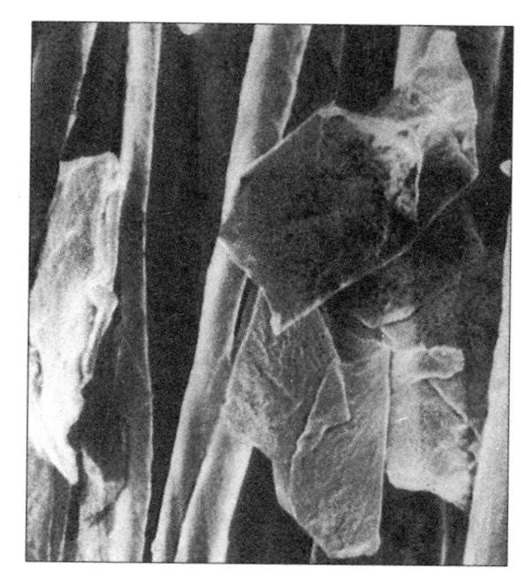

그림 4-3 피부 탈락물이 섬유사이에 끼어 있는 모습[5)]

것이다. 피부 탈락물은 옷의 칼라나 커프스의 섬유사이에 끼어 있으며(그림 4-3), 세탁 시 제거가 어렵다.

(2) 외부로부터의 오구

의복 외부로부터의 오구는 신체로부터의 오구에 비하여 개인의 직업 등 생활 환경에 따라 차이가 있다.

외부로부터의 오구 중에서 주된 것은 먼지로, 표 4-4는 미국 도시의 먼지성분을 분석한 것이다.

먼지의 성분 중 가장 많은 것은 회분으로 이것은 미세한 흙과 모래의 고형오구이다. 전 탄소는 고형오구인 매연을 포함한 유기물질이며, 에테르 가용분은 지용성 성분이다.

먼지 입자의 크기는 매우 작아서 4μm 이하가 50% 이상을 차지하는데, 이같은 미세한 입자가 섬유사이에 끼면 제거하기가 어려워진다.

이밖에 외부로부터의 오구에는 음식물 · 문방구 · 안료와 염료 등의 색

5) W.C. Powe, *Surfactant Science Series Vol.* 5, W.G. Cutler & R.C. Davis ed. Marcel Dekker Inc. p.34 (1972).

표 4-4 미국 도시의 먼지성분[6)]

성 분	조 성(%)
물 가용분	14.4
에테르 가용분	8.3
전 탄소	25.7
입자크기 20μm 이상	17.0
입자크기 4μm 이하	53.0
회 분	53.5
SiO_2	24.5
R_2O_3(주로 Fe_2O_3)	10.4
CaO	7.0

소류, 수지 · 화장품과 의약품 등의 화학 약품, 연료 · 윤활유 · 식용유와 도료 등의 지용성 성분 등이 있으나 각각의 오구는 수용성, 지용성 또는 고형 성분을 함께 가지고 있는 경우가 많다.

2) 오구의 부착상태

오구가 섬유에 부착하는 상태는 오구와 섬유의 특성, 오구와 섬유의 접촉 조건 등에 따라 달라지며, 다음과 같이 분류할 수 있다.

(1) 기계적 부착

기계적 부착은 비교적 큰 고형오구가 의복의 실과 실 사이 또는 섬유와 섬유 사이에 끼어 있는 상태이다. 오구와 섬유 간에 특별한 인력이 작용하지 않으므로 털거나 솔질 등으로 간단히 제거할 수 있다.

(2) 정전기적 부착

섬유는 마찰에 의해 정도의 차이는 있으나 정전기를 띠게 된다. 이와

6) H. L. Sanders and J. M. Lambert, *J. Amer. Oil Chemists' Soc.*, 27, 153 (1950).

같이 섬유가 정전기를 띠면 고형오구가 정전기적 인력에 의해 부착하게 된다. 따라서 대전이 심한 섬유가 쉽게 오염되는데, 건조한 대기 중에서 합성섬유 특히 흡습성이 적은 섬유일수록 오염이 잘된다. 정전기적 부착은 물수건으로 닦아내면 제거된다.

(3) 판데르발스 인력에 의한 부착

분자 간의 단순한 인력이 판데르발스 인력이다. 판데르발스 인력은 두 물체 간의 거리가 가까워지면 급격히 커지므로, 입자의 크기가 작으면 섬유와 매우 가깝게 접근할 수 있어 결합력이 커진다. 또한 섬유와 오구 간의 접촉 면적이 크면 결합력이 증가한다.

오구의 입자가 크면 결합력이 대체로 작아 물속에서 교반하는 등의 기계적 힘의 작용으로 제거할 수 있으나, 입자의 크기가 작은 것은 제거가 어렵다.

(4) 섬유 속으로 확산

오구가 섬유 표면에 부착하여 있는 것이 아니라, 섬유 속으로 침투하여 섬유와 소수결합으로 강하게 결합하거나 고용체를 만들고 있는 상태이다. 이와 같은 예로는 합성섬유에 부착한 유성오구가 시간이 경과하면 섬유 속으로 분산되어 들어가는 것으로, 이러한 오구는 일반적인 세탁 방법으로는 제거가 어렵다. 따라서 오염되었을 때는 즉시 제거하여 섬유 속으로 분산되는 것을 막아야 한다.

(5) 화학결합에 의한 부착

오구가 섬유와 이온결합, 공유결합 등에 의해 부착되어 있는 것으로, 색소가 섬유에 염착되는 경우가 해당된다. 이와 같은 결합은 일반 세탁으로는 제거하기 어렵고, 표백제 등을 사용하는 화학적 처리가 필요하다.

3. 세탁원리

더러워진 의류를 세액에 담그면 세액은 섬유 내로 침투하여 섬유가 팽윤되는데, 일반적으로 친수성이 큰 섬유일수록 크게 팽윤된다. 또한 의류에 부착한 오구 중 세액과 접촉된 수용성 성분이 용해하여 제거되면, 섬유와 오구 간 그리고 오구 내에서의 결합이 느슨하게 된다. 그뿐 아니라 세액에 있는 계면활성제는 계면에 흡착하여(그림 4-4) 오구와 섬유 간의 결합력을 더욱 약화시키므로 의류에 붙어있던 오구가 떨어져 나오기 쉬운 상태로 된다.

세탁은 오구가 섬유에서 세액 중으로 떨어져 나오는 과정과, 세액으로 떨어져 나온 오구가 다시 섬유에 들러붙지 않고 세액 중에 안정한 상태로 분산 또는 용해되는 두 단계로 구분할 수 있다.

세액 중에서 오구가 섬유에서 제거되는 원리는 다음과 같다.

1) 지용성 오구의 제거

지용성 오구는 물에 용해되지 않으므로 물만으로는 효과적으로 제거할 수가 없는데, 이는 지용성 오구가 물과 접촉하여도 계면장력이 커서 지용성 오구는 물에 젖지 않기 때문이다. 그러나 물에 계면활성제를 첨가

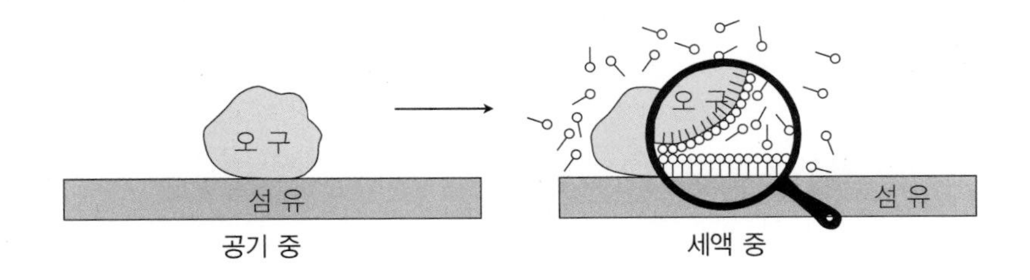

그림 4-4 세액에서 계면활성제의 흡착

하면 계면활성제는 섬유-오구-세액의 각 계면에 흡착하여 계면장력을 낮추어 지용성오구가 쉽게 제거된다.

(1) 롤링업

세탁과정의 첫 단계는 세액이 섬유와 섬유 사이 또는 섬유와 오구 사이로 침투하는 과정이다. 이때 물은 표면장력이 매우 커서 침투력이 좋지 못하나 세제 용액에서는 계면활성제의 작용으로 물의 계면장력이 크게 감소하여 침투하기 쉬워진다.

섬유에 붙어 있던 오구가 세액 속에서 떨어져 나오면 섬유와 오구 간의 계면이 섬유와 세액 그리고 오구와 세액의 계면으로 변화된다. 이때 나타나는 계면에너지의 변화는 각 상태에서의 계면장력의 차이로 나타낼 수 있다(그림 4-5).

$$\Delta E = E_2 - E_1 = (\gamma_{FW} + \gamma_{SW}) - \gamma_{FS}$$

그러므로 세액에서 γ_{FW}와 γ_{SW}의 값이 작을수록 섬유에서 오구를 떼어내는 에너지가 작으며, 물에 계면활성제를 가하면 γ_{FW}와 γ_{SW}의 값이 저하되어 제거가 쉬워진다.

의복에 부착된 지용성 오구는 대부분 피지에서 기인하므로 체온보다 높은 온도에서는 액체상태의 기름으로 되며, 액체의 지용성 오구가 부착

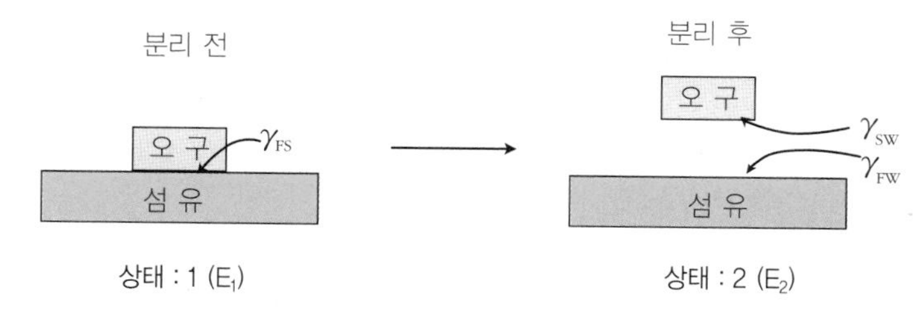

그림 4-5 세액에서 오구의 분리와 계면장력의 변화

된 섬유가 세액에서 평형상태를 이루었을 때에 작용하는 각 계면장력과 접촉각은 그림4-6과 같다.

$$\gamma_{FW} = \gamma_{FS} + \gamma_{SW} \cos\theta_0$$

여기서, γ_{FW} = 섬유와 세액의 계면장력

γ_{FS} = 섬유와 지용성 오구의 계면장력

γ_{SW} = 지용성 오구와 세액의 계면장력

θ_0 = 지용성 오구의 접촉각

이때 θ_0는 지용성 오구의 접촉각을 지용성 오구 쪽에서 측정한 값이며, 물 쪽에서의 각도 $\theta_W = 180° - \theta_0$이므로 $\cos\theta_0 = -\cos\theta_W$이다. 그러므로 윗 식은 다음과 같이 변형할 수 있다.

즉, $\gamma_{FW} = \gamma_{FS} - \gamma_{SW} \cos\theta_W$

$$\gamma_{FS} = \gamma_{FW} + \gamma_{SW} \cos\theta_W$$

이 된다. 물에 계면활성제가 첨가되면 섬유와 세액, 지용성 오구과 세액의 계면에 계면활성제가 흡착하므로 γ_{FW}와 γ_{SW}가 감소되지만 γ_{FS}는 변화가 없다. 그러므로 위의 식으로부터 $\cos\theta_W$의 값은 증가되어 θ_W는 감소하고, θ_0는 증가된다. 즉, 계면활성제를 첨가하면 지용성 오구는 접촉각이 증가

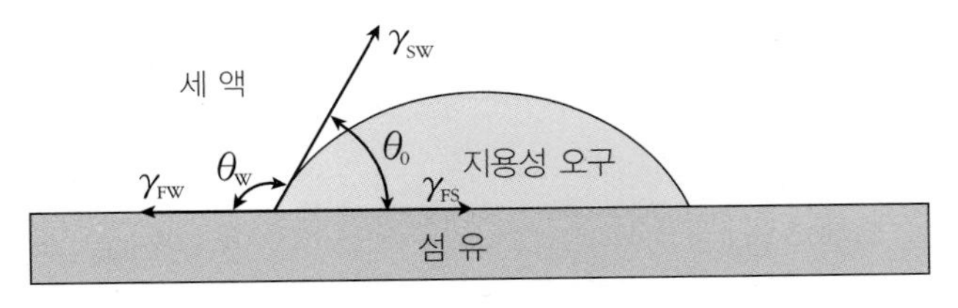

그림 4-6 섬유/지용성 오구/세액의 계면장력과 접촉각

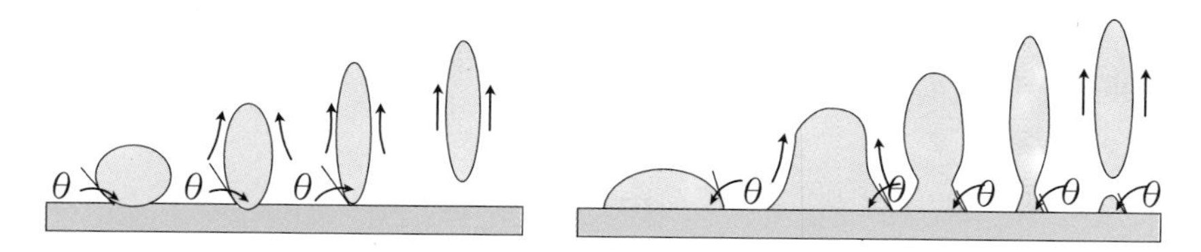

그림 4-7 지용성 오구의 접촉각과 롤링업

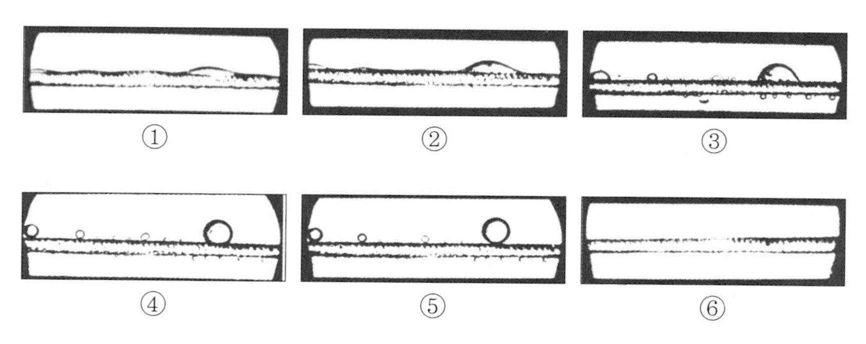

그림 4-8 롤링업에 의한 올레산의 제거과정

되어 제거하기 쉬워진다. 지용성 오구의 접촉각 θ_0가 180° 이면 지용성 오구가 스스로 떨어져 나오며, θ_0가 90° 보다 클 경우에는 기계력이 가해지면 제거된다. 그러나 θ_0가 90° 보다 작으면 기계력이 가해져도 완전히 제거되지 않고 남는다(그림 4-7). 그림 4-8은 올레산이 오염된 양모 섬유가 비누용액에서 롤링업이 저절로 일어나 제거되는 것을 보여준다.

(2) 액정 형성

계면활성제의 농도가 매우 높고 지용성 오구에 고급 알코올, 지방산 등과 같은 극성 성분을 포함하면 계면활성제 분자가 오구의 계면에 치밀하게 흡착하여 농도가 높아져서 오구 속으로 침투하고, 삼투압에 의해 세액이 오구 속으로 침투하여 계면활성제가 일정한 배열을 이룬 액정(liquid-

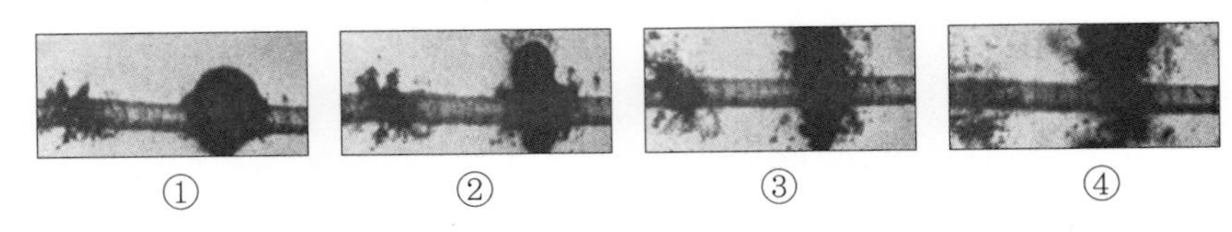

그림 4-9 액정 형성에 의한 지용성 오구의 제거과정

crysatlline, 또는 mesomorphic phases)을 형성한다(그림 4-9). 이에 따라 오구는 부드러운 크림상으로 팽윤되고 작게 분리되기도 하여 기계적 힘의 작용으로 쉽게 제거된다. 그러나 일반적으로 지용성 오구는 점도가 높아 액정이 형성되기 위해서는 긴 시간이 필요하며, 우리나라에서 임펠러 세탁기를 사용한 세탁은 상온에서 10분 정도로 끝나므로 액정 형성에 의한 지용성 오구의 제거는 기대하기 어렵다. 그러나 짙은 세액을 오염된 부분에 바르면 액정 형성에 의한 효과를 기대할 수 있다.

(3) 비누 형성

지용성 오구 중 유리지방산은 세제 용액 중의 알칼리와 반응하여 비누를 형성하므로, 유리지방산이 제거될 뿐 아니라 생성된 비누는 다른 오구 성분의 제거에 도움을 준다.

$$\underset{\text{유리지방산}}{RCOOH} + NaOH \rightarrow \underset{\text{비 누}}{RCOONa} + H_2O$$

그러나 물에 칼슘이온과 같은 금속이온이 있으면 불용성의 금속비누(lime soap)를 생성하게 되어 세탁 효과가 떨어진다.

(4) 유 화

섬유에 부착하여 있는 지용성 오구가 유화되어 세액 중으로 떨어져 나오기 위해서는 계면장력이 매우 낮아야 하므로, 일반적인 세탁과정에서는 불가능하다. 그러나 유화는 롤링업이나 액정형성에 의해 섬유로부터 제거되어 세액으로 떨어져 나온 지용성 오구가 서로 응집하는 것을 막아 세액 중에 안정하게 분산되어 재오염을 방지한다.

(5) 가용화

소량의 지용성 오구는 계면활성제가 cmc 이상의 농도에서 형성한 미셀에 의해 가용화(solubilization)되어 용해된 것처럼 투명하며, 매우 안정한 상태로 된다. 그러나 가용화될 수 있는 양은 매우 적으며, 가용화에 의해 섬유에 부착하여 있는 오구가 제거되는 경우는 거의 없다. 그러나 섬유로부터 떨어져 나온 지용성 오구가 세액에 안정한 상태로 남아 세탁물에 재부착하는 것을 막아 세탁효과를 높여 준다.

2) 고형오구의 제거

고형오구는 섬유에 직접 부착되는 경우와 섬유에 부착된 피지 등의 지용성 오구에 부착되는 경우가 있다. 지용성 오구층에 고형오구가 끼어있을 때에는 지용성 오구가 제거되면 고형오구도 함께 제거된다. 섬유에 고형오구의 부착은 판데르발스(Van der Waals) 인력에 의한다. 고형오구와 섬유 간의 판데르발스 인력은 거리에 반비례하며, 거리가 조금만 멀어도 매우 약하나 거리가 가까워지면 대단히 커져 고형오구가 섬유표면에 부착하게 된다.

한편 물에서 대부분의 고체표면은 전기를 띠고 있으며, 금속을 제외한 대부분의 섬유와 고형오구는 물속에서 음하전을 띤다. 섬유 또는 고형오구는 물에서 음하전을 띠므로 고체표면에는 양이온이 흡착되어 전기 이중층을 형성한다(그림 4-10). 양이온은 고체표면에는 밀착되어 있고 밖으로 갈수록 분포가 적어지는데, 밀착된 층이 고정층(Stern layer)이며 그 바

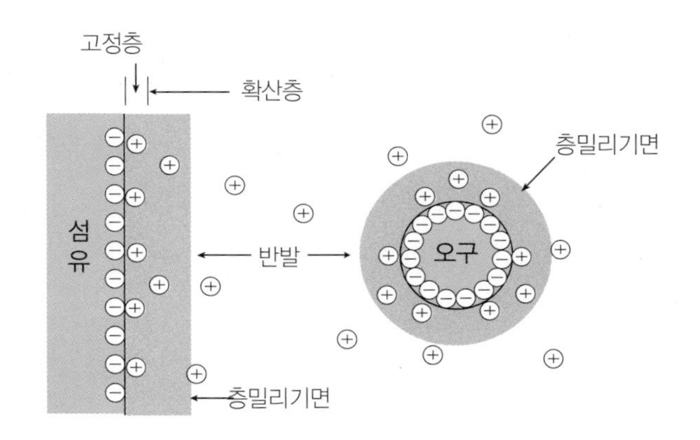

그림 4-10 물 속에서 섬유와 고형오구의 전기 이중층

깥부분은 확산층(diffuse layer)이다. 물에서 고형오구가 이동할 때는 고정층과 확산층의 일부가 함께 움직이는데 그 경계면을 층밀리기면(plane of shear)이라 한다. 고체가 물속에서 갖는 전위는 층밀리기면에서의 전위차를 측정하는 것으로, 이것을 지타전위(ζ potential)라 한다. 이는 고체표면의 하전량을 직접 측정할 수 없기 때문이다.

세액에서 섬유에 고형오구의 부착과 제거에는 판데르발스 인력과 지타전위에 의한 반발력이 관계한다. 일반적으로 전해질은 지타전위의 값을 증가시키므로, 세제에 포함된 탄산나트륨, 규산나트륨 등의 전해질은 세액에서 전기 이중층의 전위에 영향을 미친다. 즉 세제용액에서 이와 같은 염류는 섬유와 고형오구 간의 반발력을 높이며 고형오구 간의 응집을 막아 고형오구가 섬유에 부착되지 않고 세액 중에 안정하게 분산되어 세척효과를 높여 준다.

3) 단백질오구의 제거

단백질오구는 각질화된 피부, 혈액, 또는 음식물에 기인한다. 단백질오구는 물이나 계면활성제 용액만으로는 완전히 제거되지 않으며, 효소의 도움으로 제거가 가능하다. 단백질오구는 단백질분해효소인 프로테아제

(protease)에 의해 가수분해되어 제거된다. 프로테아제는 현재 사용하는 대부분의 중질세제에 포함되어 있으며, 효소가 활성화되기 위해서는 적절한 세탁 온도와 세탁 시간 등이 필요하다. 의복에 부착되어 있는 각질화된 피부 등의 단백질오구가 가수분해되면 여기에 함께 있던 지용성 오구도 제거되므로 세척효과가 크게 증가된다.

4. 세탁과정

세탁과정은 세탁물에 따라 세탁방법을 분류하는 준비과정, 오염 정도에 따른 예비담금, 예비세탁, 세제를 사용하는 본 세탁, 헹굼과 탈수 과정으로 이루어지는데, 세탁물에 따라서는 세탁 후처리과정을 거치기도 한다.

1) 세탁의 준비

가정에서 세탁을 하기 전에는 먼저 섬유의 종류, 세탁물의 형태, 오염 정도, 염색 여부에 따라 세탁물을 점검하고 분류하는 과정이 필요하다. 얼룩이 있어 부분 세탁을 먼저 하여야 할 것인가를 확인하고, 손세탁할 것과 세탁기로 세탁할 것을 분류한다. 이때 옷감이 손상되기 쉬운 것, 양모와 견섬유 제품 등은 손세탁을 하는 것이 형태의 변화를 줄일 수 있다.

일반적으로 섬유의 종류에 따른 세탁조건은 표 4-5와 같은데, 여기서 세탁 온도는 최고 온도를 나타낸다. 그러나 최근에는 2~3종의 섬유가 혼방되어 있는 제품이 많아서 이와 같이 혼방제품은 세탁에 약한 섬유를 기준으로 세탁하며, 수지가공된 제품은 기준 온도보다 낮은 온도로 세탁하도록 한다.

면 · 마 · 합성섬유 제품은 약알칼리성세제로 세탁하며, 양모 · 견 · 아세테이트섬유 제품은 중성세제로 세탁한다. 그러나 합성섬유는 면과 마

표 4-5 섬유별 세탁 조건

섬 유	세 제	세탁 온도(℃)	
		흰 색	유 색
면, 마	중질	95	40~60
양모, 견	중성	30	30
레이온	중질	60	40~60
아세테이트	중성	40	40
나일론	중질	60	30~40
폴리에스테르	중질	30~60	30~40
아크릴	중질	30	30
폴리우레탄	중질	60	40~60

섬유에 비하여 재오염되기 쉬우므로 구분하여 세탁하는 것이 좋다. 한편 흰색의 제품은 염색 견뢰도가 좋지 않은 유색 제품과 따로 세탁하며, 염색된 제품은 경우에 따라 물 견뢰도와 세제용액, 즉 알칼리 견뢰도가 다른 경우가 있으므로 확인 후 세탁하도록 한다. 또한 오염 정도에 따라서도 구분하여 세탁하여야 재오염을 막을 수 있으며, 타월 등의 파일직물은 세탁 시 섬유가 심하게 떨어져 나와 다른 세탁물에 묻어 외관을 흉하게 하므로 따로 세탁하여야 한다.

2) 예비담금과 예비세탁

예비담금(presoaking)은 세탁 전에 먼저 물이나 세제용액에 담가 두는 것이며, 예비세탁(prewash)는 본 세탁 전에 물 또는 세액으로 짧은 시간 세탁하는 것으로 애벌빨래라고도 한다.

예비세탁는 수용성 오구를 어느 정도 제거하여 본 세탁에서 오구의 제거를 도와준다. 그러나 섬유의 종류에 따라 차이가 있어서, 면과 같은 친수성 섬유에서는 예비세탁의 효과가 있으나 폴리에스테르 등의 소수성 섬유는 물에서 재오염이 쉽게 일어난다. 그러므로 오염이 심한 소수성 섬

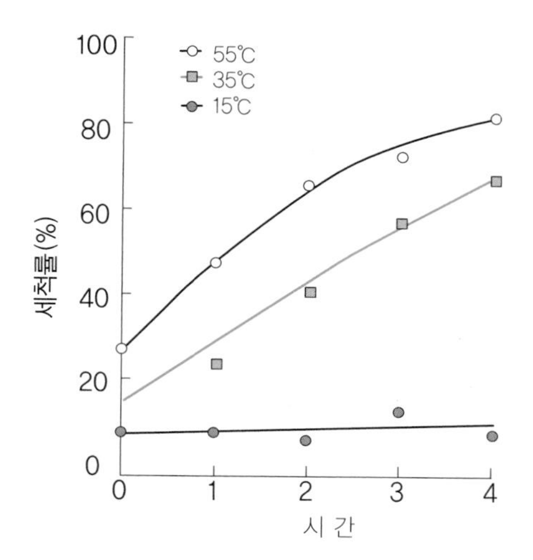

그림 4-11 예비 담금시간에 따른 효소세제의 세척률[7)]
(오염포 : EMPA 116, 세탁기 : Terg-O-tometer)

유는 세액으로 가볍게 예비세탁하는 것이 바람직하다.

현재 시판되는 세제는 대부분 효소세제로 효소가 활성화되기 위해서는 적당한 온도와 시간이 필요하여 예비담금을 하면 효과적이다(그림 4-11). 효소세제에 첨가된 효소를 활성화하여 최고의 세척성을 나타내는 온도는 50℃ 부근이며 오히려 60℃ 이상에서는 호히려 효소의 활성이 떨어진다. 효소를 활성화하기 위한 예비담금시간은 세탁온도에 따라 달라서 40~50℃에서 2시간 이상, 상온에서는 12시간 이상에서 효소의 작용을 극대화할 수 있다.

3) 본세탁

본세탁는 세제용액에서 세탁물로부터 오구를 제거하는 과정이며 세탁방법에는 손세탁과 세탁기세탁이 있다.

7) 이난형 · 김성련, *생활과학연구(서울대)*, 16, 107 (1991).

(1) 세탁방법

손세탁

현재 우리나라에서는 대부분 세탁기를 사용하여 세탁하고 있다. 그러나 양말 등 부피가 작고 부분적으로 심하게 오염된 것은 손이나 솔로 비벼서 세탁하기도 한다. 또한 세탁기로 세탁 시에 강한 기계력으로 인하여 변형되거나 손상되기 쉬운 세탁물은 부드럽게 손세탁하는 경우가 있다. 손세탁 시에는 세탁 비누를 사용하는 경우가 많으나, 섬세한 섬유류의 세탁에는 중성세제를 사용하기도 한다. 최근에는 세탁기에도 손세탁 코스가 개발되어 있는 것도 있다.

손세탁 시 물리적인 힘을 가하는 방법은 표 4-6과 같다.

표 4-6 손세탁 방법

물리적인 힘	종 류	세탁 방법	의류제품의 예
섬세 세탁	담 금	기계력을 전혀 가하지 않고, 중성세제에 15분 정도 담가 둔다. 오염이 심한 부분은 세액을 발라준다.	수용성 오염이 심한 드라이클리닝마크 제품
	흔 듬	세제용액에서 세탁물을 앞뒤, 좌우로 흔들어 준다.	얇은 블라우스, 스카프, 레이스제품 등
	손으로 누름	세제용액에서 세탁물을 양손으로 가볍게 누른다.	양모 스웨터 등
표준 세탁	손으로 비빔	세탁물을 양손으로 잡고 서로 비비거나, 빨래판에서 비벼준다.	가장 보편적인 방법으로 부분적으로 오염이 심한 부분
	솔로 비빔	세탁솔로 부분적으로 비벼준다.	셔츠의 칼라와 커프스, 양말 등 부분적으로 오염이 심한 부분
	발로 밟음	세액 속에서 세탁물을 발로 밟아 준다.	모포, 침구 또는 크기가 큰 제품

세탁기세탁

세탁은 매우 힘든 가사 노동 중의 하나로, 기계의 힘을 빌리려는 시도는 매우 오래 전부터 시작되어 20세기 초에 가정용 전기세탁기가 개발되었으며 일반가정에 세탁기가 널리 보급된 것은 제2차 세계대전 이후이다.

우리나라에서는 1969년에 세탁조과 탈수조가 분리된 2조식 전기세탁기를 처음 생산하였다. 이와 같은 2조식 세탁기는 세탁이 끝나거나 매 헹굼 후에 세탁물을 탈수조로 옮겨야 하며 모든 과정을 각 단계에서 조작하는 수동식이었다. 그후 급수 · 세탁 · 배수 · 헹굼은 프로그램으로 진행되나 탈수조가 분리된 반자동세탁기, 세탁과 탈수가 같은 통에서 이루어지는 1조식 전자동세탁기가 생산되었다. 그러나 세탁기의 보급이 크게 증가한 것은 1988년 서울올림픽 전후이며, 2000년 이후 세탁기 보급률은 96% 내외[8]로 현재 대부분의 가정에서는 세탁기로 세탁을 하고 있다.

세탁기는 기계적 힘을 전달하는 방법에 따라 구분할 수 있는데, 여러 가지 명칭으로 불리나 우리나라 공업규격[9] 및 전 세계적으로 통용되는 것에 따르면 임펠러식(또는 펠세이터식), 교반봉식, 수평 드럼식으로 구분된다.

국내 최초의 세탁기(1969)

전자동 임펠러식 세탁기(2007)

수평 드럼식 세탁기(2007)

그림 4-12 우리나라 세탁기의 발전

8) http://kosis,nso,go.kr/cgi-bin/sws_999.cgi, 가구 소비조사 실태, 통계청.
9) KSC 9608 : (MODEC 60335-2-7), 전기세탁기, 한국표준협회.

임펠러식 세탁기

임펠러식(impeller type) 세탁기(그림 4-13)는 세탁조의 밑에 원형의 임펠러식 날개가 회전함으로써 수류를 만들고, 이 기계적인 힘이 세탁물에 가해지게 된다. 임펠러식 날개는 자동반전장치에 의해 일정 간격으로 회전방향이 바뀌게 된다. 임펠러식 세탁기는 구조가 간단하고 세탁시간이 10분 내외로 짧으며, 세탁효과가 비교적 크고 값이 싼 것이 장점이다. 그러나 수류가 강해 섬유의 손상이 커서 보풀이 많이 생기며, 세탁 중 옷이 서로 심하게 엉키며, 세탁효과가 불균일할 뿐 아니라 물의 사용량이 가장 많은 것이 단점이다. 현재 생산되는 임펠러식 세탁기는 온수와 냉수의 급수를 조절하여 세탁 온도를 달리할 수 있다.

임펠러식 세탁기는 우리나라와 일본 등 아시아지역에서 가장 많이 사용하는 세탁기이다. 최근 우리나라에서도 세탁효과에 관한 많은 연구와 전자기술의 발달로 새로운 임펠러식 세탁기가 계속 선보이고 있는데, 세탁효과의 극대화를 위한 세탁물의 종류와 오염 정도에 따른 퍼지시스템

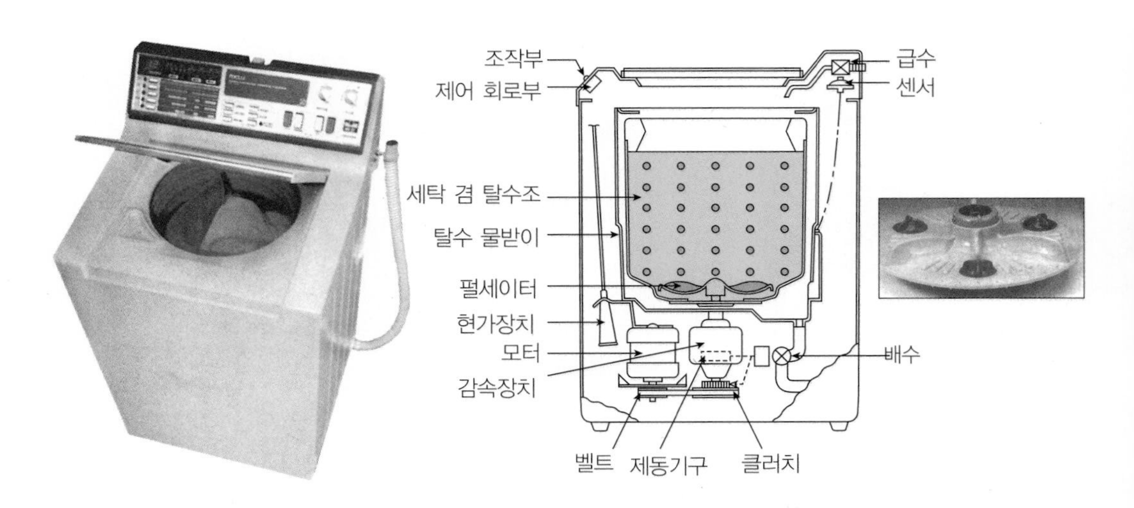

그림 4-13 임펠러식 세탁기와 임펠러식 회전판(우)

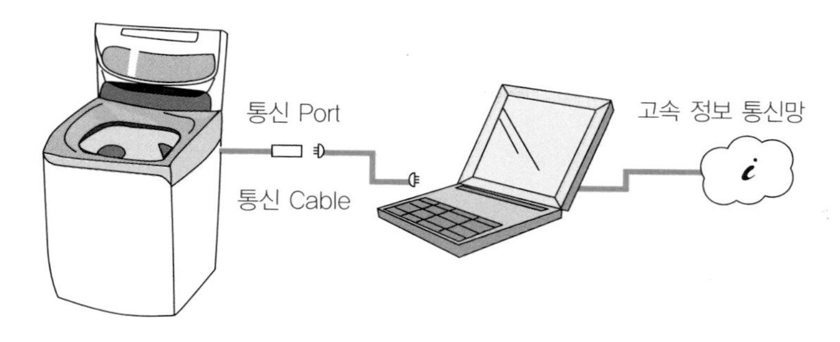

그림 4-14 국내의 인터넷을 이용하는 세탁기(2000)

을 적용한 세탁기, 세탁 시 소음 및 고장을 줄인 세탁기, 원거리 제어및 세탁 프로그램의 다운로드가 가능한 인터넷 세탁기(그림 4-14), 건조를 겸한 세탁기, 나노 크기의 은입자를 공급하여 세탁한 의류의 항균효과를 높이는 세탁기 등이 그 예이다.

교반봉식 세탁기

교반봉식(agitator type) 세탁기(그림 4-15)는 세탁조 아랫부분에 있는 원판의 회전 날개 위로 세탁조의 높이와 거의 같은 높이의 교반봉이 올라와

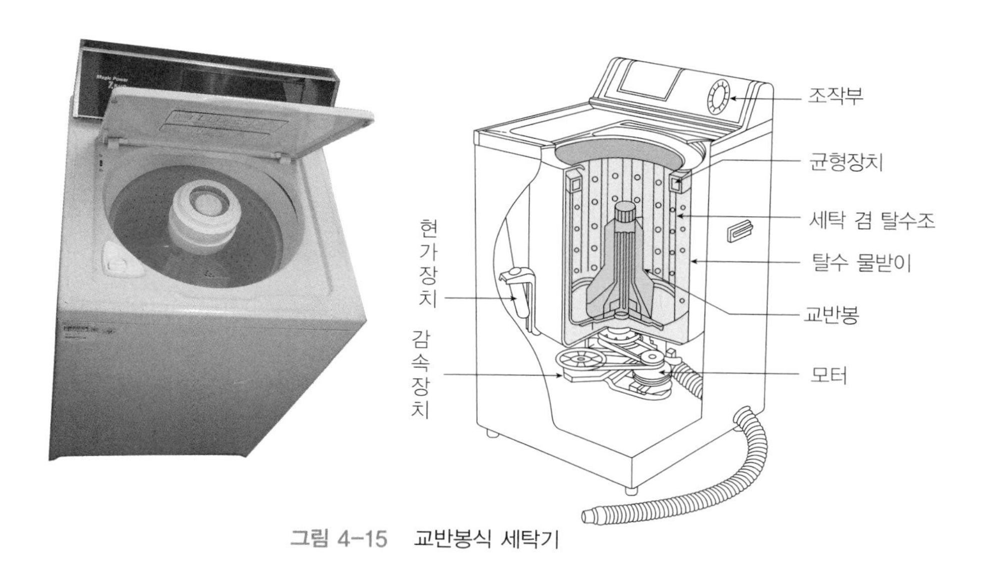

그림 4-15 교반봉식 세탁기

있으며, 교반봉이 180~220°로 회전하여 형성되는 수류에 의해 세탁된다. 교반봉이 높이 올라와 있어 세탁조 내에서 수류의 세기에 차이가 적어 균일한 세탁 효과를 나타내며, 임펠러식 세탁기에 비하여 액비가 적고 세탁 중 세탁물의 손상과 엉킴이 적다. 세탁기의 구조가 임펠러식보다는 복잡하여 가격이 비싸며 미국에서 주로 사용하고 있다.

수평 드럼식 세탁기

수평 드럼식 세탁기는 세탁물을 구멍 뚫린 안쪽의 드럼에 넣고 작동시키면 세액은 움직이지 않고 세탁물이 세액을 함유한 상태에서 드럼의 벽에 나와 있는 턱에 의해 드럼과 함께 올라갔다가 떨어지는 충격에 의해 세탁된다. 세탁 시 세액의 거품이 많으면 세탁물이 떨어질 때 받는 힘이 적어져 세척력이 떨어지게 된다(그림 4-16).

수평 드럼식 세탁기는 유럽지역에서 주로 사용된다. 이 지역은 물의 경도가 높아 세탁온도를 높이는 것이 필요하므로 수평 드럼식 세탁기는 가열장치가 붙어있어 삶는 세탁도 가능하고, 건조장치를 붙이면 세탁에서 건조까지 가능하다. 세탁기 중에서 직물의 무게에 대한 물의 양을 나타내는 액비가 가장 작은 1:4~6으로 물의 소비가 적으며, 세척성이 균일하고 세탁물의 손상이 적고 엉킴도 없다. 세탁기 중에서 기계적인 힘이 가장 작으므로 세탁시간이 길고 가격이 비싸며 소음이 큰 단점이 있다. 현재 사용되는 세탁용 세제에는 대부분 효소와 산소계 표백제가 첨가되어 있으므로 가열장치를 가지며 세탁시간이 긴 드럼식 세탁기에서는 이와 같은 세제의 특성을 십분 활용할 수 있다.

임펠러식과 교반봉식 세탁기는 세탁물을 위에서 넣는 톱로딩(top loading)이지만 수평 드럼식 세탁기는 대부분 세탁물을 앞에서 넣는 프론트로딩(front loading)이므로 적당한 용량의 드럼세탁기는 부엌의 조리대 밑에 설치할 수 있어 능률적으로 가사를 돌볼 수 있다.

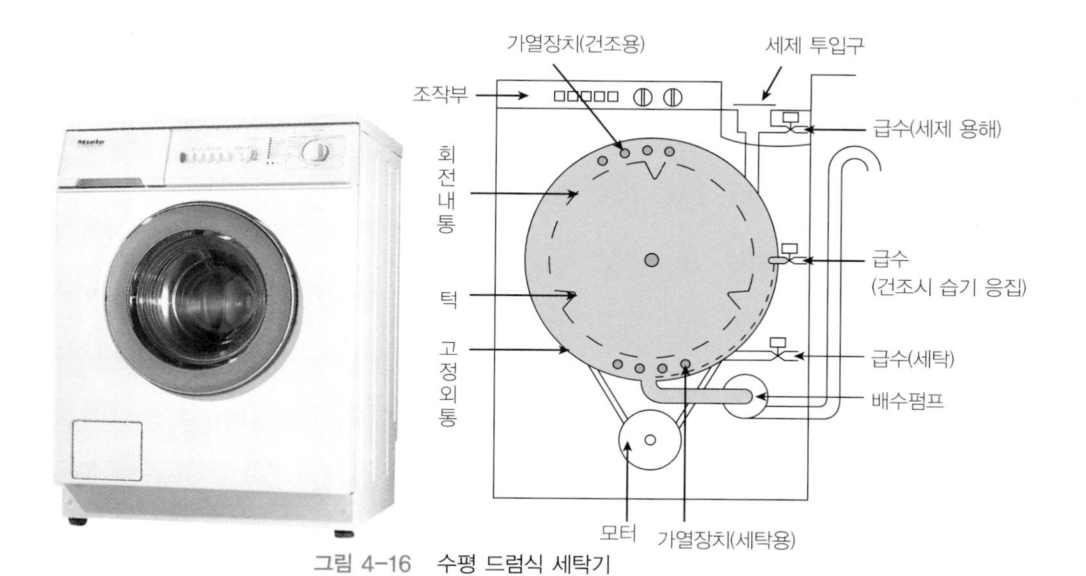

그림 4-16 수평 드럼식 세탁기

(2) 세탁에 영향을 미치는 인자

세탁과정에서 세탁효과는 의류소재의 종류, 세제의 종류와 농도, 액비, 세탁온도와 세탁시간의 영향을 받는다. 이와 같은 조건에 대한 검토는 실제 착용한 의복으로 시행하여야 하지만, 이때에는 세척성을 정량적으로 평가하기 어렵다. 다음에 설명하는 조건들은 대부분 실험실 조건에서 얻은 결과이므로 세탁기로 세탁하는 경우와 그 결과가 일치하지 않을 수도 있으나 원리는 크게 차이가 없을 것이다.

의류소재

섬유의 종류에 따라 오구가 부착하고, 제거되는 성질은 달라진다. 친수성 섬유일수록 표면에너지가 높아 공기 중에서 오구가 쉽게 부착되지만, 물 속에서는 물과의 계면장력이 작아 오구가 쉽게 제거된다. 한편 소수성 섬유는 공기 중에서 표면에너지가 낮아 수용성 또는 지용성 오구가 잘 부착 되지 않으나, 공기 중의 습도가 낮으면 대전성이 커서 오염이 잘된다

표 4-7 필름상에서 액체의 접촉각[10)]

섬 유	수분율(%)	물 (공기 중, 도)	광물유 (물 속, 도)
폴리에스테르	0.4	81	66
나일론66	4	70	94
비스코스레이온	12	38	144

표 4-8 면직물의 수지 가공에 따른 광물유의 접촉각과 제거율[11)]

수 지	접촉각(도)	제거율(%)
무처리	117	96
아크릴계	87	85
불화탄소계	66	60

* 세제 : 음이온계면활성제

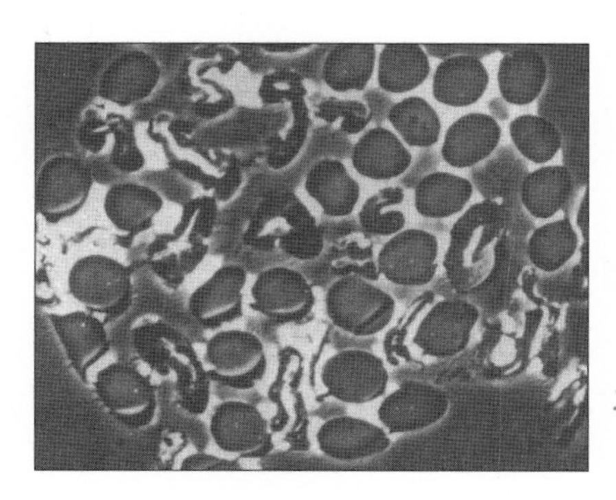

그림 4-17 면/폴리에스테르 혼방사에 트리올레인을 오염시켜 세척한 후 남아있는 오구의 모습[12)]

10) H. Schott, *Surfactant Science Series,* Vol. 5, W.G. Cutler and R. C. Davis edited, Marcel Dekker Inc. pp.117, 134 (1972),

11) J. Berch, H. Peper and G. C. Drake, *Textile Res. J.*, 35, 252 (1965).

12) S. K. Obendorf, Y. M. Namasté and D. J. Durman, *Textile Res. J.*, 53. 375 (1983).

고 느낄 때도 적지 않다. 또한 소수성 섬유는 물에서는 지용성 오구를 제거하기 어려울 뿐 아니라(표 4-7), 섬유에서 분리되어 세액으로 떨어져 나왔던 오구가 섬유에 다시 부착하는 재오염도 잘 일어난다. 정련과정을 거치지 않아 지용성 성분이 남아 있는 면직물, 또는 면직물에 수지가공을 하면 소수성 섬유와 마찬가지로 세액에서 지용성 오구와 섬유의 접촉각이 작아 제거하기 어렵다(표 4-8). 직물의 표면 형태에 따라서도 오구의 부착과 제거율이 달라진다. 표면의 형태가 불균일하면 오구가 붙어있기 쉬워 제거가 어렵다. 섬유의 표면에 凹凸이 있으면 더러움을 많이 타고 오구의 제거가 어려워서, 섬유의 구부러진 안쪽 홈이나 중공층 부분에 침투한 오구는 세탁 후에도 남아있는 경우가 많다. 그림 4-17은 면/폴리에스테르 혼방사에 트리올레인을 오염시켜 세척한 후의 모습으로, 섬유에 남아있는 트리올레인은 흰색 부분으로 나타나 있다. 폴리에스테르 섬유는 주변에 트리올레인이 남아 있으나, 면섬유는 중공과 구부러진 안쪽에 주로 남아있는 것을 알 수 있다.

실의 형태와 조직에 따라서도 오구의 제거에 차이가 있어서, 필라멘트사보다는 스테이플사, 그리고 수자직물, 능직물보다는 평직물에서 오구 제거가 어렵다.

세제의 종류

세제 중 비누는 모든 오구, 특히 고형오구에 대한 세척성이 우수하다. 그러나 비누는 물에서 가수분해하여 유리지방산이 생성되며, 경수에서는 금속비누(lime soap)의 침전을 형성하여 세탁효과가 떨어진다. 비누로 반복하여 세탁하면 섬유 표면에 유리지방산과 금속비누 등이 침착하여(그림 4-1) 합성세제보다 세탁효과가 떨어지며(그림 4-18, 19), 시간이 지나면 세탁물이 황변되고 촉감이 나빠지며 좋지 않은 냄새가 나게 된다. 그러므로 경수에서는 비누보다 합성세제로 세탁하는 것이 좋다.

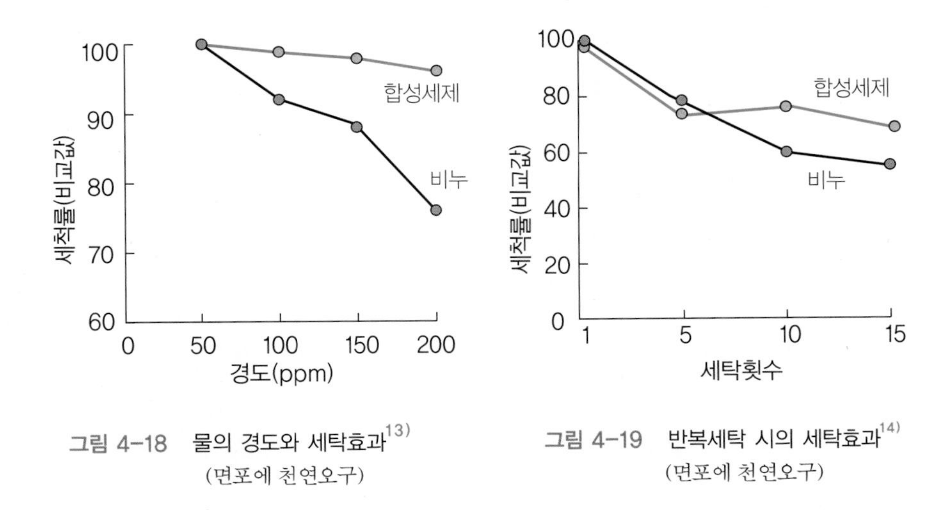

그림 4-18 물의 경도와 세탁효과[13]
(면포에 천연오구)

그림 4-19 반복세탁 시의 세탁효과[14]
(면포에 천연오구)

합성세제는 약알칼리성의 중질세제(heavy duty)와 중성세제(light duty)로 나눌 수 있다. 면 · 마 · 폴리에스테르 · 아크릴섬유에는 약알칼리성의 중질세제를 사용하며, 양모 · 견 · 아세테이트, 하얀색 나일론 섬유는 중성세제로 세탁하는 것이 무난하다. 세탁방법에 따라서도 세제를 달리 선택해야 하는데, 일반적으로 손빨래와 삶는 세탁에는 비누가 좋으나 세탁기에는 용해성이 우수한 합성세제가 좋다. 최근 많이 보급되고 있는 드럼세탁기는 거품이 세탁을 방해하므로 저포성의 드럼세탁기 전용 세제를 사용하는 것이 좋다.

세제의 농도

일반적으로 세제농도가 증가하면 세척성이 향상되지만 일정 농도이상에서는 세척성이 크게 증가하지 않는다(그림 4-20). 그러므로 필요 이상으로 세제를 사용하는 것은 비경제적이며 환경 부하량을 늘리고 헹구는 과

13) 田中丈三, *洗濯의 科學(日)*, 20, 24 (1975).
14) 戸張眞臣 외, *織消誌(日)*, 23, 519 (1982).

정에서 물과 전기를 낭비하게 되므로 바람직하지 않다. 또한 세제 농도가 낮으면 세척력이 크게 떨어지고 재오염이 쉽게 일어나므로 적절한 농도를 사용하여야 한다.

우리나라에서 현재 생산되는 중질세제는 세제의 조성과 제조방법에 따라 고밀도, 농축, 고농축세제로 구분되며, 이들 세제는 0.2% 내외의 농도로 최대의 세탁효과를 나타내던 이전의 일반 합성세제에 비하여 권장 사용농도가 낮아져서 물 30L에 고밀도세제 50g, 농축세제 30g, 고농축세제 20~25g의 비율이다. 최근에는 계량이 쉬우며 가루가 날리는 것을 방지할 수 있는 정제(錠劑, tablet) 형태도 생산되어 세탁기의 수위에 따라 1개 또는 2개를 넣도록 되어있다. 수평 드럼식 세탁기에서는 빨래 무게에 따라 세제를 가하여 빨래 3kg에 20g을 넣게 되어 있다. 양모 또는 견섬유 제품을 세탁하기 위한 중성세제는 대부분 액체상태로 30L에 40mℓ 내외의 농도로 사용하게 되어 있다.

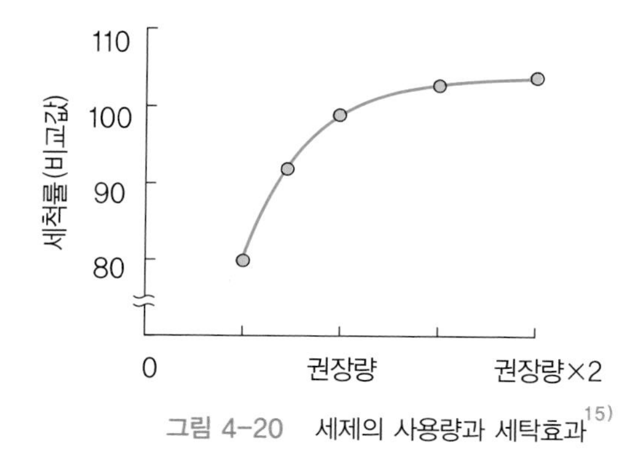

그림 4-20 세제의 사용량과 세탁효과[15)]

15) Lion家庭科學研究所, 生活科學 Series(日) 2, *衣料의 清潔*, p.24 (1999).

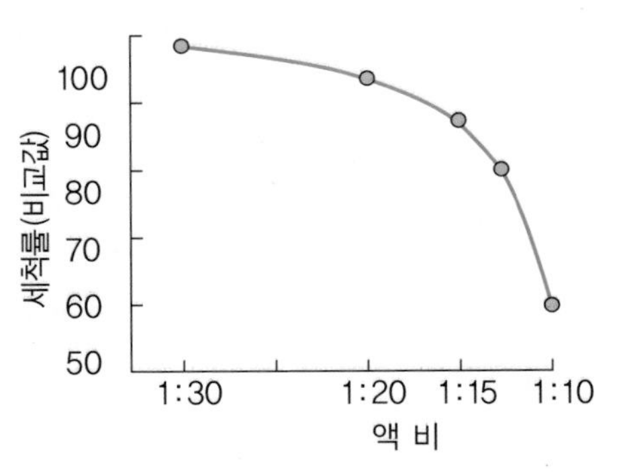

그림 4-21 임펠러식 세탁기에서 액비와 세탁효과[16)]

액 비

세탁물의 무게에 대한 세액의 비율을 액비라 한다. 즉, 액비 1 : 10은 세탁물의 무게 1kg에 대하여 세액 10L를 의미한다. 액비는 세탁기의 구조에 따라 다르며, 액비가 증가하면 수류에 의한 물리력이 증가하여 의류의 굴신이 커지므로 세척성이 증가한다. 그러나 액비가 적으면 직물의 유동성이 적어 세탁효과가 떨어지며, 세척성이 균일하지 않고, 재오염의 가능성도 커지게 된다. 한편 액비가 너무 커도 직물 간의 마찰이 적어져 세척성이 떨어진다. 세탁기 종류에 따라 효과적인 액비가 달라서 임펠러식 세탁기는 1:10~1:40, 교반봉식 세탁기는 1:15~1:20이며, 드럼식 세탁기는 1:4~1:10으로 임펠러식 세탁기의 액비가 가장 크다. 앞으로 우리나라는 물 부족이 예상되므로 되도록 액비가 적은 세탁기가 요구되는 추세이다.

세탁온도

세탁온도가 세탁효과에 크게 영향을 미치는 것은 잘 알려진 사실이라 심하게 오염된 세탁물은 더운물로 세탁하거나 삶기도 한다. 일반적으로

---

16) Lion家庭科學硏究所, 生活科學 Series(日) 2, *衣料の 淸潔*, p.27 (1999).

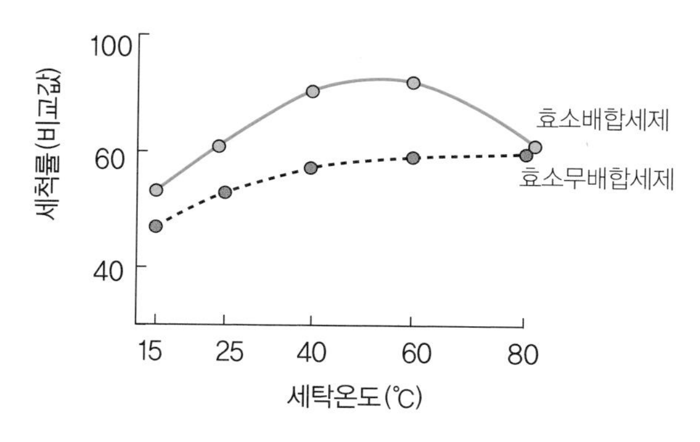

그림 4-22 세탁온도에 따른 세탁효과[17)]

세탁온도가 증가하면 세제의 용해성이 증가하고, 지용성 오구의 점도가 감소하며, 섬유와 오구의 팽윤으로 섬유와 오구 간의 결합력이 감소하므로 세척성이 향상된다. 그러나 온도가 높아지면 계면에 흡착하는 계면활성제의 양이 감소하고 계면활성제의 cmc가 높아지므로 세액 중으로 떨어져 나온 오구의 유화와 분산이 불안정하여 재오염이 촉진된다. 그뿐 아니라 섬유의 팽윤이 커지며 오구의 유동성이 증가되어 오구가 섬유표면의 홈과 섬유 내부로 깊숙이 침투하게 되어 세척성이 저하하는 요인이 될 수도 있다.

현재 시판되는 세제에는 대부분 효소가 첨가되는데, 효소의 활성이 가장 큰 온도는 40℃ 내외로, 60℃ 이상의 온도에서는 효소의 활성이 떨어져 세척성이 감소한다. 그러나 오구와 섬유의 종류, 세탁방법과 세탁 첨가제에 따라서는 높은 온도에서 세척성이 향상하기도 한다. 이것은 수류에 의한 기계적 힘이 미치지 못하는 섬유의 표면에 있는 홈이나 섬유 내 중공 등에 있는 지용성 오구가 고온에서 점도가 감소하여 유동성이 커지게 되어 열에너지에 의해 제거되거나, 빨래를 삶을 때에는 물이 끓으면서 생

17) Lion家庭科學研究所, 生活科學 Series(日) 2, *衣料의 清潔*, p.25 (1999).

기는 기포가 오구를 밀어 올리는 효과를 보일 수도 있기 때문이다. 또한 지용성 오구 중 가장 제거가 어려운 트리글리세라이드는 고온에서 알칼리에 의해 가수분해되어 비누로 되므로 온도가 높으면 세척성이 향상된다.

세탁시간

세탁시간은 오구 · 세탁물의 종류와 양, 세탁온도, 세탁기의 종류에 따라 다르다. 일반적으로 세탁시간이 길어지면 세척성이 향상되나, 일정 시간 이상에서는 세척성이 더 이상 증가하지 않는다. 세탁기의 구조에 따라 기계력에 차이가 있는데, 임펠러식은 세탁기중 기계력이 가장 커서 세탁시간이 비교적 짧은 10분 내외이며, 수평 드럼식은 30분 이상, 교반식은 두 세탁기의 중간 정도인 20분 정도가 요구된다(그림4-23). 그러나 이보다 세탁시간이 길어지면 섬유의 손상과 재오염될 가능성이 증가하므로 필요시간 이상 세탁하는 것은 바람직하지 않다.

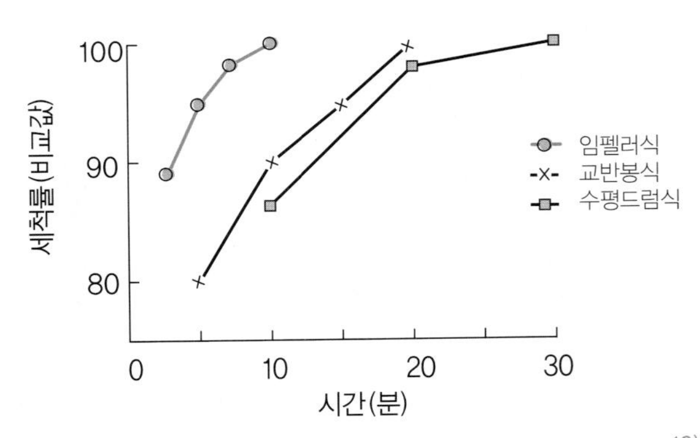

그림 4-23 세탁기의 종류와 세탁 시간에 따른 세탁 효과[18]

18) Lion家庭科學研究所, 生活科學 Series(日) 2, *衣料의 清潔*, p.38 (1999).

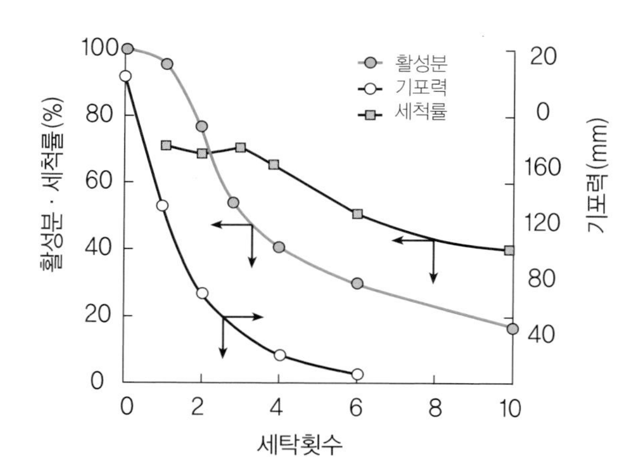

그림 4-24 세액의 반복사용에 따른 특성 변화[19), 20)]

세액의 피로

심하게 오염된 세탁물을 세탁하거나, 같은 세액에서 반복하여 세탁하면 세액 중에 계면활성제의 농도가 낮아지고, 세액의 pH, 세척력, 거품을 일으키는 기포력 등이 저하하게 되는데, 이와 같은 현상을 세액의 피로라 한다. 한 번 세탁한 후의 세액은 더러워 보이고 기포력은 저하하지만 활성분은 90% 이상을 함유하고 있어 같은 세액을 다시 사용할 수 있다. 동일한 세액으로 3회까지 세탁하는 것이 경제적이나(그림4-24), 현재는 대부분의 가정에서 세탁과 탈수를 같은 통에서 행하는 전자동 세탁기를 소유하므로 실제로 동일 세액을 반복하여 사용하기는 번거롭다.

4) 헹 굼

세탁이 끝났을 때에 세탁물은 어느 정도의 오염된 세액을 함유하고 있다. 그러므로 세탁 후에는 세탁물이 함유하고 있는 오구와 세제 등을 깨

19) 林雅子 · 藤澤田美子 · 矢部章彦, *纖消誌(日)*, 6, 23 (1965).
20) 林雅子 外, *纖消誌(日)*, 7, 11 (1966).

끗한 물로 제거하는 헹굼 과정이 필요하다. 세탁효과를 높이기 위해서는 세제를 사용하여 세탁물에서 오구를 분리하여 세액에 분산시키는 과정도 중요하지만, 세탁물 중 남아 있는 더러운 세액과 세탁물이 흡착하고 있는 오구와 세제성분이 섬유에 남아 있지 않도록 철저히 제거하는 헹굼 과정도 매우 중요하다. 세탁 시 섬유가 상당량의 세제를 흡착하지만 계면활성제를 제외한 알칼리 조제 등의 첨가제는 헹굼 과정에서 비교적 쉽게 제거되는 편이다.

세탁과정에서 섬유가 흡착하는 계면활성제의 양과 헹구기가 진행될 때에 남아 있는 계면활성제의 양은 섬유의 종류와 계면활성제의 종류에 따라 차이가 있다. 음이온 계면활성제인 도데실황산나트륨을 사용하여 세탁하였을 때에 양모, 견 섬유는 비교적 많은 계면활성제를 함유하지만 견섬유는 헹굼 효과가 좋음을 알 수 있다(표 4-9).

헹굼효과는 헹구는 물의 급수방법에 따라 다르게 되어, 세탁통에 물이 계속 넘쳐흐르는 오버플로(overflow) 헹굼과 일정 양의 물을 바꾸어가며 헹구는 담금 헹굼 또는 배치(batch) 헹굼이 있다. 세탁과 매 헹굼 사이에

표 4-9 세탁과정에서 헹굼전 · 후 계면활성제의 흡착률[21] (단위 : %)

섬 유	세탁 후	헹구기 횟수		
		1회	3회	5회
면	0.3	0.2	0.2	0.2
양모	2.0	1.5	1.2	1.0
견	1.5	0.7	0.2	0.15
아세테이트	0.7	0.6	0.5	0.5
나일론	0.2	0.2	0.2	0.2

* 계면활성제 : 도데실황산나트륨, 액비 1 : 50, 세탁온도 40℃
세탁시간 15분, 헹굼 5분

21) 市原榮子 · 松本芳技 · 矢部章彦, *油化學(日)*, 5, 155 (1956).

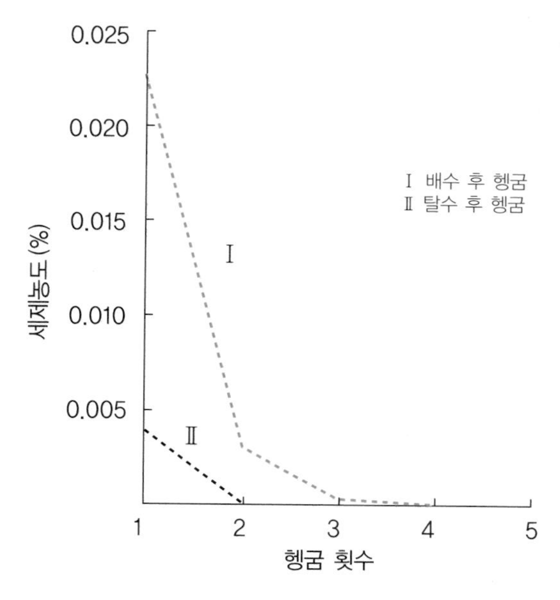

그림 4-25 헹굼 방법과 헹굼 효과[22]
(용기용량 : 30ℓ , 세탁물 : 1kg)

탈수되면 다음 번의 헹굼 액 중에 남아있는 세액의 양이 크게 줄어 매우 효과적인 헹구기가 된다. 탈수 후 헹굼에는 2회 헹굼으로도 헹구기가 거의 완료됨을 알 수 있다(그림4-25).

헹구는 물의 온도는 높을수록 헹굼 효과가 좋다. 이는 물의 온도가 높아지면 오구와 세액의 확산 속도가 커지며 섬유의 팽윤이 증가하여 헹구는 물이 섬유 깊숙이 침투하여 세액을 희석하기 때문이다. 또한 헹굼 물의 온도가 세탁온도보다 높은 것이 헹굼 효과를 높일 수 있다(그림4-26).

5) 탈 수

탈수는 헹굼 효과를 높이는 역할을 할 뿐 아니라 마지막 탈수는 건조

22) 김성련, *세제와 세탁의 과학*, 교문사, (1998), p.211

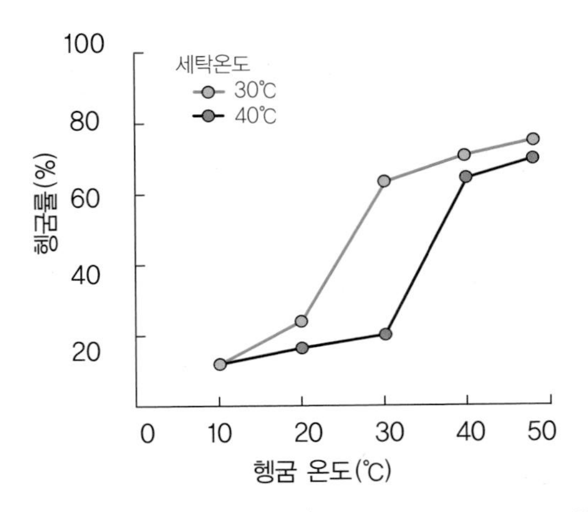

그림 4-26 세탁온도와 헹굼 온도에 따른 헹굼 효과[23)]

(시료 : 면직물, 계면활성제 : 음이온계)

시간을 단축시키는 효과가 있다.

탈수효과를 평가하는 방법은 다음 식[24)]에 의하여 계산할 수 있다.

$$\text{탈수율}(\%) = \frac{\text{건조포의 무게}}{\text{탈수포의 무게}} \times 100$$

탈수방법으로는 헹군 후 그대로 줄에 널어 자연적으로 물이 떨어지게 하는 방법, 손으로 짜는 방법, 원심탈수에 의한 방법이 있다.

원심탈수는 벽에 구멍이 뚫려 있는 원통에 세탁물을 넣고 원통을 고속으로 회전시키면 원심력에 의해 물이 원통 밖으로 빠져나가는 원리를 이용한 것이다. 원심탈수기의 탈수효과는 원심력에 비례하는데, 원심력은 탈수조의 반지름과 회전속도의 제곱에 비례한다. 그리하여 탈수조의 지름이 크고 회전속도가 크면 탈수효과가 커진다. 탈수 시의 회전속도는 임펠러식 세탁기의 경우 600~1000rpm이며, 수평 임펠러식드럼식 세탁기

23) 오경화, 유혜경, *한국의류학회지*, 21, 251 (1997).
24) KS C9608 전기세탁기, 한국표준협회.

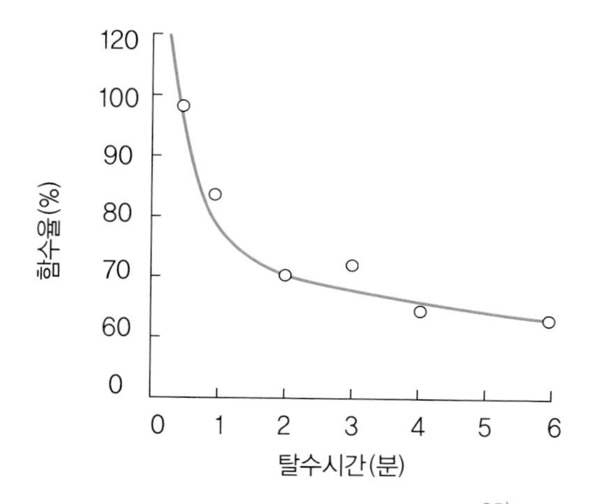

그림 4-27 원심탈수 시간과 함수율[25)]
(시료 : 면직물, 탈수조 반지름 8cm, 회전속도 1500rpm)

는 600~1200rpm으로, 탈수 후에는 100~50%의 수분이 남는다. 탈수는 대략 2~3분이 지나면 함수율의 감소가 적으므로(그림 4-27), 그 이상의 탈수시간은 효과적이지 못하며 옷에 구김만 남게 된다.

6) 건 조

세탁물의 건조는 공기 중에 널어 건조하는 자연건조와 건조기를 사용하는 방법이 있다. 건조시간은 탈수 후 남아 있는 수분의 양, 건조환경, 세탁물의 표면적 등에 의해 결정된다.

(1) 자연건조

자연건조 시 세탁물의 건조속도는 기온이 높고 습도가 낮을수록 빠르며, 바람이 불면 더욱 빨라진다. 흰색의 양모, 견, 나일론, 아크릴 등의 섬유제품은 직사일광에서 황변되기 쉽다. 또한 염색물, 수지가공제품과 형

25) 김성련, *세제와 세탁의 과학*, 교문사, (1998), p.217.

광증백제품은 직사일광에 의해 변색될 수 있으므로 그늘에서 건조하는 것이 좋다.

섬유는 젖었을 때에 변형되기 쉬우므로 옷걸이를 사용하거나, 형체를 잡아 널어서 변형되지 않도록 유의하여야 한다. 편성물은 다량의 수분을 함유하고 있으므로, 가볍게 탈수한 후에 옷걸이 또는 줄에 넓게 펴서 널어 건조하는 것이 좋다. 편성물을 줄에 널 때에는 코스(course) 방향을 줄의 방향과 평행으로 널도록 한다.

(2) 건조기 건조

건조기는 전기 또는 가스로 가열한 열풍에 의해 세탁물에 있는 수분을 빨리 증발시켜 짧은 시간 내에 건조할 수 있다.

의류건조기는 텀블건조기(tumble dryer)라고 하며, 드럼 세탁기의 구조와 같이 앞에서 세탁물을 넣으면 세탁물을 회전시키며 열풍을 가하여 건조한다. 최근에는 세탁기에 건조기능을 함께 가진 것도 생산되고 있다.

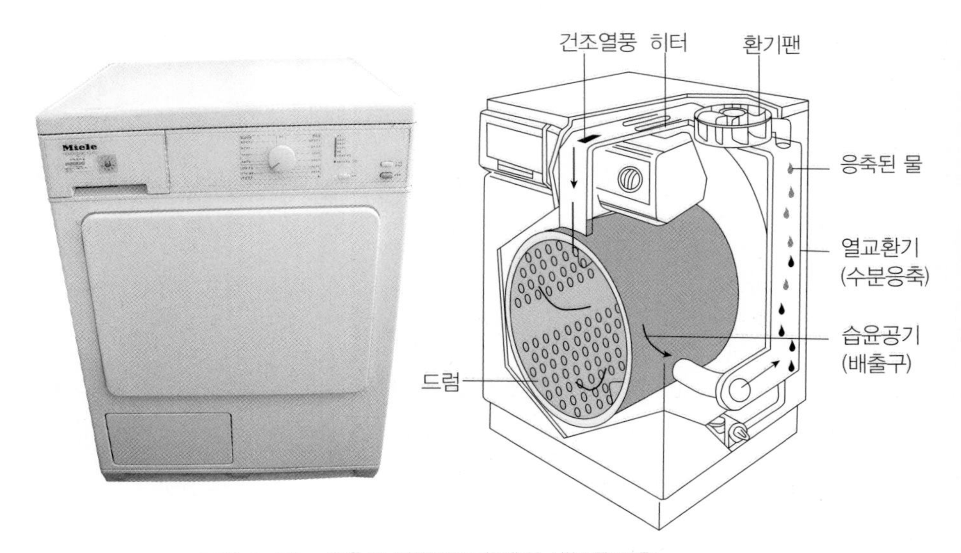

그림 4-28 응축식 열풍건조기(좌)와 내부구조(우)

의류건조기는 뜨거운 공기가 건조기 안에 투입되면 습기를 함유하게 되며, 이 습기를 배출하는 방법에 따라 배기식 건조기(ventilated dryer)과 응축식 건조기(condensing dryer)로 구분된다. 배기식 건조기는 습기를 함유하는 뜨거운 열풍을 밖으로 배출하는 방법으로 옥외로 배출하는 배기관의 시설이 필요하다. 응축식 건조기(그림4-28)는 뜨거운 수증기를 실내의 공기로 수분을 식혀 응축하여 배출하는 방법이다. 우리나라의 의류건조기는 주로 응축식이며, 미국의 건조기는 주로 배기식이다.

의류건조기를 사용할 때에는 열가소성 섬유는 온도에 유의하여 짧은 시간 처리하여야 구김이 고정되지 않으며, 양모 제품 · 고급 직물 · 고무 제품은 열풍건조하지 않는 것이 좋다.

7) 세탁 후처리

세탁과정 중에 섬유가 받은 물리 · 화학작용에 의해 저하된 섬유의 품성을 향상시켜 의류제품의 외관을 좋게 하고 관리를 수월하게 하기 위하여 세탁 후 섬유린스로 처리하거나 푸새를 하는 경우가 있다. 세탁 후처리방법은 효과가 일시적이어서 다음 세탁에 의해 그 효능이 없어지므로 세탁 후에는 다시 처리할 필요가 있다.

(1) 섬유 유연제 처리

섬유제품을 세탁한 후 건조하면 직물을 이루는 실과 섬유가 고정되어 촉감이 매우 뻣뻣하게 되는데, 특히 면직물 등에서 현저하다. 한편 건조한 대기 중에서 합성섬유는 마찰에 의해 정전기가 생성되어 옷감끼리 서로 들러붙거나, 먼지 또는 머리카락이 쉽게 들러붙어 외관이 나빠지고 방전 시에 불쾌감이 생기게 된다.

이 경우에 양이온 계면활성제가 주성분인 섬유린스를 처리하면 계면

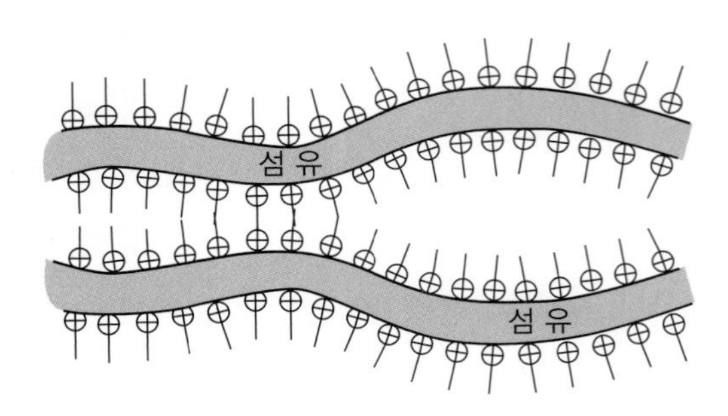

그림 4-29 유연제의 작용

활성제의 양하전을 가진 친수기가 섬유쪽을 향하고 친유기가 밖으로 향하여 흡착한다(그림4-29). 그러므로 섬유의 표면은 친유기로 덮여 실과 섬유 간에 윤활제와 같이 작용하여 유연해지며, 타월 등의 파일 직물에서는 파일이 서서 부피도 증가한다(그림4-30). 또한 소수성 섬유에서는 계면활성제의 친수기에 흡착한 수분에 의해 정전기가 방전되어 대전 방지효과를 얻을 수 있다.

일반적으로 사용되는 섬유 유연제의 주성분은 양이온 계면활성제인 4급 암모늄염으로 염화디스테아릴디메틸 암모늄염(distearyldimethylammonium chloride; DSDMAC)이며, 농축제품에는 양성 계면활성제인 이미다졸린계도 사용된다. 양이온 계면활성제가 주성분인 유연제는 세제에서 세척작

그림 4-30 유연처리에 의해 부풀은 타월의 모양

표 4-10 염화 디스테아릴디메틸암모늄의 흡착량

섬 유	흡착량(mg/g)	섬 유	흡착량(mg/g)
면	1.17	양모	1.20
수지가공 면	1.18	나일론	0.96
면/폴리에스테르	1.17	폴리에스테르	0.57

용을 하는 음이온 계면활성제와 반응하여 침전을 형성하므로 유연제는 마지막 헹굼 과정에 넣어 주어야 한다.

양이온계 섬유 유연제는 합성섬유보다 천연섬유에 흡착하는 계면활성제의 양이 많으며(표 4-10), 유연제의 농도를 너무 높게 사용하면 천연섬유의 흡수성이 저하된다. 최근 시판되는 유연제에는 활성분의 함량이 5% 정도이며, 농축형은 이것의 3~10배가 포함되어 있다. 일반적으로 유연제 중의 계면활성제는 섬유 무게에 대하여 0.1%의 흡착량으로도 충분한 효과를 나타낼 수 있다. 우리나라에서는 물 30ℓ에 유연제 20mℓ를 가하여 사용하게 되어 있다.

그외 섬유 유연제의 처리방법은 건조과정에서 처리하는 것으로, 열풍

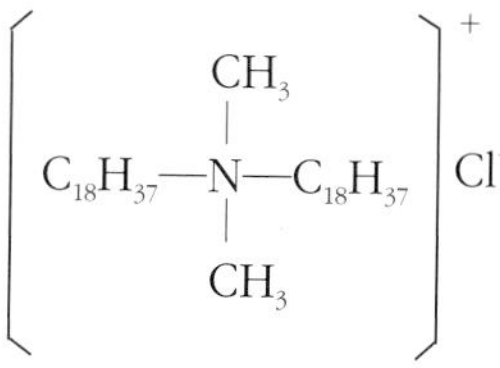

$$\left[\begin{array}{c} CH_3 \\ | \\ C_{18}H_{37}-N-C_{18}H_{37} \\ | \\ CH_3 \end{array} \right]^+ Cl^-$$

DSDMAC(Distearyldimethylammonium chloride)

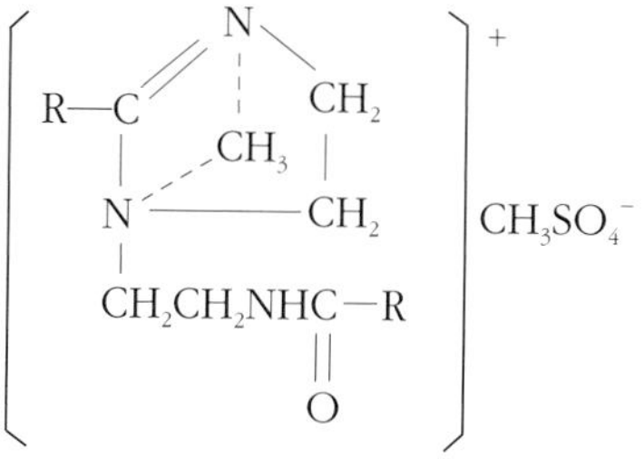

$$\left[\begin{array}{c} R-C(=N-CH_2-CH_2-N(CH_3)-) \\ | \\ CH_2CH_2NHC(=O)-R \end{array} \right]^+ CH_3SO_4^-$$

Alkylimidazoliniummethyl sulfate

그림 4-31 유연제에 사용되는 계면활성제

그림 4-32 유연제(좌로부터 액체형, 분무형, 티슈형)

건조기를 사용할 때에 건조기에 세탁물과 함께 유연제가 부착되어 있는 티슈 형태의 부직포(그림 4-31)를 함께 넣어 주는 방법이다. 이때에는 열에 의해 유연제가 세탁물에 부착하여 유연 효과와 함께 세탁과정에서 세탁물에 부착 된 섬유 부스러기 등과 세탁물의 구김이 어느 정도 제거된다.

그 외에 시판되는 유연제로는 건조된 의류제품에 분무하여 처리하는 것도 있다.

(2) 푸 새

의류제품에 따라서는 힘이 있는 옷감으로 되어 옷의 형체를 유지하는 것이 필요할 때에 세탁 후 푸새를 하게 된다. 의류제품에 푸새를 하면 섬유 표면에 있는 잔털이 눕고, 섬유 간의 간격이 메워지게 되어 표면이 매끈해지고 광택이 좋아진다. 전분 등의 천연재료로 푸새하면 표면이 매끄러워 오염이 덜 되고, 오염물질도 풀과 함께 제거되어 세탁효과도 좋다. 그러나 폴리초산비닐 등의 합성호료는 3~4회의 세탁에도 제거되지 않으며, 오히려 오염성이 증가하고 변색하는 경향이 있다.

점차 합성섬유의 사용이 늘고, 옷감의 부드러운 촉감을 좋아하는 경향이 있어 옷에 풀을 먹이는 빈도는 줄어들고 있다.

풀의 종류에는 다음과 같은 것이 있다.

전분류

전분은 쌀, 밀, 감자, 고구마, 옥수수 등에 다량 함유되어 있다. 전분을 60~80℃로 가열하면 전분입자의 외부를 둘러싸고 있는 아밀로펙틴(amylopectin)이 파괴되고, 그 내부에 있는 아밀로오스(amylose)가 용해되어 나와 호화(糊化, thickening)됨으로써 용액의 점도가 높아진다. 아밀로오스는 글루코오스의 중합도가 수백이지만 아밀로펙틴은 수천~수만이며, 전분을 얻는 원료에 따라 아밀로펙틴과 아밀로오스의 함량이 달라 푸새하였을 때의 효과가 달라진다.

해조류

해조류에 속하는 호료로는 알긴산나트륨이 있다. 알긴산나트륨은 해조류를 물에 끓여 알칼리로 처리하여 얻는다. 알긴산나트륨은 투명하며 점성이 크지 않으나, 견직물에 적합하여 한복용 옷감에 많이 사용된다.

변성 전분류

변성 전분류는 전분을 산, 효소 등으로 부분 가수분해하여 중합도를 떨어뜨려 만든 것이다. 물에서의 용해성과 섬유에의 침투성이 우수하고 투명하여 옷감의 색과 광택을 저하시키지 않는다. 시판되는 분무형의 변성 전분류 호료액은 셔츠의 칼라나 커프스 등에 부분적으로 사용된다.

섬유소 유도체

카복시메틸셀룰로오스(CMC)는 섬유소 유도체 중에서 대표적인 것이다. CMC는 하얀색 분말로 물에 용해하여 사용하나, 용해하는 데 긴 시간이 소요된다. CMC호료는 옷감에 침투성이 좋고 매끄럽고 유연하며 탄력성이 좋은 푸새효과를 나타낸다. 변성 전분류에 비하여 쉽게 부패하지 않는다.

합성호료

폴리비닐알코올(polyvinyl alcohol; PVA)은 폴리초산비닐을 가수분해하여 만든 것으로 물에서의 용해성은 중합도에 따라 달라진다. 일반적으로 중합도가 500~2000이며 가수분해율 86~93%인 것이 용해성이 우수하여 많이 사용된다. PVA는 매우 투명하여 색상이 있는 옷감에 적합하지만, 방오성과 세척성이 약간 떨어진다. 폴리초산비닐(polyvinyl acetate; PVAc)과 폴리아크릴산나트륨(sodium polyacrylate)은 물에 용해하지 않으므로 유화제를 사용하여 유화된 제품을 판매하고 있으며, 이것을 물에 희석하여

표 4-11 섬유용 호료의 종류

호 료	종 류	분 류
천연호료	전분류	쌀, 밀, 옥수수, 감자, 고구마 등
	해조류	알긴산나트륨
화학호료	변성 전분	가용성 전분, 덱스트린
	전분 유도체	카복시메틸스타치 디알데히드스타치 하이드록시에틸스타치
	섬유소 유도체	카복시메틸셀루로오스(CMC) 메틸셀룰로오스(MC) 에틸셀룰로오스(EC) 하이드록시에틸셀룰로오스(HEC)
	합성호료	폴리비닐알코올(PVA) 폴리초산비닐(PVAc) 폴리아크릴산나트륨 폴리비닐메틸에테르 폴리에틸렌옥사이

사용한다. 푸새 처리 후 다림질로 가열하면 옷감이 강직해지며, 호료가 불용성이므로 4~5회의 세탁에도 내구성을 가진다.

푸새 시 사용하는 호료의 농도는 의복의 종류와 개인의 취향에 따라 차이가 있다. 일반적으로 밀가루는 약 1%, PVA와 CMC는 0.1~0.3%, PVAc 합성호료는 1% 내외의 농도로 사용한다. 푸새 처리는 적합한 농도로 희석한 호료용액에 푸새할 의류를 넣고 3~5분 동안 세탁기에서 처리한 후, 10초 정도 가볍게 탈수하여 건조한다. 손세탁하는 경우에는 액비 1:3~1:4의 호료용액에서 호료가 균일하게 침투하도록 뒤집어 주며 5~10분 동안 처리한다.

분무방법은 의류제품에서 10~20cm 떨어져서 45° 의 각도로 분무한 후 건열로 다림질하며, 원하는 정도로 빳빳하게 될 때까지 소량씩 수차례에 걸쳐 분무와 다림질을 반복한다.

제 5 장

전문세탁

의류소재가 다양해지고, 소비자의 생활양식이 변화하면서 세탁을 전문점에 의뢰하는 경우가 많아지고 있는데, 특히 호텔이나 병원 등의 업체나 기관에서는 대량의 세탁물을 전문적으로 세탁해야 하므로 자체의 시설을 갖추거나 전문세탁점에 용역을 주게 된다. 이때 전문세탁점은 소비자의 가사노동을 줄여 줄 뿐만 아니라, 가정에서 취급하기 어려운 세탁물을 전문적으로 안전하고 깨끗하게 세탁할 수 있다는 장점이 있다. 최근에는 이러한 세탁전문점들이 보다 전문적이고 대형화 또는 특성화하는 추세에 있어 소비자들에게 신속하고 저렴하면서도 다양한 서비스를 제공하고 있다.

1. 물세탁

물세탁은 웨트클리닝과 론더링으로 나뉜다. 웨트클리닝은 저온의 물을 사용하여 옷감이 손상되지 않도록 하는 섬세한 세탁방법이고, 론더링은 백색 면이나 마직물을 비교적 고온의 강력한 세제를 사용하여 백도를 향상시키는 세탁법이다.

1) 웨트클리닝

웨트클리닝은 합성피혁제품 · 표면처리된 피혁 · 고무 입힌 것 · 안료 염색된 제품 등 드라이클리닝을 할 수 없는 소재, 양모나 견 등과 같이 론더링이 불가능한 소재, 그리고 강한 물세탁은 할 수 없지만 땀 등의 수용성 오구에 의해 심하게 오염된 소재 등에 대하여 행한다.

세제는 중성세제를 사용하여 손빨래를 하거나 솔로 문질러 세탁하되 의복의 형태와 소재에 따라 세탁방법을 선택한다. 워셔를 사용할 때에는 론더링과 달리 소형이고, 회전속도도 느린 것을 사용하며 세탁물을 세탁망에 뒤집어 넣어 약하게 처리한다. 본세탁이 끝나면 원심탈수기에 넣어 가볍게 탈수하거나 형태가 쉽게 변하고 색이 빠지기 쉬운 세탁물은 타월에 싸서 손으로 눌러 짠다. 탈수한 후에는 가능한 한 자연건조하며 늘어나기 쉬운 의류는 평평한 곳에 뉘어 말린다. 색상이나 형태에 있어서 손상받기 쉬운 의류는 같은 종류끼리 소량으로 세탁하는 것이 안전하다.

2) 론더링

론더링은 면 · 마직물로 된 흰색 세탁물의 백도를 회복하기 위한 고온세탁과 수지가공 면직물이나 혼방직물, 염색물 등을 위한 중온세탁으로

그림 5-1 최신 전자동워셔

표 5-1 백색 면직물의 고온세탁[1)]

공정	수심도	온도(℃)	시간(분)	첨가물
예비세탁	5	25	3	규산나트륨
본세탁	4	70	10	비누 · 규산나트륨
본세탁	4	80	10	비누 · 규산나트륨
표백	4	70	7	비누 · 규산나트륨 · 하이포아염소산나트륨
헹굼	6	70	5	
헹굼	6	40	5	
헹굼	8	40	5	
산처리	4	25	5	규불화나트륨
증백	8	25	5	형광증백제
푸새	3	50	10	전분호

표 5-2 수지가공 면직물 및 면 폴리에스테르 혼방직물의 중온세탁[1)]

공정	수심도	온도(℃)	시간(분)	첨가물
본세탁	4	55	7	합성세제(약알칼리성, 표백제)*
본세탁	4	60	5	합성세제(약알칼리성, 표백제)*
본세탁	4	60	10	합성세제
헹굼	8	60	3	
헹굼	8	70	3	
헹굼	8	25	5	

*과붕산나트륨 또는 과탄산나트륨 농도 0.2~0.3%, 처리시간 20분

나누어진다. 일반적으로 오염의 정도가 심한 의류나 병원 · 호텔 · 식당 등에서의 세탁물, 속옷류, 와이셔츠, 작업복, 흰색 의류 등을 세탁하게 되므로 세척효과를 크게 하고 위생적인 처리를 하기 위하여 높은 온도에서

1) 辻薦, *洗淨과 洗劑*, 地人書館(日), (1992), pp.150~151.

표백제를 사용하여 강한 회전력으로 세탁을 하게 된다.

론더링에는 워셔(washer)라고 하는 대형 이중드럼식 세탁기를 사용한다(그림 5-1). 이 이중드럼식 세탁기의 내부구조와 세탁의 원리는 가정용 드럼식 세탁기와 비슷하며, 액량비는 1:4~5로 세탁물에 대하여 4~5배량의 세액을 사용한다. 워셔의 내부드럼 직경이 클수록 주속도가 크고 세탁물이 낙하되는 거리도 커지므로 세탁효과는 증가한다. 그러나 주속도가 어느 한계를 넘으면 원심력에 의해 세탁물이 내부드럼의 주변에 부착된 상태로 회전하고 아래로 떨어지지 않으므로 오히려 세탁효과가 떨어진다.

론더링의 세탁공정은 예비세탁 · 본세탁 · 표백 · 헹굼 · 산처리 · 증백 또는 블루잉 · 푸새 · 건조의 순으로 진행되는데, 시트나 수건 등의 고온세탁과 면/폴리에스테르 혼방 와이셔츠 등의 중온세탁의 세탁공정의 예를 들면 표 5-1, 5-2와 같다.

(1) 예비세탁

예비세탁은 고온세탁에서 본세탁에 앞서 수용성 오구, 열에 의해 변질되기 쉬운 오구, 비누와 결합하기 쉬운 오구 등을 미리 제거하여 본세탁의 부담을 줄이고 세탁효과를 향상시키는 과정이다. 예비세탁액은 0.2~0.3%의 메타규산나트륨을 사용하여 상온에서 비교적 단시간 처리한다.

(2) 본세탁

고온세탁에서의 본세탁은 표백을 포함하여 3회, 중온세탁의 본세탁은 2회 반복세탁하며, 세제는 비누가 적당하다. 비누의 농도는 0.2%가 적당한데 첫 본세탁에서는 세탁물이 비누를 흡착하므로 표준보다는 약간 과량(0.3% 정도)을 사용하고 2회부터는 0.2%로 줄여 사용해도 된다. 비누에

20%의 비이온 계면활성제를 배합하면 세탁과 함께 헹구기 효과도 좋아진다. 비누는 알칼리 조건(pH 10.7)에서 가장 좋은 세탁효과를 나타내므로 처음 비누액의 pH는 약 11~11.5로 만들어 주는 것이 좋다. 이때 사용되는 알칼리로는 세탁효과와 가격을 고려하여 메타규산나트륨(Na_2SiO_3)이 많이 쓰이며, 사용농도는 처음에는 0.2%, 2회부터는 0.1%로 하는 것이 알맞다. 중온세탁에는 비누 대신 수용성이 좋은 약알칼리성 합성세제를 사용하는 것이 무난하다.

(3) 표 백

얼룩을 제거하고 섬유의 황변 · 회색화를 방지하고, 살균을 위하여 표백제를 사용하는데 고온세탁에서는 마지막 본세탁에 표백제를 비누와 함께 첨가한다. 표백제로는 주로 하이포아염소산나트륨이 쓰이며, 이때 섬유의 손상을 방지하기 위해서는 유효염소농도 0.01% 정도, pH 10.5 내외, 온도 65~70℃에서 세탁시간 10분의 조건을 엄격하게 유지하는 것이 중요하다.

수지가공제품은 하이포아염소산나트륨 대신 과붕산나트륨이나 과탄산나트륨을 사용하는 것이 좋다. 이때는 첫 본세탁에 0.2%를 첨가하고 세탁시간은 20분 정도로 다소 길게 하는 것이 적당하다.

(4) 헹 굼

헹굼은 세탁효과를 좌우하는 중요한 공정이다. 헹굼 시간은 3~5분, 헹굼 횟수는 3회 정도가 좋다. 첫 헹굼에서는 본세탁의 온도와 같거나 조금 높은 것이 바람직한데, 이것은 고온에서 용해되었던 오구와 비누가 낮은 온도에서는 용해되지 못하고 재오염될 수 있기 때문이다. 두 번째 헹굼부터는 온도를 조금씩 낮추어도 된다. 헹구기 전에 그리고 헹굼과 헹굼 사이에는 탈수를 하는 것이 헹굼 효과를 높이고 물을 절약할 수 있다.

(5) 산처리

산처리는 남아있는 알칼리를 중화하고, 금속비누와 표백제를 분해하며, 철을 비롯한 산에 녹는 오구를 용해 · 제거한다. 또 섬유에 광택을 주고, 황변을 방지하며, 살균효과도 있어 론더링에서는 필수적인 공정이다. 산처리에는 주로 규불화나트륨(Na_2SiF_6)이 쓰이는데, 휘발성 산이어서 건조과정에서 휘발하므로 다시 헹굴 필요가 없다. 워셔를 돌리면서 pH 5~5.5가 되도록 규불화나트륨을 첨가하고, 40℃ 이하에서 3~5분간 처리한다.

(6) 증 백

세탁한 후 세탁물의 백도를 높이기 위하여 증백을 필요로 할 때가 있는데, 세탁물의 무게에 대하여 0.05%의 형광증백제를 미리 적당한 양의 물에 용해하여 워셔를 돌리면서 첨가하고 상온에서 5~10분간 처리한다.

(7) 푸 새

세탁 후 푸새할 필요가 있을 때에는 1~2%의 호액으로 50~60℃에서 5~10분간 처리한다. 이때 온도가 낮으면 풀의 유동성이 떨어져 풀이 골고루 침투하지 못한다. 면직물에는 주로 전분호가 쓰이며, 전분호에 10% 정도의 CMC를 첨가하면 효과가 좋고 인조섬유에도 풀이 잘 먹는다.

2. 드라이클리닝

드라이클리닝은 건식세탁이라고도 하는데, 물을 사용하지 않고 유기용제로 오구를 제거하는 수단을 말한다. 유기용제가 오구제거에 쓰이게 된 것은 1690년경 의복에 묻은 심한 기름얼룩을 제거하는 데 터펜타인유를 사용하게 되면서부터였다. 그후의 기록을 종합하면, 대략 1810년경부터 프랑스와 독일에서 터펜타인유를 이용한 것이 소위 드라이클리닝의 시초인 것으로 보인다[2).

물은 섬유를 팽윤시키는데 이것이 건조되고 나면 변형의 원인이 된다. 따라서 양모, 견과 같이 물세탁에 의해 손상되기 쉽거나, 여러 가지 소재로 구성되어 있어 물속에 들어가면 형체가 변하기 쉬운 의복, 세탁견뢰도가 좋지 않은 염색물 등은 유기용제로 세척하면 섬유와 옷의 변형을 방지하면서 기름오구뿐 아니라 기름오구와 함께 부착되었던 다른 오구도 제거할 수 있다. 최근 여러 가지 새로운 의복소재가 개발되고, 의생활도 다양화 됨에 따라 드라이클리닝의 중요성이 커지고 있다.

1) 드라이클리닝용 용제의 조건

드라이클리닝에 사용되는 용제는 다음과 같은 조건을 가져야 한다.

① 오구를 용해 · 분산하는 능력이 커야 한다.

용제의 용해력을 나타내는 데는 카우리부탄올가(kauri butanol value; KBV)가 쓰인다. 이 카우리부탄올가는 천연수지인 카우리검(kaurigum) 20g을 100g의 부탄올에 용해한 용액 20g에 시험하고자 하는 용제를 적하(滴下)하여 백탁이 될 때까지 들어간 용제의 양(mℓ)으로 나타낸다. KBV가 클수록 유성물질을 용해하는 능력이 커서 클리닝효과도 좋다고 할 수 있으나, KBV가 너무 크면 캐시미어 · 모헤어 · 견 · 모피 등에 있는 미량의 지질성분까지 제거하여 광택이나 촉감이 손상되고, 의류에 사용된 접착제나 플라스틱 부속품 등이 용해될 가능성이 있다.

---

2) S. M. Edelstein, *Amer. Dyestuff Reptr.*, 46, 28 (1957).

② 표면장력이 작아 옷감에 침투가 용이해야 한다.

③ 섬유 및 염료를 용해시키거나 손상하지 않아야 한다.

④ 비중이 적당히 커서 세탁기가 회전할 때 충격에 의한 기계력을 줄 수 있어야 한다.

⑤ 건조가 쉽고 특별한 냄새를 의복에 남기지 않는 것이 좋다.

⑥ 독성이 적어서 세탁하는 과정에서 유해한 환경을 만들지 않아야 한다.

용제의 독성을 나타낼 때 보통 허용농도(threshold limit value; TLV)가 쓰이는데, 이것은 1일 8시간을 작업하여도 안전한 공기 중의 한계농도를 ppm으로 표시한 것이다. 따라서 TLV가 작을수록 독성이 큰 용제임을 나타낸다. 그러나 실제 작업환경은 허용농도가 큰 용제라 할지라도 휘발성이 크면 공기 중의 농도가 높아져 작업 중에 흡입할 가능성이 크므로 중독의 위험성은 크고, TLV가 낮더라도 휘발성이 아주 작은 용제는 공기 중의 증기의 농도가 낮아서 그만큼 안전하다고 할 수 있다.

⑦ 인화성이 없어서 취급이 안전해야 한다.

⑧ 회수, 정제가 용이하고 정제과정에서 변질되지 않는 것이 바람직하다.

⑨ 다량을 사용하여도 경제성이 있을 정도로 저렴해야 한다.

2) 드라이클리닝용 용제의 종류

드라이클리닝에 사용되는 유기용제는 탄화수소용제와 할로겐화 탄화수소용제 두 가지로 구별된다. 이 중 탄화수소용제는 인화성을 가진 것이 많아 화재의 위험성이 크다. 반면 할로겐화 탄화수소용제는 인화성은 없으나 독성을 가진 것이 많다.

(1) 탄화수소용제

석유계 드라이클리닝용 용제는 석유 정제과정에서 얻어지는 제품으로 지방족 포화탄산수소(paraffin)를 주성분으로 하고 여기에 방향족 탄화수소와 나프텐을 적당히 포함하고 있어(표 5-3) 좋은 용해력을 가지고 있다. 이 용제는 값이 싸고, TLV가 500ppm으로 독성이 적으며, 용해력이 합성 용제에 비해 온화하고(KBV 34), 비중이 0.70 내외로 작아서 기계력이 작아 견직물 같은 섬세한 섬유에 적당하다. 그러나 세척력이 약하여 세탁시간이 길고, 물과의 친화성이 전혀 없으므로 수용성 오구를 제거하기 어려우며 세탁 후 옷에 석유 냄새가 남아 착용할 때 불쾌감을 줄 수 있다. 순수한 물질이 아니고 여러 가지 탄화수소의 혼합물로 되어 있어서 일정한 끓는점을 가지지 않고 넓은 온도범위에서 증류된다. 끓는점이 높아서 증류할 때 감압장치가 있어야 하고 인화점이 약 40℃ 정도이므로 화재의 위험성이 있다.

최근에는 일반 석유계 용제에 수소를 첨가하여 방향족 탄화수소를 모두 나프텐으로 전환한 저방향족 석유계 용제가 개발되었는데, 재래의 석유계 용제보다 인화점이 높고(45℃), 독성이 재래 석유계 용제의 1/3정도로 안전하며, 건조가 빠르고 냄새가 없다는 장점이 있다.

표 5-3 석유계 용제의 일반 조성[3)]

성 분	조 성(%)
지방족 탄화수소	44~64
나프텐	18~33
방향족 탄화수소	8~23

3) 辻薦, *드라이클리닝技術*, 高分子刊行會(日), (1970), p.21.

(2) 할로겐화 탄화수소 용제

석유계 용제는 용해력이 좋고 값도 싸서 널리 쓰이고 있지만 화재의 위험성이 크다. 그래서 탄화수소에 염소 또는 불소를 결합시켜 만든 불연성인 합성용제가 1930년경부터 드라이클리닝에 쓰이게 되었다. 그러나 이러한 할로겐화 화합물은 대체로 독성이 크므로 취급할 때 주의하여야 하며 드라이클리닝할 때는 밀폐장치가 필요하다.

퍼클로로에틸렌

퍼클로로에틸렌(perchloroethylene), 즉 사염화에틸렌(CCl_2CCl_2)은 현재 가장 많이 쓰이는 드라이클리닝 용제 중의 하나로, 무색이고 독특한 냄새를 가진 액체이며, 끓는점 121.2℃, 비중 1.623인 불연성 액체이다. KBV가 90으로 용해능력은 온화한 편이나 석유계 용제에 비해 용해력과 비중이 커서 섬세한 고급 옷의 클리닝에는 부적합할 때가 있다. 물과는 다소 친화력을 가지고 있어 소량이나마 서로 혼합된다. TLV는 50ppm으로 독성이 삼염화에틸렌과 비슷하지만 휘발성이 적으므로 VHI는 삼염화에틸렌보다 작아서 취급이 용이하다. 비점이 낮고 불연성이어서 증류에 의한 정제가 쉽다. 드라이클리닝용 용제로 장점이 많아서 점차 널리 이용되는 추세였으나 최근 독성과 환경오염이 문제가 되고 있다.

삼염화에탄

삼염화에탄(1, 1, 1-trichloroethane, CH_3CCl_3)은 약한 냄새를 가진 무색 액체로 끓는점 73.9℃, 비중 1.338로 불연성이다. 비교적 독성이 적어 TLV가 200ppm이나 휘발성이 커서 VHI는 퍼클로로에틸렌보다 크다. 표면장력이 작고, KBV가 124로 용해력이 대단히 좋아서 중요한 드라이클리닝용 용제의 하나이나 섬세한 옷감은 손상될 염려가 있다. 증기압이 비교적 높아서 빨리 휘발하고 끝에 냄새가 남지 않는다. 끓는점이 낮아 비교적 간단한 증류장치로 증류정제가 가능하다. 그러나 오존층을 파괴하는 물질로 알려져 규제가 되고 있다.

염불화탄화수소

이에 속하는 화합물로는 삼염화일불화메탄(trichlorofluoromethane; $CFCl_3$, F 11; Freon11)과 삼염화삼불화에탄(1,1,2-trichloro-1,2,2-trifluoroethane; CCl_2FCClF_2, F 113; Freon 113)이 있다.

F113은 끓는점 47.6℃, 비중 1.576의 냄새가 없는 투명한 휘발성 액체로서 불연성이다. 독성도 적어서 TLV가 1,000ppm으로 트리클로로에틸렌과 퍼클로로에틸렌의 1/20, 벤젠의 1/100에 불과하여 비교적 안전하다. 표면장력이 아주 작고(17.8dyne/cm) 용해력이 온화하여 섬세한 고급 옷의 클리닝에는 퍼클로로에틸렌보다 적합하다. 끓는점이 낮아서 증류정제가 쉽고, 증기압이 커서 건조가 빠르고 옷에 냄새가 남지 않는 것도 장점이다.

염불화탄화수소는 오존층을 파괴하는 물질로 알려져 생산과 사용이 규제되고 있다.

3) 드라이클리닝용 세제

드라이클리닝은 유기용제에서 행해지므로 친수성 오구의 제거가 어려우며, 섬유와 오구의 전기적 반발력이 작고 판데르발스 인력이 커서 재오염이 일어나기 쉽다. 이때 계면활성제를 첨가하면 친수성 오구 표면에 계면활성제가 흡착·배열되면서 섬유로부터 쉽게 분리되고 재오염이 방지된다. 유기용제에서 형성되는 미셀은 친유기가 용액쪽으로 향하고 친수기가 미셀의 내부쪽으로 향하여 수용액에서와는 그 방향이 반대이므로 역미셀이라고 한다(그림 5-2). 또 소량의 물이 미셀 속에 가용화되면 친수성 오구의 제거가 훨씬 용이해지며, 이를 차지법(charge system)이라고 한다.

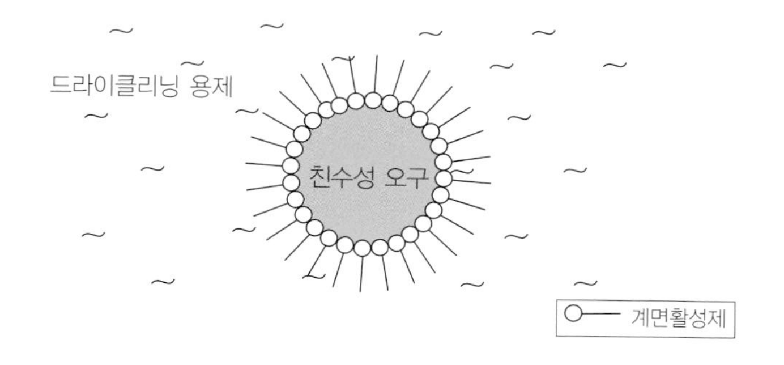

그림 5-2 역미셀

드라이클리닝에 사용되는 세제는 드라이소프(dry soap)라고도 하며, 계면활성제를 유기용매에 40~90%까지 용해하여 만든다. 이때 쓰이는 계면활성제는 유기용매에 용해되는 것이어야 하므로 일반 세탁에서 사용하는 것보다 HLB가 상당히 낮은 것(3~4)이어야 한다. 또한 드라이클리닝용제의 종류와 세탁물의 오염정도에 따라서도 계면활성제의 종류와 양이 달라진다. 유기용매 외에 소량의 수분, 대전방지제, 유연제, 형광증백제 등이 첨가되기도 한다. 특히 석유계 용제로 세탁할 때는 정전기 발생으로 인한 폭발의 위험성이 크므로 대전방지처리를 하는 것이 중요하다. 표 5-4~표 5-7은 용도별 드라이소프의 처방을 예를 든 것이다.

세제의 적당 사용량은 1~2%로 일반 물세탁에서의 세제 사용량에 비해 상당히 높은데, 이는 유기용제에서는 계면활성제의 농도가 높을 때만 미셀을 형성하기 때문이다. 그러나 최근에는 용제를 첨가하지 않은 농축형 소프가 개발되어 0.3~0.5%정도만으로도 세탁할 수 있어 점차 많이 이용하고 있는 추세이다.

4) 드라이클리닝의 특징

물세탁을 하면 섬유가 크게 팽윤하는데, 이것이 건조할 때 수축하면서

표 5-4 전처리용 세제[4)]

성 분	조 성(%)
트리온 x-114*	50.0
퍼클로로에틸렌	40.0
이소프로필알코올	5.0
물	5.0

*Octylphenol ethoxylate(7~8mol)

표 5-5 일반 드라이클리닝용 세제[5)]

성 분	조 성(%)
노닐페놀폴리옥시에틸렌(9몰)	40
알킬벤젠술폰산	33
모노에탄올아민	7
프로필렌글리콜	17
부틸셀로솔브*	3

*Butyl Cellosolve : ethyleneglycol monobutyl ether

표 5-6 석유계 용제용 세제[6)]

성 분	조 성(%)
올레산소르비탄	33
알킬벤젠술폰산모노에탄올아민염	30
알킬벤젠술폰산트리에탄올아민염	15
용 제	22

표 5-7 퍼클로로에틸렌용 세제[6)]

성 분	조 성(%)
피마자유 폴리옥시에틸렌(3몰)에테르	15
알킬벤젠술폰산모노에탄올아민염	62
용제(퍼클로로에틸렌)	23

4) E. W. Flick, *Institutional and Industrial Cleaning Product Formulations*, Noyes Pub. (1985), p.168.
5) A. Davidsohn and B. M. Milwidsky, *Synthetic Detergents*, John Wiley & Sons, (1978), p.236.
6) 辻薦, *洗淨과 洗劑*, 地人書館(日), (1992), p.158.

형태의 변형을 초래하게 된다. 또한 수용성의 염료는 반복되는 세탁에 의해 물이나 세제에 의해 용해되어 씻겨 나가면서 퇴색되는 경우가 많이 있다. 그러나 유기용제는 직물의 변형을 크게 초래하지 않고 염료를 용해하지 않으므로 드라이클리닝을 하면 의복의 형태나 색상을 그대로 보존할 수 있다. 일반적으로 드라이클리닝을 하면 지용성 오구의 제거가 용이하고 수용성 오구는 제거하기가 어려우며, 소수성 섬유에서는 오구의 제거가 쉽지만 친수성 섬유에서는 효과가 크지 않다.

그리고 유기용제는 값이 비싸서 사용 후 회수하여 다시 사용하지만 회수과정에 드는 비용도 적지 않으므로 헹굼을 생략하거나 1~2회에 그치게 된다. 따라서 드라이클리닝을 하면 세척효과가 좋지 못하고 또한 재오염이 되기 쉽다. 이와 같은 이유로 드라이클리닝을 되풀이하면 오구가 축적되어 점차 더러워지는 경우가 있다.

5) 드라이클리닝 공정

드라이클리닝 과정은 수용성 오구의 제거가 어렵고, 용제가 비싸서 사용한 용제를 여러 번 재사용하게 된다. 이때 용제의 독성은 인체에 유해하고 환경오염의 원인이 되므로 외부에 유출되지 않도록 하며, 인화성이 있는 용제를 사용할 때는 화재나 폭발이 일어나지 않도록 철저한 관리를 해야 한다.

드라이클리닝을 하기 전에는 의복재료나 단추 등 부속품이 유기용제에 의해 변질되거나 취화하는지에 대한 점검을 하고, 소재의 종류, 오염정도, 색상 등에 따라 세탁물을 분류하는 것이 좋다. 이상의 간단한 과정을 마친 후 다음의 순서로 드라이클리닝이 진행된다.

(1) 전처리

드라이클리닝을 하면 친수성 오구를 잘 제거하지 못하고, 유기용제를 마음껏 사용하여 액량비를 크게 하거나 헹구기를 충분히 할 수 없기 때문에 심한 오염은 미리 제거하는 것이 효율적이다. 제거하기가 어려운 오구로 오염되었거나 심하게 오염된 부분에 전처리액을 묻힌 솔로 두드리거나 가볍게 문질러 씻어내거나 농축 세제액으로 스프레이하여 제거한다. 이때 전처리액으로는 용제와 세제를 혼합한 것에 물을 가용화한 것이 좋다. 용제는 독성이 적은 것을 사용하고 세제는 물의 가용화력이 큰 전처리용 세제를 선택하는 것이 바람직하다.

전처리에 의해 옷감의 변형이나 변질이 생기지 않는가를 먼저 충분히 검토하여야 하며, 세제의 농도가 높으면 본세탁에서도 완전히 제거되지 않고 옷에 남아 있어 후에 변색되는 일이 있으므로 섬세한 옷감은 전처리를 하기 전에 세제를 넣지 않은 깨끗한 용제로 적신 다음 전처리하는 것이 안전하다.

(2) 본세탁

전처리가 끝나면 본세탁에 들어가게 된다. 용제와 함께 워셔에 넣은 후 친수성의 오구도 깨끗하게 세척하기 위해 드라이소프를 첨가하게 된다. 드라이클리닝 시스템에서는 재오염이 잘 되므로 색상이나 오염정도에 따라 세탁물을 분류하는 것이 좋다. 워셔는 용제의 종류에 따라 그 구조와 조작법이 달라진다.

탄화수소용제

탄화수소용제는 독성이 적어 개방식 워셔를 사용할 수 있으나 현재 개방식 워셔를 사용하는 곳은 드물고, 대부분 용제의 여과장치만 있고 증류장치는 부착되어 있지 않은 콜드머신을 사용하고 있다(그림5-3). 또한 탄

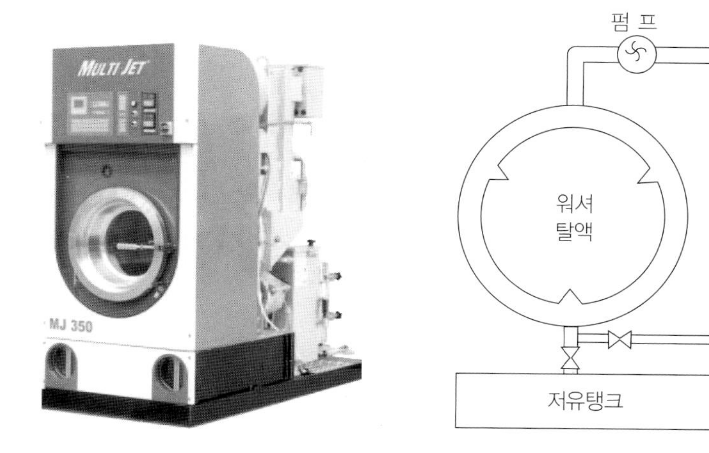

그림 5-3 콜드머신(좌)과 내부구조(우)

화수소용제는 인화점이 낮아 인화 또는 폭발할 위험이 있으므로 방폭장치를 필요로 한다.

액량비는 1:6정도가 되도록 하며, 탄화수소용제는 비교적 세척력이 약하므로 세척시간은 20~30분이 필요하다. 그러나 섬세하고 상하기 쉬운 의류는 세탁망에 넣거나 세탁시간을 단축하여야 한다.

할로겐화 탄화수소용제

할로겐화 탄화수소용제용 워셔는 대부분이 밀폐형 핫머신으로 세척·탈액·건조 그리고 용제의 정제를 한 장치 내에서 할 수 있다. 그러므로 용제를 세척장치와 정제장치 사이에서 순환시켜 효율적인 세척을 할 수 있다. 또 장치가 완전히 밀폐되어 있어 용제가 외부로 흘러나올 염려가 없어 독성의 위험도 없다.

그림 5-4는 퍼클로로에틸렌용 자동 드라이클리닝 장치와 그 내부구조이다. 이중 통증으로 된 세척조 밑에 용제탱크(베이스 탱크)가 있고, 그 오른쪽에 용제의 증류와 여과장치가 있다. 세척조 위에는 건조와 탈취를 위

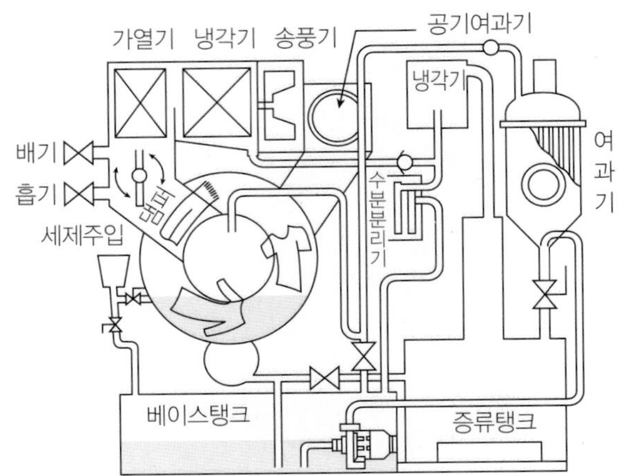

그림 5-4 퍼클로로에틸렌 자동 드라이클리닝 장치(좌)와 그 내부구조(우)

한 송풍 · 냉각 · 가열장치를 갖추고 있다.

퍼클로로에틸렌은 세척력도 좋고 액체의 비중이 커서 액체에 의한 기계적 힘의 작용이 크므로 비교적 짧은 시간에 세탁을 할 수 있다. 세척 시 용제의 온도는 약간 높은 것이 효과가 있으나 35℃를 넘지 말아야 하며, 건조할 때 공기 온도는 60℃ 이하가 좋다.

(3) 헹 굼

일단 본세탁이 끝나면 다시 깨끗한 용제를 사용하여 한 번은 헹구는 것이 좋으나, 세제를 쓰지 않았을 때에는 헹굼을 생략하는 경우가 많다. 또는 필요에 따라서는 헹굼 · 탈액이 끝난 다음 신선한 용제로 한 번 더 헹구기도 한다.

(4) 탈 액

원심분리기를 사용하여 용제를 탈액하게 되는데, 탈액을 충분히 해야 용제 중의 오구와 세제 등이 옷에 남지 않아 세탁물이 깨끗하게 되며 또한 건조공정에서 에너지를 줄이고, 화재의 위험, 가스중독의 피해를 감소시킬 수 있다. 그러나 탈액이 너무 지나치면 세탁물에 구김이 발생하고 변형이 될 가능성이 있다. 섬유에 따라 다소 차이가 있어 면이나 양모는 3분 정도, 견은 1분~1분 30초가 적당하고, 합성섬유는 더 짧게 하는 것이 좋다.

(5) 건 조

탈액을 하고나면 텀블러(tumbler)라는 열풍건조기를 사용하여 50~70℃에서 10~30분 정도 건조하며, 이때 증발된 용제는 냉각기에 보내져 회수된다. 건조가 끝나면 냉풍을 불어넣어 옷을 건조기 내에서 냉각하는 것이 세탁물에 구김이 덜 생기고 냄새도 덜 나게 한다.

일반적으로 드라이클리닝을 하는 의복은 열이나 약제에 민감한 것들이므로 되도록 낮은 온도에서 풍량을 많이 사용하는 것이 의복의 손상을 방지하는 데 좋고, 특히 열에 약한 것은 그늘에서 바람에 말리는 것이 안전하다.

6) 드라이클리닝 세척효과에 영향을 미치는 인자

드라이클리닝은 오구의 종류와 특성에 따라 제거되는 메커니즘이 다르므로 세척효과에 영향을 미치는 인자가 달라진다.

(1) 지용성 오구

지용성 오구는 유기용제에 용해되므로 세척이 잘 된다. 특히 용제의 KBV가 크고, 액비가 클수록, 온도가 높을수록 효과가 있다. 세척과정 중에 용제를 증류함으로써 용제에 녹아 있는 오구의 농도를 낮추어 용제를 깨끗하게 유지하는 것이 바람직하다. 세제를 첨가하는 것이 세척작용을 도와주지는 않으며, 오히려 지나치게 첨가하면 세척효과가 떨어진다.

(2) 고형 오구

전기 이중층에 의한 섬유와 오구 간의 반발력이 크지 않으므로 고형 오구는 제거되기 어렵고 재오염이 생기기 쉽다. 그러나 지용성 오구와 결합하여 의복에 부착되어 있는 고형 오구는 지용성 오구가 용제에 의해 용출될 때 함께 용제 속에 분산된다.

세제를 첨가하면 전기 이중층이 형성되어 세척성이 향상되고, 재오염을 방지하는 데 도움을 준다. 그러므로 세제의 농도가 적당하게 높아지면 (4% 내외) 세척효과가 좋아진다. 또한 고형 오구는 필터에 의해 여과되므로 제거하기가 비교적 쉽다. 드라이클리닝 중에도 용제를 계속 빠른 속도로 필터를 통과시키면 세척효과가 좋아진다.

(3) 수용성 오구

수용성 오구는 유기용제에 용해되지 않으므로 세제를 어느 정도 이상 첨가해 주어야 세척성이 향상된다. 특히 세제와 함께 소량의 물을 첨가하여 물을 가용화시키는 차지법을 이용하면 용제의 수용성 오구 세척효과가 현저히 증가한다(그림 5-5). 이때 용제 중에 가용화된 수분의 양이 최대인 상태를 용제의 습도가 100%가 되는 점이라 한다. 물세탁에 의해 손상을 받기 쉬운 섬세한 섬유는 용제의 습도가 100% 이상이면 손상을 받게 된다. 그러나 용제의 습도가 100% 이하일 때에는 물에 의한 손상을 받지 않으면서 가용화된 물에 의해서 수용성 오구도 제거될 수 있다(그림 5-6).

일반적으로 마일드 차지(mild charge)법이라 하여 세제를 용제에 대하여 1~1.5% 첨가하고 습도가 75% 이하가 되게 물을 가용화하는 것이 보통이다. 이는 세탁물이 수분을 많이 함유하고 있으면 쉽게 용제의 습도가 100% 이상이 되어 가용화 상태를 지나 유화상태가 되어 세척효과가 떨어지기 때문이다. 또 습도가 너무 높으면 지용성 오구와 고형입자 오구의 세척성이 떨어지게 된다. 이에 반해 스트롱 차지(strong charge)법은

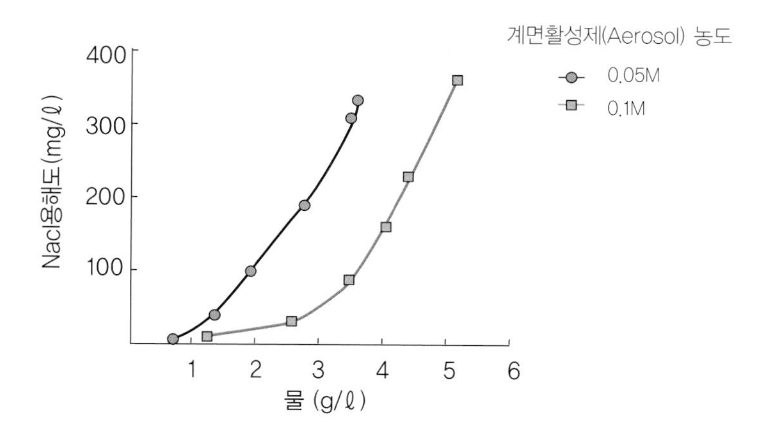

그림 5-5 물의 첨가량에 따른 퍼클로로에틸렌의 소금 용해도[7)]

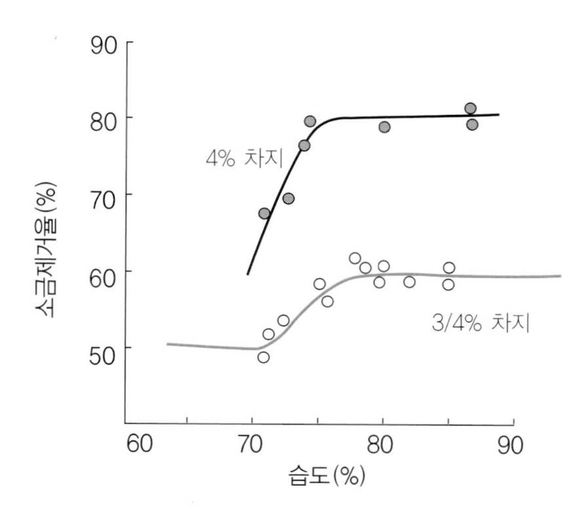

그림 5-6 용제의 습도와 소금의 제거율[8)]

7) C. M. Aebi and J. R. Wiebnsh, *J. Colloid Sci.*, 14, 164 (1959).

8) A. R. Martin and G. P. Fulton, *Drycleaning Technology and Theory*, Wiley Interscience, (1958), p.161.

세제의 농도를 4%까지 가용화할 수 있어 수분의 양이 많아지므로써 수용성 오구의 세척효과를 향상시키는 방법이다. 그러나 이 방법은 헹굼에 많은 비용과 시간이 들게 된다.

한편 용제의 온도가 높아지면 가용화할 수 있는 물의 양이 증가하므로 세탁이 효과적이나, 30℃ 이상이 되면 가용화되는 물의 양이 오히려 줄어들으므로 드라이클리닝 효과는 감소한다.

7) 용제의 관리

드라이클리닝을 할 때는 수용액에서 보다 재오염이 잘 되므로 세탁용액이 특별히 깨끗해야 하는데, 실제로는 용제가 비싸서 여러 번 반복하여 사용하게 되므로 효과적인 세탁을 위해서는 용제를 청결하게 유지하기 위한 적절한 관리를 필요로 한다. 용제를 정제하기 위해서는 불순물을 여과하거나 증류시키는 방법이 있다.

이미 사용하여 오염된 용제는 여과장치를 통과시키면 여과제와 흡착제로 된 여과장치를 통과하게 되어 있다. 이때 여과제는 불용성 고형물질을 거르는 역할을 하며, 규조토를 주로 사용한다. 흡착제는 색소, 냄새, 산을 흡착 · 제거하여 용제의 청결을 유지시켜 주며, 활성탄소나 실리카겔, 산성 백토 등을 사용하고 있다.

그러나 오구의 농도가 너무 높거나 여러 번 사용하여 심하게 오염된 용제는 여과법에 의해서 완전하게 정제하기가 어려우므로 증류장치를 필요로 하게 된다. 최근에 많이 사용하는 핫머신에는 증류장치가 붙어있어 자동적으로 증류가 되도록 되어 있다.

석유계 용제는 끓는점이 121.5℃에 걸쳐 있어 대기압에서는 증류가 불가능하므로 대기압의 1/10 이하(약 60mmHg)로 감압하여, 끓는점이 80~120℃ 사이에서 증류하는 것이 안전하다. 또한 석유계 용제는 인화점 이상에서 증류하게 되기 때문에 화재와 폭발의 위험이 크므로, 최신 기계에는 질소기류를 사용하여 이를 방지하고 있다.

퍼클로로에틸렌은 끓는점이 121.5℃로 대기압에서도 쉽게 증류되어 석유계 용제보다 정제가 쉽다. 그러나 높은 온도(140℃)에서는 분해되어 염산을 발생하여 옷감을 상하게 하고 장치를 부식한다. 또한 이 증기가 공기와 접하면 맹독성 가스를 생성한다. 따라서 증류 시에는 가열장치의 온도가 140℃를 넘지 않도록 해야 한다.

따라서 용제의 신선도를 항상 점검하여 용제를 청결하게 유지하는 것이 중요하며, 이를 위해서는 다음의 성능을 측정해야 한다.

(1) 투명도

용제 중에 오구 입자나 다른 불순물이 있으면 투명도가 낮아지는데, 이때 용제의 투명도는 비색계 또는 분광광도계로 파장 520nm(또는 Y필터)에서 60% 이상의 투과율을 유지하여야 한다. 여과제를 교환하여도 투명도가 낮을 때는 증류하는 것이 효과적이다.

(2) 산 가

드라이클리닝을 하면 의복에 오염되어 있던 피지성분이 용해되어 나오므로, 용제를 계속 사용함에 따라 용제 중의 지방산의 농도가 증가하여 산가가 높아져 세척효율이 낮아진다. 그러므로 용제의 산가는 0.3 이하로 유지하여야 한다. 산가는 여과제 중의 탈산제에 의해 개선되므로 0.3 이상이 되면 여과제를 교환하거나 증류하도록 한다.

(3) 습 도

가장 적당한 용제의 습도는 70~75%인데, 사용하고나면 습도가 변하게 된다. 따라서 사용 전에는 항상 70~75%가 되도록 물을 보충하거나,

탈수제 사용, 또는 증류에 의해 수분을 제거해 준다.

(4) 세제의 농도

용제 중의 세제는 드라이클리닝 중 섬유와 여과제 등에 세제의 일부가 흡착되기 때문에 그 농도가 떨어지며, 증류에 의해서는 세제가 완전히 제거되므로 필요에 따라 세제를 다시 첨가하여야 한다.

(5) 불휘성 잔류물

사용하고난 용제 내에는 분자량이 비교적 커서 잘 휘발하지 않는 지용성 오구 · 수용성 오구 · 미셀 고형 오구 및 세제 등을 포함하게 되는데, 이 중에서 세제량을 뺀 것이 불휘발성 잔류물이다. 불휘발성 잔류물은 용제를 거듭 사용할수록 많아지는데 깨끗한 용제는 2% 이하로 유지하여야 한다.

제 3 부

의류의 성능보존

제 6 장

의류의 성능변화

의류제품은 사용 중 여러 요인에 의하여 성능이 변화되는데, 제품의 성능을 변화시키는 요인으로는 물리적 · 화학적 · 생물학적인 작용을 들 수 있다. 물리적인 작용은 제품의 사용과정에서 가해지는 인장, 굴곡, 마찰과 마모, 압축 등에 의한 것이고 화학적 작용은 세제나 표백제와 같은 약제에 의해 일어난다. 그밖에 일광과 공기 중의 산소, 물과 수분, 열, 미생물 및 해충 등도 물리적 · 화학적 · 생물학적 작용을 일으키게 된다.

이들은 독립적으로 작용하기보다는 복합적으로 작용하는 경우가 많고, 순간적으로 일어나기보다는 사용기간 동안 서서히 진행된다.

일반적으로 나타나는 성능저하 현상은 의복의 형태 변화, 표면상태의 변화, 색상변화, 그리고 강도 저하 등이다. 제품의 성능저하의 정도는 의류재료의 물성에 따라 차이가 많고, 착용내용과 회수 그리고 보관 시의 환경에 따라 달라진다.

표 6-1은 의복이 사용되는 동안 각 과정에서 일어나는 손상의 유형과 그 정도를 나타낸 것이다. 이에 의하면 의류제품의 손상과정은 착용, 세탁 및 정리 그리고 보관과정에서 광범위하게 일어나는 것을 알 수 있지만, 특히 세탁으로 인한 제품의 손상 내용이 다양하고 심한 편이다.

표 6-1 의류제품의 손상 유형[1)]

손상의 유형 \ 손상이 일어나는 경우		착용	세탁	드라이클리닝	원심탈수	표백	자연건조	열풍건조	다림질	보관
강도 저하	물리적 작용에 의한 강도 저하	강	강	중	중			강	중	
	화학적 · 생물적 작용에 의한 강도 저하	중	중	중		강	중		중	중
	마모	강	중	중				중		
형태변화	신장	중	강	약	약		약	약	약	약
	수축	중	강	약			약	약	약	약
	구김	강	강		약		약	강		약
	뒤틀림	강	강		약		약			
색상변화	오염 및 재오염	강	약	약						약
	변색 · 퇴색	강	약	약		약	약			약
	황변 · 갈변	강	약	약		약	약	약	약	약

1. 강도 저하

의류제품은 착용, 세탁, 그리고 보관하는 과정에서 물리적 · 화학적 작용을 받아 서서히 강도가 저하한다.

1) 마 모

의류제품은 착용하거나 세탁을 하는 과정에서 끊임없이 섬유간 혹은 다른 물질과의 마찰에 의해 마모되어 제품의 강도는 저하된다. 따라서 마모에 의한 강도 저하는 착용시 마찰의 가능성이 큰 옷의 단이나 팔꿈치, 그리고 무릎부위 같은 곳에서 심하게 나타난다. 그리고 세탁을 하는 과정에서 의복과 의복 간의 마찰에 의하여 마모가 되고 그에 따라 제품의 강도는 떨어지게 된다.

1) 吉永후미 · 多田千代 · 西出伸子, *新版 被服整理學*, 光生館(日), (1988), p.24.

제품의 마모강도는 구성섬유의 마모강도에 직접적인 영향을 받게 된다. 일반적으로 천연섬유는 마모강도가 약하여 마찰에 의해 쉽게 닳아 강도 저하가 현저하지만 합성섬유의 경우는 대체로 내마모성이 우수하기 때문에 마모에 의한 섬유의 강도변화가 적다.

2) 섬유의 취화

의복은 일상적인 착용 시에는 일광에 의한 강도 저하가 크진 않지만, 장시간 일광하에서 건조를 하거나 커튼과 같이 일광에 장시간 노출되는 용도로 사용되는 제품은 일광에 의한 강도 저하가 클 수 있다.

의류제품이 일광에 노출되어 강도가 저하되는 것을 섬유의 노화현상이라고 한다. 노화현상에 대해 명확한 규명은 되어 있지 않지만 일광 중의 자외선에 의해 섬유 중합체의 분해가 노화의 원인으로 알려져 있다. 이러한 분해현상은 수분이나 산소하에서 촉진된다.

자외선에 의한 노화현상은 피륙을 구성하고 있는 섬유의 종류에 따라 많은 차이가 있다. 아크릴이나 폴리에스테르 섬유는 내일광성이 우수한 반면에 견섬유나 나일론섬유는 내일광성이 나쁜 편이다.

고온다습한 환경에서 의류제품을 보관하면 산화와 가수분해현상이 촉진되어 제품의 강도 저하는 빠르게 진행된다. 특히 의류제품에 땀과 같은 이물질이 오염된 상태에서 보관하면 이러한 현상은 더욱 가속된다. 그림 6-1은 땀을 흡수한 섬유를 보관하여 강도의 변화를 본 것이다. 나일론의 경우 땀에 의한 직물의 강도 저하현상은 거의 없지만 양모 · 견은 땀에 의한 직물의 강도 저하가 현저하다.

염색된 경우는 사용한 염료의 종류에 따라 보관 중 산소와 습기의 영향을 받아 섬유가 취화하는 경우가 있다. 배트염료 중 일부는 광촉매작용에 의해 섬유의 분해를 촉진시키고 황화염료는 수분과 산소의 영향으로

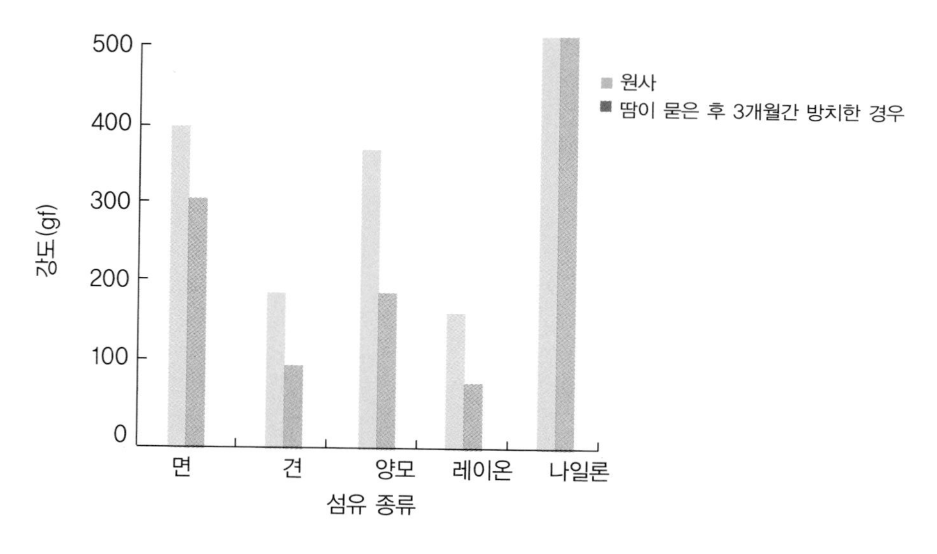

그림 6-1 땀에 의한 실의 강도변화[2)]

분해되어 황산을 발생시키기 때문에 산에 약한 섬유를 취화할 가능성이 크다.

제품을 보관하는 중에 흔히 경험하게 되는 것은 곰팡이나 해충에 의해 섬유가 분해되어 강도 저하를 가져오는 것이다. 견은 섬유 자체가 단백질로서, 곰팡이의 번식에 좋은 영양물이 되어 곰팡이의 번식이 심하고 그에 따라 강도 저하가 현저하다.

2. 형태 변화

의복이 변형되는 주된 원인은 수축과 신장 때문이다. 수축은 주로 세탁 과정에서 일어나고 제품의 전체가 줄기도 하고 부분적으로 수축하기도

2) 김성련 · 이순원, *피복관리학*, 교문사, (1984), p.332.

한다. 신장은 의복을 착용하는 과정에서 인장, 굴곡, 등의 물리적인 힘이 가해지면서 주로 일어난다. 수축과 신장은 제품의 길이와 폭 방향에 따라 발생하는 정도가 다르고, 겉감과 안감, 그리고 소재와 부자재 간에 차이가 있기 때문에 옷을 뒤틀리게 하거나 구김살을 만들기도 한다.

1) 수 축

의류제품을 구성하고 있는 천이 수축하면 제품의 크기가 전체적으로 줄어들지만 구성하는 섬유가 2종 이상이면 각 부위의 치수 변화가 다르기 때문에 제품은 뒤틀리거나 구김이 가게 되어 외관이 현저하게 손상된다.

의류제품의 수축이 많이 생기는 때는 세탁과정인데, 교반식 세탁기에 의한 세탁보다는 와류식 세탁기에 의한 세탁방식에서 제품의 수축이 많이 되고 세탁시간이 길수록 수축되는 정도는 심해진다.

의복은 그 제조과정에서 큰 장력을 받고 신장된 상태에서 제조되고 있다. 따라서 이러한 장력이 제거되었을 때 피륙은 안정된 상태로 돌아가려는 경향이 있어 수축이 일어나게 한다. 이와 같은 수축현상을 안정화 수축 또는 이완성 수축이라고 한다.

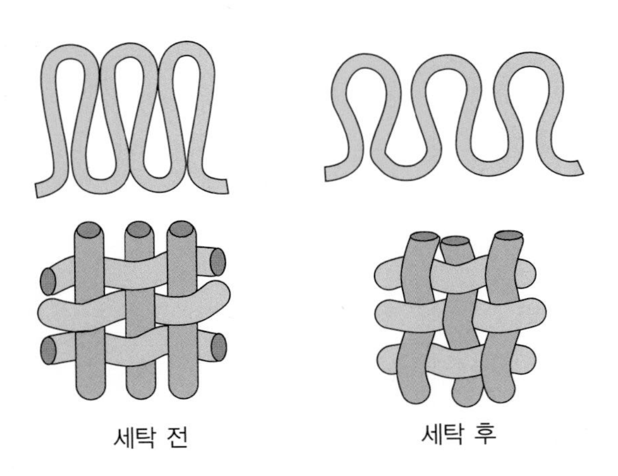

그림 6-2 편물과 직물의 안정화수축

그림 6-2는 의류제품을 구성하는 편성물과 직물의 안정화 수축을 도식화 한 것이다. 편물의 경우 편조시 바늘의 장력에 의해서 늘어난 웨일(wale) 방향에서 안정화가 일어나고 그에 따라 코스(course) 방향에 신장이 생긴다. 직물에 있어서는 제조나 가공 공정에서 받았던 장력으로 인해 직선상으로 뻗어있던 경사가 안정화되어 위사를 파상으로 지나가게 되면서 경사방향의 수축이 일어난다.

이러한 형태의 수축현상은 첫 번째 세탁에서 일단 수축되어 안정화가 거의 이루어진다. 그러나 의류제품을 사용하는 과정에서 계속 수축이 일어나는데, 이러한 수축의 종류는 원인에 따라 실의 팽윤, 축융, 그리고 열에 의한 수축 등으로 나누어 생각해 볼 수 있다.

실의 팽윤에 의한 수축현상은 세탁과정에서 제품이 물을 흡수하면 섬유가 팽윤하여 실이 굵어지고 그에 따라 굵어진 실과 교착하는 실의 주행거리가 길어지면서 수축이 일어난다. 그림 6-3은 팽윤에 의한 직물의 수축과정을 도식화한 것으로 원래 길이 A를 가진 직물의 섬유가 팽윤하면 직물의 길이가 B로 변하게 되는 원리를 설명한 것이다.

이러한 수축은 직물밀도가 적고 레이온과 같은 흡습성이 큰 직물일수록 현저하게 나타난다. 이는 흡습량이 증가하면 그만큼 팽윤이 잘 일어나

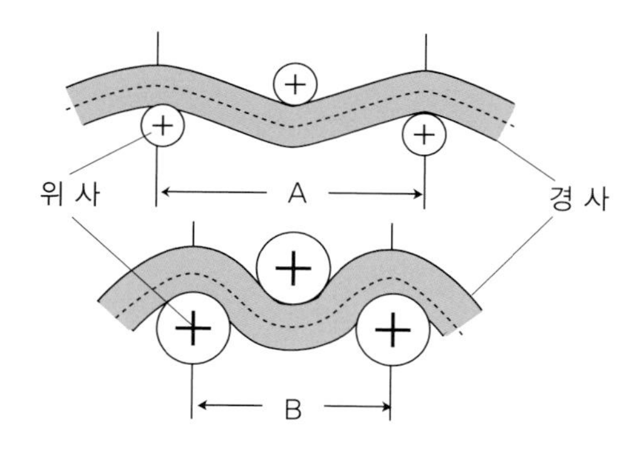

그림 6-3 실의 팽윤에 의한 수축

고 또한 밀도가 적을수록 실 사이의 간격이 넓어 팽윤이 용이해지기 때문이다.

축융에 의한 수축은 모직물, 모편성물 등 모제품에서 나타나는 특유한 수축이다. 양모섬유는 표면에 일정한 방향의 스케일이 있는데 섬유들이 서로 마찰하면 엉키게 되는 축융현상이 생긴다. 이렇게 되면 조직이 치밀해지면서 수축이 일어나게 된다. 특히 세탁을 할 때 섬유는 수분, 알칼리, 열, 기계작용 등에 노출되는데, 이들 요인이 축융을 촉진시키기 때문에 모섬유 제품은 드라이클리닝을 하는 것이 좋다. 그러나 근래에는 축융방지 가공을 한 모섬유 제품이 나오고 있는데 이 제품은 물로 세탁할 수 있다.

합성섬유와 같은 소수성 섬유제품은 습윤되어도 팽윤하는 정도가 극히 적어서 수분에 의한 수축은 적지만, 열에 의해 쉽게 수축되기 때문에 세탁 · 건조 · 다림질을 할 때 특별한 주의가 요망된다. 그림 6-4는 인조섬유의 열수축률을 나타낸다.

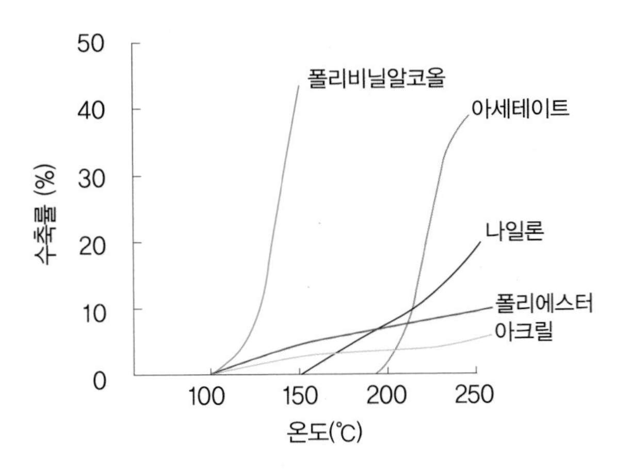

그림 6-4 인조섬유의 열수축[3]

3) 松川哲哉, *被服材料學*, 家政敎育社(日), (1957), p.130.

2) 신 장

의복은 착용할 때 무릎이나 팔꿈치, 그 외에도 인체의 굴신이 많은 부위에서 옷이 늘어난 것을 쉽게 경험하게 된다. 의복은 착용하는 과정에서 제품에 가해지는 물리적인 힘이 약하면 외력이 제거되었을 때 원래의 길이로 되돌아가는 탄성 신장을 한다. 그러나 가해지는 힘이 크거나 적은 힘이라도 지속적으로 반복되면 원래의 길이로 회복되지 않고 영구변형으로 남게 된다.

탄성회복성은 섬유의 종류에 따라 많은 차이가 있는데, 대부분의 합성섬유는 비교적 탄성회복성이 크고 레이온은 비교적 탄성회복성이 낮은 편이다. 탄성회복성이 낮은 섬유의 옷에 외력이 반복적으로 주어지면 원래 상태로의 복원이 점점 어려워지는데, 이는 직물의 피로의 중첩으로 영구변형이 일어나기 때문이다. 그러므로 동일한 옷을 계속 착용하는 것은 변형을 고착시키는 원인이 된다. 이와 같이 섬유의 신장정도는 섬유의 탄성회복성에 일차적 영향을 받지만, 그외에도 실의 굵기, 꼬임, 직물의 밀도, 두께 등에도 영향을 받게 된다.

세탁을 하는 과정에서 제품이 늘어나는 경우도 있다. 편성물은 느슨한 구조로 세탁 및 건조할 때 늘어나기 쉽기 때문에 취급상 주의가 필요하다. 특히 탈수된 옷을 줄에 널어서 말리는 과정에서 수분의 무게로 신장될 수 있는데, 편물의 신장은 웨일 방향보다는 코스 방향에서 많이 일어난다.

3. 표면상태의 변화

의복의 표면상태 변화는 옷의 외관에 관련된 문제이기 때문에 착용자의 품위 및 이미지에 영향을 줄 수 있다. 외관 변형의 주된 요인은 구김, 필링, 심 퍼커링 등으로 생각할 수 있는데, 구김 같은 변형은 다림질로 간단히 회복될 수 있지만, 필링과 심 퍼커링은 가정에서 쉽게 복구하기가 힘들다.

1) 구 김

구김은 제품을 착용하거나, 세탁 또는 보관상태에서 가해지는 인장, 굴곡, 압축, 비틀림 등의 여러 가지 외력에 의해서 생긴다.

구김은 부분적인 수축이나 신장에 의하여 옷감 표면이 뒤틀려 발생하기도 하지만 그림 6-5와 같이 압축인장 또는 굴곡 등의 기계적인 힘이 작용하여 발생하기도 한다. 그림에서 굴곡된 섬유의 내면에 있는 분자는 압축되고 굴곡의 외면에 있는 분자들은 신장을 받아서 분자 결합에 변동이 생겨 굴곡된 상태에서 안정된 새로운 결합이 형성되어 구김이 생기게 된다.

따라서 이러한 구김은 섬유 자체의 특성에 따라 차이가 있어 면, 레이온 등과 같이 습윤에 의하여 크게 팽윤되는 섬유에서는 현저하게 나타나고, 소수성이고 탄성이 큰 섬유에서 덜 생긴다. 이는 섬유가 습윤되면 섬

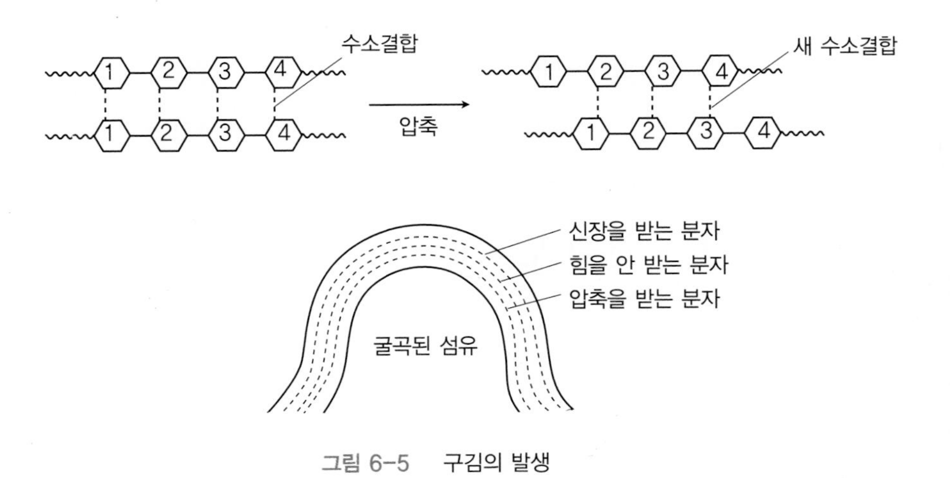

그림 6-5 구김의 발생

유의 분자간 형성된 분자간 가교가 쉽게 이완되어 외부에서 오는 작은 힘에도 분자결합이 쉽게 끊어지고, 그에 따라 분자들이 미끄러져 어긋나게 되어 새로운 결합이 생겨나기 때문이다. 특히 비가 오거나 습한 날에 입고 있는 옷이 쉽게 구김이 발생하는 것도 이와 같은 이유 때문이다.

구김은 섬유의 신장탄성회복률에 크게 영향을 받게 되는데, 회복률이 큰 것일수록 방추성이 크므로 구김도 잘 생기지 않는다. 그림 6-6은 신장탄성회복률과 방추성과의 관계를 나타낸 것이다.

그림에 의하면 방추율과 신장탄성회복률과의 관계는 거의 비례를 하여 양모, 나일론, 폴리에스테르와 같이 섬유의 신장탄성회복률이 큰 것일수록 방추율이 크고 구김도 잘 생기지 않는다. 그러나 면, 폴리비닐알코올, 레이온과 같이 신장탄성회복률이 작은 것은 구김이 잘 생긴다.

실의 형태에 따라 세탁에 의한 구김의 정도가 다르다. 실의 꼬임이 적을수록 섬유의 자유도가 커서 외력에 의해 받은 변형이 쉽게 회복되기 때문에 구김이 덜 생긴다. 그러므로 실을 구성하는 섬유장이 길수록 방적시

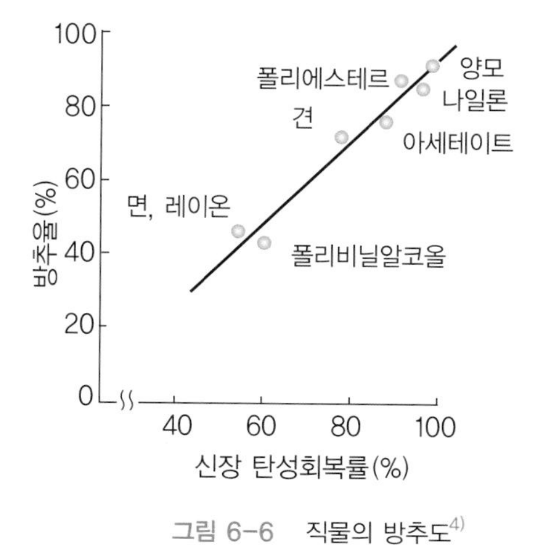

그림 6-6 직물의 방추도[4)]

4) 松川哲哉, *新版 被服整理*, 建帛(日), (1986), p.86.

표 6-2 평직과 수자직과의 방추도[5)]

섬유명	평직의 방추도(%)		수자직의 방추도(%)	
	세 로	가 로	세 로	가 로
레이온	50	51	76	72
면	49	56	56	62

적은 꼬임이 필요하므로 구김이 덜 생기고 방적사로 된 직물은 필라멘트 사로 된 직물보다 필요 꼬임이 많기 때문에 구김이 더 많이 생긴다.

직물에서 단위 면적당 조직점이 많고 밀도가 클수록 구김이 잘 생긴다. 표 6-2는 레이온과 면직물에 있어 평직과 수자직의 방추율을 나타낸 것이다. 같은 섬유라도 평직에 비해 조직점이 적은 수자직으로 된 직물이 방추성이 좋다.

구김은 직물의 특성 외에도 상대습도, 열에 영향을 많이 받는다. 이는 앞에서 설명한 것과 같이 섬유가 수분을 흡수하면 섬유분자가 팽윤되어, 분자구조가 쉽게 어긋나게 되고, 열을 가하면 이 현상이 촉진된다.

2) 필 링

필링이란 옷을 입거나 세탁을 하는 동안 기계적 마찰에 의해 섬유나 실의 일부가 직물 또는 편성물에서 빠져나와 탈락되지 않고 표면에 뭉쳐 섬유의 작은 보풀, 즉 필을 형성하는 것을 말한다(그림 6-7). 필은 제품의 외관을 현저히 손상시키기 때문에 옷의 수명에 많은 영향을 주고 있다.

필링성은 섬유의 강도와 깊은 관련성이 있다. 섬유의 강도가 적으면 형성되는 필의 수는 적어지고, 실의 강도가 크면 표면에 형성된 필의 수는 증가한다. 면이나 양모같은 섬유도 외부의 마찰로 인하여 필이 생기지만

5) 김성련 · 이순원, *피복관리학*, 교문사, (1990), p.325.

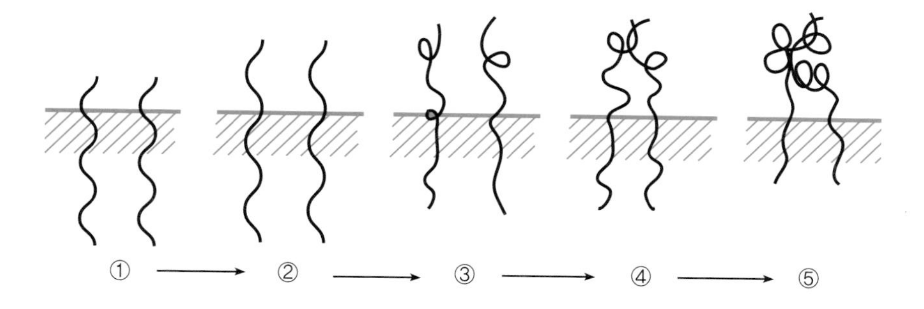

그림 6-7 필의 생성과정

강도가 약하기 때문에 형성된 필이 쉽게 탈락된다. 반면에 강도가 큰 나일론 · 폴리에스테르 · 아크릴과 같은 합성섬유는 섬유가 마찰되거나 긁혀 형성된 필이 탈락되지 않고 그대로 표면에 붙어 있게 된다. 섬유의 강도 이외에도 실의 밀도와 실의 꼬임수 그리고 교착점의 대소에도 영향을 받는다.

필이 외관을 결정하는 중요한 요소이기 때문에 필의 형성을 줄이기 위한 방법들이 모색되는 데 섬유의 강도를 감소하거나 표면의 털을 깎는 방법 등이 그 예이다.

3) 심 퍼커링

봉제품에서 가장 많이 접하게 되는 결점이 봉제된 스티치 주변의 천이 오글오글해지는 심 퍼커링 현상이다(그림 6-8). 대개 제품은 봉제과정에서 긴장된 상태로 박음질이 되는데, 세탁에서 이완된 부분이 수축하면 퍼커링이 더 심해지는 경우가 많다. 퍼커링이 생기는 정도는 소재의 종류, 재봉사의 종류 및 수축성, 소재와 재봉사의 신장성의 차이, 바늘땀 등에 영향을 받게 된다. 특히 신축성에 차이가 많은 다른 옷감을 봉제하였을 때 심 퍼커링의 현상이 두드러진다. 코르셋이나 거들의 경우 신축성이 큰

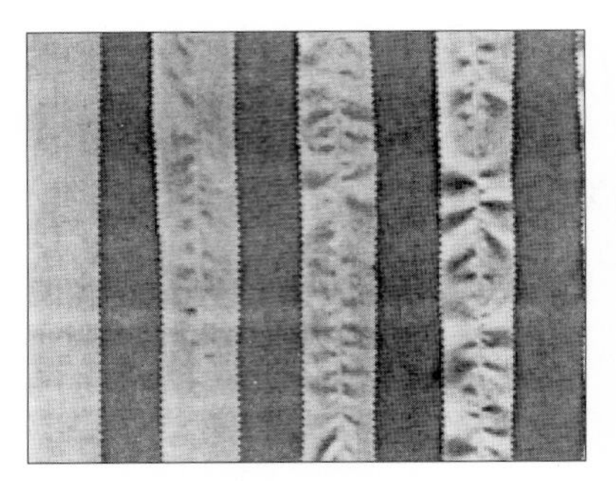

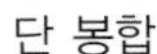
단 봉합

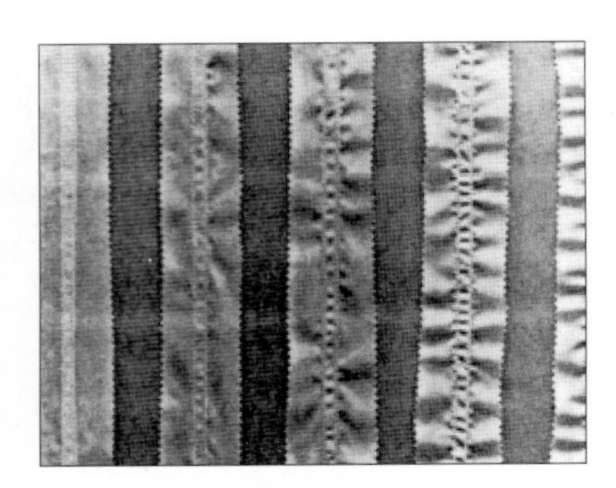
이중 봉합

그림 6-8 심 퍼커링 판정용 표준사진(KS K0118)

천을 딱딱하거나 신축성이 적은 천에 봉합하게 되는 경우가 많은데, 이런 제품에서 종종 심 퍼커링 현상이 두드러지게 나타난다. 면 개버딘의 레인 코트에서 원단에 심지나 안감을 봉합한 경우, 겉감과 부자재로 사용된 소재의 신축성의 차이 때문에 제품에 심 퍼커링이 생긴 경우를 흔히 볼 수 있다. 제품에 심퍼커링이 경미한 경우는 수분을 가한 상태에서 다림질을 하면 어느 정도 마무리될 수 있지만 구조적인 퍼커링은 다림질만으로 개선하기는 어렵다.

듀라블 프레스(durable press; DP)가공은 의복에 고도의 워시앤드웨어(wash and wear; W&W)성과 형태보존성을 주는 가공으로 수지를 처리한 후 재단과 봉제를 완료한 상태에서 열처리를 하면 형태가 안정화되어 심 퍼커링 현상이 생기지 않는다.

4. 색상 변화

의류제품의 색상 변화 중에서 가장 흔한 것이 오염되어 생기는 얼룩과 재오염에 의한 백도 저하를 들 수 있다. 그리고 이보다 근본적인 색상변화의 원인은 변색 및 퇴색, 그리고 황변 · 갈변 현상이다. 이들 색상변화는 제품이 사용되는 동안 지속적으로 진행되는 경우가 많다.

1) 오 염

의복에 부착되어 미관상 좋지 못하고 의복의 위생적 · 물리적 성능을 떨어뜨리는 이물질을 '오구'라 하고 오구가 의복에 부착되는 것을 오염이라고 한다.

옷은 착용하는 동안 여러 가지 오염원에 의해 더러워지는데, 옷에 부착되는 오구의 종류와 오염정도는 착용하는 환경에 따라 다르다. 의복에 부착되는 오구는 종류가 많으나 인체로부터의 오구와 생활환경으로부터의 오구로 크게 나누어진다. 속옷은 주로 인체로부터 오는 오구에 의해 많이 오염되고 겉옷은 주로 생활환경으로 오는 오구에 의해 오염된다.

오염된 옷은 거무스름한 색상으로 볼품이 없어지고, 때로는 나쁜 냄새도 풍기게 된다. 또한 더러워진 옷은 성능이 저하되는데, 흡습성이 증가하고 통기성 · 보온성 등이 감소한다. 또한 더러움이 심하면 세균이 번식하여 비위생적이고 시간이 경과하면 점점 산화되어 섬유의 강도가 줄고 변퇴색이 일어나기도 한다. 따라서 오염된 옷은 세탁을 하여 부착된 오구를 제거하여 외관과 위생적인 기능을 되찾고, 섬유의 피로와 변형으로부터 원래 상태로 회복시켜야 한다.

옷은 착용 시뿐만 아니라 세탁과정에서 재오염이 될 수도 있다. 재오염은 천연섬유에서는 크게 문제될 것이 없지만, 수지가공을 한 섬유와 소수성이 강한 폴리에스테르나 폴리프로피렌섬유에서는 재오염이 현저하게 나타난다.

2) 황 변

황변이란 흰색 의류가 누렇게 변하는 것을 말하는데, 그 원인은 여러 가지가 있다. 양모나 견, 나일론제품은 섬유 자체의 화학적 구조에 의하여 황변이 잘 일어난다. 이들 섬유의 황변 원인은 명확히 규명되지 않았지만, 유리 아미노기가 일광에 의하여 광산화되어 황색을 띄는 것으로 생각되고 있다.

그리고 이들 섬유와 요소를 함유한 수지로 가공된 직물은 염소계 표백제나 염소를 함유한 물에 의하여 황변이 된다. 이는 제품의 아미노 성분이 염소와 화합하여 유색물질인 클로르아민을 생성하기 때문이다.

세탁 후 세제가 섬유 내에 남아 있으면 건조하는 과정에서 황변을 하게 되는데 비누가 합성세제보다 황변의 가능성이 크다. 그리고 세탁한 후 건조하는 방법에 따라 황변 정도가 다른데, 대체로 그늘에서 제품을 건조를 하면 황변이 일어나지 않지만, 일광에서 건조하면 황변현상이 생긴다. 또한 의류제품을 형광증백제가 함유된 세제로 세탁을 한 후 직사광선에서 반복적으로 건조를 할 때에도 제품은 점차적으로 황변한다.

3) 변 · 퇴색

퇴색이란 염색물의 색상이 옅어지는 것으로, 이는 주로 염료와 섬유와의 결합력과 염료의 마찰견뢰도에 영향을 받게 된다.

염료와 섬유 간의 결합력이 약하면 세탁할 때 염색물에서 세액으로 염료의 이탈은 많아지게 되어 염색물은 퇴색하게 된다. 이외에도 퇴색은 마찰에 의해 염료가 탈락되어 일어나기도 하는데, 짙은 청색의 데님복지로 만든 청바지가 마모에 의해 바깥 청색이 옅어지고 안쪽의 흰색이 들어나 보이는 것이 좋은 예이다.

변색은 염색물의 색상이 다른 색상으로 변하는 것이다. 특히 형광증백제는 흰옷을 보다 희게 보이게 하나 염색물, 특히 밝고 연한 색이나 파스텔색 제품은 반복하여 세탁하면 증백제가 축적되어 색조가 변색되는 경우가 있다. 또한 분산염료로 염색된 제품은 석탄가스, 산화질소와 같은 가스에 의해 변색된다. 염색물에 변색을 일으키는 원인은 일광 및 인공광, 수세 및 세탁에 의한 습윤, 땀, 열, 약품, 가스 등으로 이들 요인에 의해 염색된 섬유제품은 물리적 · 화학적 영향을 받아 변색한다.

섬유제품의 색상이 그대로 유지되는 성질을 염색견뢰성이라 하는데, 염료의 종류에 따라 차이가 많이 난다. 견뢰도의 종류에 따라 차이가 있지만 배트염료나 황화염료는 비교적 염색견뢰성이 좋아서 변 · 퇴색의 가능성이 적다.

제 7 장

의류의 손질과 보관

1. 얼룩빼기

의류제품은 사용 중에 인체로부터의 분비물, 음식물, 화장품, 잉크, 염료, 도료, 기계기름 등 생활환경으로부터 다양한 물질로 오염되는데, 이때 부분적으로 오염되는 것을 얼룩이라 한다. 우리는 실생활에서 흔히 의복에 얼룩이 생기는 경우를 경험하는데, 의류제품 전체를 세탁할 수 없는 얼룩이거나 세탁에 의해서 제거되지 않는 얼룩은 얼룩빼기를 통하여 제거하여야 한다. 의류제품에 생긴 얼룩은 시간이 지날수록 얼룩면적이 점차 커지거나 섬유가 손상되며, 곰팡이의 번식과 해충에 의한 해를 입거나 염색물의 색상이 변하여 의류의 내구성이 줄어들게 된다. 또한 시간이 경과하면 얼룩과 섬유의 결합력이 증가하고 얼룩 성분이 변화하여 대부분 제거하기 어렵게 된다. 그러므로 얼룩은 생긴 즉시 제거하는 것이 중요하다.

1) 얼룩빼기의 기본 원리

의류제품의 얼룩을 제거할 때에는 얼룩의 종류에 따라 약품을 달리 선택해야 하며, 또한 섬유, 색상과 가공효과를 손상시키지 않는 약품을 선택해야 한다. 이를 위해서는 얼룩빼기에 앞서 얼룩의 성질과 의류소재, 즉 섬유와 염색, 가공에 관한 충분한 지식을 가져 의류제품에는 전혀 손상을 주지 않고 얼룩만 제거할 수 있도록 적절한 방법을 택하여야 한다.

얼룩빼기 방법에는 여러 가지가 있으나 크게 물리적 방법과 화학적 방법으로 분류할 수 있다.

(1) 물리적 방법

대나무 브러시 또는 대나무 칼로 제거하는 방법

의류 표면에 부착한 흙, 먼지 등은 솔로 털며, 굳은 페인트나 껌은 대나무 칼로 긁어서 제거한다. 이때 옷감이 상하지 않도록 주의하여야 하며, 완전히 제거되지 않은 나머지는 세탁을 하거나 적당한 약품을 사용하여 용해해야 한다.

물, 세액, 용제로 용해하는 방법

얼룩빼기에서 가장 널리 사용하는 방법으로 수용성 오염은 우선 타월 등에 물을 묻혀 닦아내거나 부분적으로 물로 씻어낸다. 유성물질을 포함하는 경우에는 세액을 사용하여 얼룩 성분을 유화, 분산시키고 이것을 수건 등으로 흡수하거나 수세하여 제거한다. 세액으로도 제거되지 않은 유지, 페인트, 수지 등은 유기용제로 용해하여 제거하여야 한다.

흡착에 의한 방법

안료, 먹 등의 얼룩은 전분풀을 발라 오구가 흡착되도록 한 후 풀을 말려 떼어낸다. 솔 또는 대나무 칼을 사용하여 제거하여도 완전히 제거되지 않고 남은 껌, 양초 등은 양쪽에 종이를 놓고 다리미로 가열함으로써 녹은 성분이 종이에 흡착되게 하여 제거한다. 이와 같은 방법을 시행한 후에는 세액 또는 적절한 용제를 사용하여 씻어냄으로써 얼룩의 흔적이 남지 않도록 하여야 한다.

(2) 화학적 방법

화학적 방법은 얼룩과 화학반응을 일으키는 약품을 사용하여 제거하는 것으로 산과 알칼리에 의한 중화반응, 표백제 등의 산화환원반응, 효소 등에 의한 가수분해방법이 있다. 산, 알칼리와 표백제 등을 사용할 때는 특히 의류제품에 손상을 주지 않는지 반드시 확인한 후 처리하여야 하며, 얼룩 제거 후에도 충분히 수세하고 필요에 따라 후처리를 해야 한다.

산 또는 알칼리에 의한 방법

쇠의 녹, 즉 녹청 등의 금속산화물은 산으로 처리하여야 하며, 과즙, 땀 등의 산성 얼룩은 알칼리로 처리하여 제거한다.

표백제에 의한 방법

색소는 표백제로 제거하는데, 염소계와 산소계의 산화 표백제는 하이드로술파이트 등의 환원 표백제에 비하여 표백작용이 우수하나 섬유에 미치는 영향도 크므로 주의하여 선택하여야 한다. 환원표백제는 시간이 지나면 공기 중에서 산화하여 원래의 색으로 되돌아가는 경우가 있다. 표백제는 색이 있는 의류제품은 탈색될 수 있으므로 원칙적으로 흰색 의류에 사용하여야 하며, 표백제의 선택이 적절하지 못할 때는 흰색 의류도 황변된다.

효소에 의한 방법

효소는 유기 촉매이므로 처리온도, 처리시간, 용액의 조건에 유의하면서 각 얼룩에 적합한 분해효소를 사용하면 비교적 섬유에 영향을 주지 않고 효과적으로 제거할 수 있다. 일반적으로 단백질, 유지, 전분 얼룩의 제거에 사용할 수 있다.

2) 얼룩빼기 순서와 주의점

얼룩을 제거하려고 할 때에는 얼룩의 종류, 부착 상태, 얼룩이 부착하여 경과된 시간과 섬유의 종류 등을 고려하여 얼룩빼기 방법을 결정하여야 한다. 얼룩의 종류를 알 수 없을 경우에는 분무기로 물을 가볍게 뿌려서 섬유에는 물이 바로 스며들지 못하지만 얼룩에는 물이 스며들어 검게 변하면 수용성 얼룩이며, 얼룩에 물이 스며들지 못하면 지용성 얼룩이라 할 수 있다.

표 7-1 섬유에 대한 얼룩빼기 약품의 영향

섬 유	유기용제	알칼리	산	표백제
면, 마, 레이온	안전	일반적으로 사용하는 농도는 안전	묽은 무기산 용액은 저온에서만 처리가능, 산 처리시에는 충분한 수세와 암모니아로 중화	산화표백제는 온도와 농도 주의
모, 견	안전	진한 알칼리는 사용 불가	묽은 산은 대체로 안전	염소계 표백제는 사용 불가
아세테이트	아세톤, 클로로포름, 초산아밀은 사용 불가, 알코올은 주의	진한 알칼리는 사용 불가	무기산, 초산은 사용 불가	강한 산화표백제는 사용 불가
나일론	안전	진한 알칼리에 황변될 수 있음	묽은 산은 가능	염소계 표백제는 사용 불가
폴리에스테르, 아크릴, 폴리프로필렌	폴리프로필렌은 퍼클로로에틸렌 사용 불가	안전	안전	안전

얼룩의 종류가 판명되면 밑에 헝겊을 놓고 물, 세액 또는 얼룩빼기 약품을 면봉 또는 브러시에 묻혀 얼룩 부분을 두드려 밑에 놓은 헝겊에 얼룩을 흡수시켜 제거한다. 약품을 사용하여 얼룩을 제거하면 사용한 약품으로 인한 얼룩자국이 남을 수 있으므로 수용성 얼룩을 제거하였을 때에는 충분히 수세하고 마른 수건으로 두드려 닦아낸다. 지용성 얼룩을 제거하였을 경우에는 깨끗한 용제를 분무하고 마른 수건으로 두드려 닦아내는 작업을 수차례 반복하여 얼룩을 제거한 후에 그늘에서 말린다.

우리가 의복에 주로 사용하는 섬유에 대하여 일반적인 약품의 영향은 표 7-1과 같다.

3) 얼룩빼기 방법

우리 일상생활에서 흔히 접하게 되는 얼룩을 제거하는 방법의 일반적인 예는 표 7-2와 같다.

표 7-2 얼룩의 종류와 얼룩빼기 방법

구 분	얼룩의 종류	성 분	처리 방법
화장품·의약품	립스틱	유지, 왁스, 안료	유기용제로 지용성 성분을 제거하고, 색소인 안료는 세제액으로 씻어 제거한다.
	파운데이션	유지, 왁스, 안료, 무기염류	
	매니큐어	수지, 가소제, 색소	아세톤 또는 초산아밀로 제거하며, 색소인 안료는 세액으로 씻어 제거한다.
	향 수	알코올, 색소, 향료	대부분 알코올에 제거되나, 색소가 남는 경우에는 표백한다.
	머리염색약	산화염료	제거하기 어려우며 강력한 산화표백제인 과망간산 칼륨용액으로 제거할 수 있으나, 남게 된 표백제의 색상은 환원표백제인 하이드로술파이트로 처리한다.
도 료	페인트(유성)	건성유, 수지, 안료	굳기 전에는 클로로벤젠 등의 유기용제로 제거하고 안료는 세액으로 제거한다. 굳은 것은 탈지면에 진한 암모니아수를 묻혀 얼룩부분에 놓아 둔 후 부드러워지면 클로로벤젠으로 제거한다.
	바니스	수지	시너 또는 클로로벤젠으로 제거한다.
잉 크	청색 잉크	황산 제일 철, 유기산, 염료	얼룩이 생기면 즉시 물로 씻고 색소가 남으면 표백한다. 시간이 경과한 것도 위와 같이 처리한 후 황갈색의 얼룩이 남으면 옥살산으로 철분을 제거하고 암모니아수로 중화한다.
	적색 잉크	염료, 글리세롤, 아라비아검	세제액으로 씻은 후 색소가 남으면 표백한다.
	볼펜 잉크	유지, 색소	유기용제로 지용성 성분을 제거한 후 세액으로 씻으며, 색소가 남으면 표백한다.
	매직 잉크	카본 블랙, 아교(수지)	클로로벤젠이나 초산아밀로 수지 성분을 제거하고, 색소가 남으면 표백한다.

표 7-2 (계 속)

구 분	얼룩의 종류	성 분	처리 방법
잉 크	먹 물	합성수지, 염료	먹물은 밥풀 또는 사무용 풀을 발라 카본 블랙입자를 흡착하여 제거한다. 제도용 먹물은 첨가된 수지를 유기용제로 제거한 후 위와 같이 처리한다.
	인 주	황화제2수은, 유지	유기용제로 지용성 성분을 제거하고, 세액으로 씻는다. 표백제는 효과가 없다.
음식물	과일즙	유기산, 당분, 색소	물에 적신 타월로 두드리거나, 부엌용 세제용액을 사용하여 제거하고 남는 색소는 산소계 표백제로 표백 처리한다.
	커피, 콜라, 홍차 등	지방, 카페인, 단백질, 색소, 당분, 탄닌	
	간장, 된장국	단백질, 지방, 소금, 색소	
	맥주, 포도주	색소, 당분, 단백질	
	붉은 고춧물	색소	
	카 레	전분, 단백질, 지방, 색소	
	케 첩	유기산, 섬유소, 색소	
	식용유, 버터	지방	종이 등으로 얼룩 성분을 가능한 한 흡수하여 제거한 후 유기용제로 제거한다.
	코코아, 초콜릿	단백질, 지방, 당분 색소	부엌용 세제용액을 사용하여 제거하고, 색소가 남으면 말린 후 유기용제로 처리한다. 그래도 얼룩이 남으면 표백 처리한다.
	추잉검	수지, 전분, 당분	냉각하여 굳힌 다음 긁어내며, 남아있는 것은 유기용제로 제거하고 세제액으로 씻는다.

표 7-2 (계 속)

구 분	얼룩의 종류	성 분	처리 방법
음식물	마요네즈	지방, 단백질, 전분, 유기산	충분한 양의 부엌용 세제 용액으로 제거하고, 오래된 것은 단백질이 변질된 것으로 단백질 분해효소로 처리한다.
	우유, 아이스크림	단백질, 지방, CMC, 당분	
	달 걀	단백질, 지방	
분비물	땀, 뇨	염분, 지방	세제액으로 씻으면 쉽게 제거되나, 오래된 것은 1% 옥살산(수산)용액으로 처리 후 충분히 수세한다. 이와 같은 처리로 완전히 제거되지 않으면 산소계 표백제로 표백한다.
	혈 액	단백질	40℃ 이하의 물 또는 암모니아수로 씻은 후 다시 세제액으로 처리한다. 오래된 것은 단백질 분해효소로 제거한다. 이 후에 남는 옅은 황갈색은 옥살산으로 처리한다.
기 타	곰팡이	단백질, 색소	건조상태에서는 브러시로 털어 낸 후 물 또는 세액으로 씻어 낸다. 남은 색소는 표백제로 제거한다. 오래되어 섬유 내에 남아 있는 얼룩은 단백질 분해효소로 처리한다.
	철분(녹)	산화철	옥살산액으로 제거한 후 묽은 암모니아수로 중화하고 수세한다.
	접착제	합성수지	아세톤 등의 유기용제로 제거한다.
	기계기름	광물성 기름, (철분을 포함하는 경우도 있음)	클로로벤젠 등의 유기용제로 제거하고, 쇠의 녹은 수산으로 처리한다.

2. 의류의 보관

의복은 오염이 되거나 습도가 높고 온도가 적당한 환경에 놓이면 미생물이나 해충의 침식을 쉽게 받으며, 자외선이나 대기오염물 등에 오랜 기간 동안 노출되면 약해지게 된다. 따라서 보관 중에는 이렇게 섬유를 취화시키는 조건으로부터 차단시키는 것이 의복을 오랜 기간동안 새 것같이 유지할 수 있는 방법이다.

1) 청 결

의복에 불순물이 남아 있으면 해충의 영양분이 되고 섬유가 변질이나 취화되는 원인이 되므로 깨끗하게 보관하는 것이 중요하다. 동 · 식물성 천연섬유는 원래 지방이나 단백질 등 불순물을 포함하며 이를 위해 정련, 표백을 하고 세탁 및 후처리를 하는 동안 약제나 세제 등도 잔류하게 된다. 이러한 성분은 의복을 보관하는 동안 외부조건과 여러 가지 반응을 일으키고, 반복 착용하는 동안 유성 오구가 부착되어 잔류하면 공기 중의 산소에 의해 산화되며 황변을 일으키고 섬유가 약해지게 된다. 따라서 잔류량이 많은 부위일수록 황변이 크게 일어난다. 또한 땀이 묻어 있을 경우 땀 성분이 분해하여 생기는 산이나 세균 등의 작용을 받아도 의복재료의 황변이나 취화를 유발하게 된다.

의복을 착용하고 난 후에는 세탁을 하여 보관하는 것이 좋다. 먼지를 털고 솔질하여 기계적으로 제거할 수 있는 오구를 제거하고 부분적으로 오염된 것은 빨리 적절한 처리를 해야 한다. 시간이 경과하면 얼룩진 부분을 제거하기가 어려우며, 해충에 의해 침식을 받거나 곰팡이가 생기게 된다.

그림 7-1 잘 정리된 옷장

2) 건 조

습기를 포함하고 있는 의복은 보관 중에 곰팡이나 해충에 의해 침해를 받기 쉽고, 변질, 변퇴색, 황변 등의 결과를 초래한다. 사용 중인 의복은 피부로부터의 발한과 기타 오염으로 인하여 습윤하지만, 착용하지 않은 의복도 고온다습한 계절에는 수분을 함유하기 쉽다. 특히 양모를 비롯한 친수성 섬유들은 수분율이 높으므로 섬유 무게의 10% 이상이나 되는 수분을 함유하기도 한다.

습도가 높은 조건에서 모직물 의복을 장시간 보관하면 섬유가 팽윤, 흡습하여 치수와 형태의 변화가 일어난다. 솔기의 퍼커링(puckering)이 생기거나 겉감, 안감, 심지 등의 소재가 서로 다를 때 습도에 대한 수축 차이를 일으켜 의복의 모양이 일그러지고 천의 표면에 요철이 생긴다. 특히 강연사를 사용한 축면류 등은 이러한 경향이 강하다.

그리고 견직물은 습도가 높은 곳에 수개월 이상 놓아두면 현저한 황변을 나타낸다. 이는 비결정부분에 존재하는 티로신과 트립토판이 산화, 분해되어 착색물을 만들기 때문이다. 그리고 의복을 보관할 때 세제, 후처리제, 유성 오구가 잔류하여도 황변이 더 촉진된다.

그림 7-2 건조제

섬유가 수분을 흡수하면 섬유 내부의 수소결합이 약해지고 수분이 윤활제의 역할을 하게 되므로, 고습도의 환경에 보관된 섬유는 신도가 증가하고 초기탄성률과 강도가 저하된다. 특히 견섬유는 수분을 흡수하면 기계적 성질이 변화할 뿐만 아니라 세리신의 변성이 촉진되어 섬유의 취화가 초래된다.

또한 고온다습한 조건은 섬유제품에 곰팡이를 발생시킨다. 습도가 높고 온도가 적당하며, 산소공급이 잘 되고 영양분이 존재하면 곰팡이가 번식하기에 좋은 환경조건이 된다. 온도가 낮아도 습도가 높으면 번식이 가능하다. 곰팡이는 모든 종류의 섬유에 서식하며 특히 따뜻하고 어두우며 습한 곳에 잘 생긴다. 곰팡이는 분비물과 포자에 의한 색소를 합성하여 의복을 오염시키는데, 그 색상은 흑, 적, 녹, 황색 등과 같이 곰팡이 종류에 따라 다양하다. 곰팡이는 섬유내부에 침입하여 섬유표면이나 내부를 분해하고 손상시키는데, 특히 천연섬유나 재생섬유가 곰팡이에 의해 손상을 크게 받는다. 또한 곰팡이가 서식하면 곰팡이의 신진대사과정에서 생성된 구연산, 옥살산, 젖산, 초산 등에 의한 불쾌한 냄새가 나게 된다.

따라서 의류를 보관할 때에는 밀폐되는 보관용기에 넣고 실리카겔이나 염화칼슘 등의 방습제를 넣어준다. 실리카겔은 표면적이 큰 다공질체로서 미세 기공을 통하여 수분을 흡수한다. 특히 물에 불용성으로 보관 중에 대기속에서 습기를 흡수하면 색상이 변한다. 또한 흡습하여 효과를

표 7-3 방충제의 종류별 효과와 사용방법

종 류	효 과	사용방법
나프탈렌	특별한 냄새를 내며 상온에서 고체이므로 취급하기 쉽다. 살충력은 적으나 해충에 대한 지속력 있는 기피효과가 있다. 휘발성은 약한 편이다.	승화성 방충제 가스는 비중이 공기보다 크기 때문에 의복 위에 종이를 깔고 얹어 놓아야 한다. 밀폐용기에 보관한다.
장 뇌	살충력은 없고 특유한 향기와 강한 자극적 맛이 있어 기피제로 작용한다. 나프탈렌과 파라디클로로벤젠의 중간 정도의 효과를 나타낸다.	나프탈렌과 동일하다.
파라디클로로벤젠	살충력이 강하여 효과가 빠르다.	승화력이 강하므로 자주 보충한다. 인체에 대한 독성이 크고 섬유제품에 직접 닿으면 얼룩을 남기므로 주의를 필요로 한다.

잃게 되면 가열하여 건조시켜 다시 사용할 수 있는 특징이 있으므로 사용이 간편하여 방습제로 널리 사용되고 있다. 염화칼슘은 곰팡이 발생을 방지하는 효과와 흡습성은 훨씬 우수하지만, 조해성이 있어 흡습하면 용해되는 단점이 있다. 흡습된 의류는 습기가 적고 바람이 잘 통하는 장소에서 거풍하여 건조시켜 보관하는 것이 좋다.

3) 방 충

섬유에 따라서는 미생물이나 해충의 성장을 도와주어 섬유가 쉽게 침해를 받기도 하고, 미생물이 서식하여도 섬유가 손상을 받지 않는 경우가 있는가 하면 박테리아가 자라기 어려운 섬유도 있다. 양모나 견섬유의 성분은 단백질이므로 해충이나 균이 자라는 데 필요한 영양분이 되어 가장 침해를 많이 받는데, 특히 가늘고 부드러운 섬유나 실의 꼬임이 적은 직물이나 편물에 충해가 많은 것으로 알려져 있다. 면이나 마 등의 섬유소섬유도 단백질섬유보다는 침해가 덜하지만 빈대, 좀 등에 의해서 침해를 받으며, 합성섬유는 해충이나 미생물의 침해를 받지않아 보관이 간편하다.

충해는 온도, 습도와 직사일광 등의 환경조건에 영향을 크게 받는다. 충해가 많이 일어나는 조건을 보면 어두운 장소, 온도 25~30℃, 상대습도 75%일 때 충해량이 최대치를 나타낸다. 따라서 충해를 막기 위해서는 보관환경의 온 · 습도를 조절하는 것이 중요하다. 저온저습한 보관환경 유지가 힘들 때는 휘발성 방충제를 쓴다. 방충제에는 승화성 고체인 나프탈렌, 장뇌, 파라디클로로벤젠 등이 있다.

따라서 의복을 세탁하여 깨끗하고 건조한 상태에서 밀폐용기에 보관하는 것이 좋으며, 방충제는 천이나 신문지에 싸서 옷장의 상부에 두되 휘발성이므로 수시로 보충한다. 이때 여러 가지 종류의 방충제를 함께 사용하면 성능이 저하할 수도 있으므로 방충제별로 단독 사용하는 것이 효과적이다.

생물의 생존에 산소는 필수 요소이므로 해충이나 곰팡이 등에 의한 피해와 산화작용에 의한 의류의 황변, 변색, 열화를 방지하기 위해서는 보관할 때 산소를 제거하는 것이 효과적이다. 의류보관용 탈산소제를 의류와 함께 밀폐하여 보관하면 포장용기 내의 유기산소를 제거함으로써 방미 · 방충뿐만 아니라 섬유의 산화에 의한 변질과 황변 등도 방지할 수 있다.

4) 일광으로부터의 차단

섬유는 일광에 의해 산화, 분자량의 저하, 결정화도의 저하를 일으켜 황갈변되거나 강도의 저하가 일어난다. 또 염색한 직물에서도 염료의 산화 · 환원 · 분해 등으로 변퇴색을 일으키며, 산소나 수분의 존재하에서는 더욱 촉진된다. 합성섬유가 일광에 의해 강도가 저하되는 것은 주로 섬유 중에 포함된 산화티탄 등의 촉매작용에 의해 산화되거나 분자쇄가 분해하기 때문이다. 특히 나일론은 일광에 불안정하여 황갈변과 아미드기의 절단에 의한 강도 저하가 현저하다. 따라서 의복은 일광이나 자외선을 피하여 보관하는 것이 바람직하다.

대기 중의 이산화질소는 단백질섬유나 나일론섬유 중의 수분에 흡수되어 질산을 만들고 섬유분자 중의 아미드 결합을 절단하여 강도를 저하시킨다. 셀룰로오스계 섬유도 이산화질소나 생성된 질산의 산화작용에 의해 취화된다. 이때 수분과 일광이 존재하면 섬유의 취화를 더욱 촉진하게 된다. 또한 질소산화물은 염색한 직물의 염료분자를 산화하여 색상을 변화시킨다. 이러한 가스퇴색의 방지에는 가스퇴색방지제가 쓰이며, 방충제나 탈 산소제의 사용도 효과가 있다. 그러나 무엇보다도 보관장소의 공기를 청정하게 유지하는 것이 가장 중요하다.

5) 다림질

다림질은 열, 수분, 압력을 이용하여 구김을 없애고 의복의 형태를 정비하기 위한 방법이다. 다림질 방법은 일반적으로 섬유의 내열성에 따라 다르고, 다리미의 무게와 압력, 접촉시간, 속도, 수분의 양, 직물의 두께 등에 따라서도 달라지는데, 표 7-4에 그 적절한 방법이 제시되어 있다. 수지가공 제품은 고온에서 수지가 변질, 착색하는 수가 있으므로 150℃ 이하에서 다림질을 해야 하며, 적정 온도에서도 시간이 경과되면 흰색 직물의 백도가 변화할 수 있다. 풀을 먹인 직물과 염소계 표백제가 남아 있는 경우도 고온에서 다림질하는 것은 황변이나 손상의 원인이 된다.

친수성 섬유는 다림질을 할 때 물을 뿌리면 효과적인데, 이는 물분자가 섬유내부에 침투하여 구겨진 상태의 수소결합을 약하게 함으로써 섬유를 변형하기 쉽게 만들기 때문이다. 이때 다리미로 압력을 주어 가열하면 구김이 펴진 상태로 고정된다.

표 7-4 소재별 다림질 시 주의점

소재의 종류	주의점
풀먹인 직물	보통 사용하는 전분질의 풀은 210℃, PVA풀은 170℃ 부근에서 황변하기 때문에 높은 온도에서 다림질하면 풀이 황변하거나 다리미에 붙게 된다. 표면에 광택을 내고자 할 때는 딱딱한 다림질대를 사용한다.
면직물	보통 헝겊을 대지 않고 표면에서 직접 다린다.
견직물	광택의 손상을 피하기 위해서 안쪽에서 다리며 표면은 살짝 다린다. 열에 의해서 변색되는 것은 헝겊을 덧대고 다림질한다.
모직물	표면에 덧헝겊을 대고 물을 위에 뿌려서 다림질한다. 일반적으로 광택을 내지 않는 것이 좋으므로 부드러운 다림질대를 사용한다. 다림질 직후는 습윤되어 있어 형태가 흐트러지기 쉬우므로 충분히 건조시켜서 옷걸이에 걸거나 보관한다.
나일론, 폴리비닐 알코올, 레이온	물기없이 마른대로 다림질한다.
교직물 · 혼방직물	내열성이 작은 섬유를 기준으로 해서 다린다.

제 4 부

의류의 폐기와 환경

제 8 장

의류의 폐기

우리의 옷장에는 많은 옷이 걸려 있고, 보관할 장소가 부족할 정도이지만 입을 옷이 없다고 생각할 때도 있다. 구입한 의복 중에는 자주 착용하는 것도 있으나 경우에 따라서는 제철이 되어도 옷장 속에 걸어만 놓고 거의 착용하지 않는 의복도 있다. 일본에서 여자 대학생을 대상으로 조사한 바에 의하면 착용하지 않으나 옷장에 보관하고 있는 의복이 원피스 80%, 스커트 75%, 블라우스 64%로 소유하고 있는 의복의 절반 이상을 입지 않고 있는 것으로 나타났다. 자주 착용하지 않고 보관하는 시간이 길어지는 의복은 결국에는 폐기처분하게 된다.

1. 의류의 폐기 요인과 수명

착용하던 의복을 폐기하는 요인으로는 크게 물리적 요인과 사회 · 심리적 요인으로 나누어 볼 수 있다.

1) 물리적 효용성의 불만족

의복을 처음 구입하였을 때에는 매우 만족스럽던 의복도 빈번하게 착용하고 세탁을 반복하거나 시간이 오래 경과하면서 물리적 효용성이 저하하는 변화가 일어나게 된다. 현재는 감성 또는 기능성이 우수한 옷을 제작하는 데 필요한 섬유와 직물을 생산하는 기술이 크게 진보하였으며, 나날이 의류제작기법도 새롭게 발전하고 있지만 아직도 의류의 물리적 효용성은 충족되지 못하는 경우도 많다. 의류제품의 착용과정에서 물리적 효용성에 대한 불만으로 의류제품을 폐기하는 원인에는 다음과 같은 것이 있다.

- 옷감이나 봉제부분이 손상되었을 때
- 변 · 퇴색되었거나 지워지지 않는 얼룩이 생겼을 때
- 의복의 신장 또는 수축으로 변형되었거나 체형이 변하여 잘 맞지 않게 되었을 때
- 부속품이 고장이 났으나 수선이 불가능할 때
- 착용하고 활동 시 불편할 때
- 제거할 수 없는 구김이 생기거나, 구김가공직물에서 구김이 펴지는 등의 심미가공효과가 제거되었을 때
- 옷의 형체안정성이 저하하여 후줄근해졌거나 옷감의 외관이 좋지 않게 되었을 때

그러나 개인에 따른 선호 감성과 의복에 대한 관심, 물리적 효용 감소의 정도 등에 따라 폐기 여부가 변하기도 한다.

의복의 종류에 따른 폐기요인을 정확하게 구분할 수는 없지만 일반적으로 티셔츠, 잠옷, 속옷 등의 실용적인 의복은 해지거나 색이 바래는 등 물리적 효용가치의 저하 시 폐기하게 된다.

2) 사회 · 심리적 효용성의 불만족

의복은 착용자의 개성, 성별, 연령, 사회적 지위, 경제적 능력, 가치관, 소속집단 등을 나타내게 된다. 그러나 소유하고 있는 의복이 이와 같은 역할을 제대로 하지 못한다고 생각하거나, 반복하여 착용하면 점차 선호성이 떨어지게 되어 결국에는 새로운 것을 원하게 되었을 때 그 의복은 사장되고 폐기된다.

의복의 사회 · 심리적 효용성이 충분치 못한 경우로는 스타일, 색상 또는 옷감이 유행에 뒤지게 되었을 때, 오랫동안 착용하여 싫증이 났을 때, 연령이 증가하고 지위 또는 사회적 환경의 변화로 적합성이 떨어질 때 등으로 개인의 감정적 평가에 근거한다.

의복은 경제 사정이 어려울 때는 대부분 물리적인 손상이 생길 때까지 사용하였다. 하지만 현재는 의복의 심미적 요인을 매우 중요시하며 합성섬유의 사용이 증가하여 의복의 물리적인 내구성은 비교적 좋으므로 의복에 따라서는 물리적인 손상보다는 사회적 · 심리적 불만에 의해 폐기하는 경우가 많다.

스커트, 블라우스, 외출복 등의 겉옷은 유행에 뒤떨어지거나 싫증이 나서 폐기하는 경우가 많으며, 특히 가격이 낮은 의복은 사회적 · 심리적 효용성이 떨어지면 쉽게 폐기하게 된다.

3) 의복의 수명

의복을 구입하여 폐기하기까지 의복의 수명은 의복의 종류에 따라 차이가 있다. 우리나라에서 여자 대학생의 의류 사용기간[1)]은 정장류 4.2년,

1) 유연실, *한국의류학회지*, 20, 1, p.142 (1996).

2) 재정경제부, 소비자피해보상규정, 재정경제부 고시 제2006-36호, 2006년 10월

표 8-1 의류품목별 평균 내용 연수[2)]

품 목	용 도	소 재	종 류	내용년수
남성 양복	춘하복	모, 모혼방, 견		4
		기타		3
	추동복			4
여성 원피스, 투피스, 쓰리피스 자켓, 점퍼	춘하복	모, 모혼방, 견		3
		기타		2
	추동복			4
코트			오버코트	4
			레인코트	3
바지	춘하복	모, 모혼방, 견		3
		기타		2
	추동복			4
스커트	춘하복	모, 모혼방, 견	스커트류, 점퍼 스커트	3
		기타		2
	추동복			3
스웨터			스웨터, 가디건	3
셔츠류			면셔츠, T셔츠, 남방, 폴로셔츠, 와이셔츠	2
블라우스		견		3
		기타		2
스포츠웨어			트레이닝복, 수영복	3
제복	작업복, 사무복			2
	학생복			3
피혁제품	외의	돈피, 파충류, 인조피혁		3
		기타		5
	기타			3
파운데이션, 란제리, 내복				2
한복류			치마, 저고리, 바지, 마고자, 조끼, 두루마기	4
스카프		견, 모		3
		기타		2
머플러				3
넥타이				2
모포		모		5
		기타		4
소파		천연피혁		5
		기타		3
커튼	춘하용			2
	추동용			3
침구류			이불, 요, 침대커버	3

점퍼 3.5년이며, 스커트 · 바지와 셔츠류 2.9년으로 가격이 비싸고 착용빈도가 낮은 것의 사용기간이 긴 편이다.

그러나 연령과 성별에 따라서도 차이가 있어 일반적으로 젊은 여성은 남성이나 나이가 많은 층에 비하여 유행을 좇는 경향이 많고, 쉽게 싫증을 내며, 취향이 빠르게 변화하므로, 이들이 착용하는 의복은 수명이 짧은 편이다. 그러나 높은 연령층은 의복을 신중하게 구매하고 비교적 취향이 고정되어 싫증을 덜 내고, 사이즈도 여유가 있는 의복을 착용하므로, 중 · 장년층 이상이 착용하는 의복의 수명은 상대적으로 길다.

의복의 수명을 상대적으로 비교하기 위하여 의류의 품목별 내용년수를 참고로 제시하면 표 8-1과 같다. 여기에 제시한 의복의 내용년수(耐用年數)는 우리나라 재정경제부 고시 소비자기본법(2001. 3. 28) 제12조제2항의 소비자와 사업자 간 분쟁의 원활한 해결을 위하여 소비자기본법 시행령 제8조의 규정에서 일반적 소비자분쟁해결기준에 따라 품목별로 소비자피해를 보상할 수 있는 기준이다.

2. 의류의 폐기방법

폐기하는 섬유류는 발생장소에 따라 소비자가 사용하던 의류를 처분하는 것과 섬유제품의 생산공정에서 사용하지 못하게 되어 처리하는 것으로 구별할 수 있다.

소비자가 의복을 구입하여 착용하고 처분하여 폐기까지의 과정은 그림 8-1과 같다. 더는 착용하지 않는 의복은 재사용, 재활용 또는 소각이나 매립으로 폐기된다.

섬유, 실 및 천 등의 생산 공정에서 발생하는 폐섬유류는 섬유의 종류를 알고 있으므로 다시 사용하기 쉽다. 그러나 가정에서 착용, 또는 사용

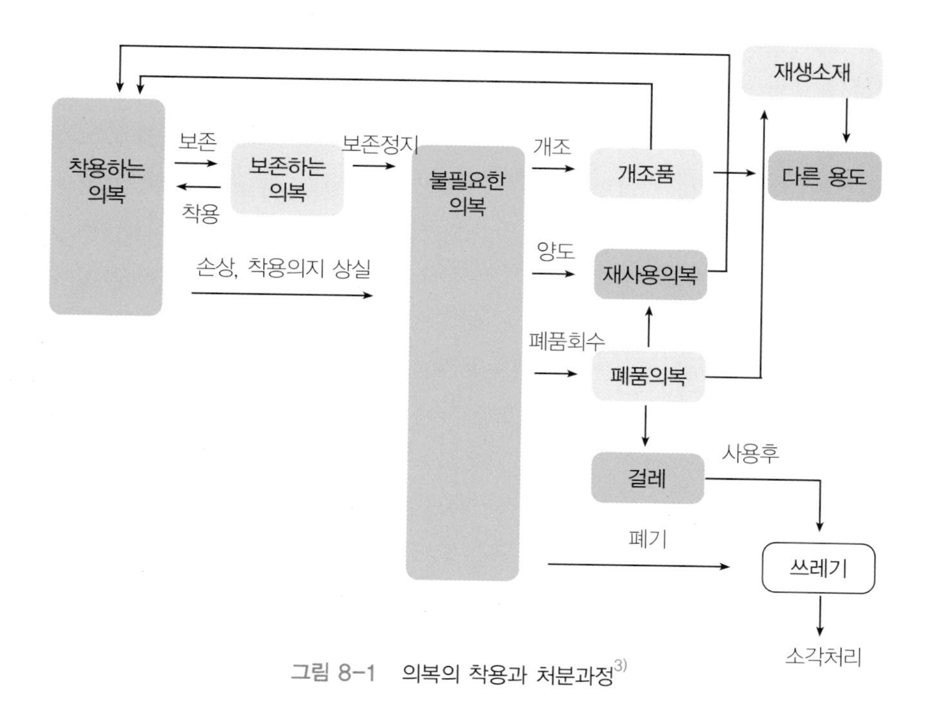

그림 8-1 의복의 착용과 처분과정[3)]

하던 의류제품의 폐기 시에는 여러 가지 섬유가 혼합되어 있거나 섬유의 종류를 정확히 알 수 없는 경우가 많아 재활용이 용이하지 않은 점이 있다.

우리나라의 1인당 섬유소비량은 20kg[4)] 내외로, 국민소득을 비교하였을 때에 다른 나라보다 섬유소비량이 높은 편이다. 이와 같이 섬유소비가 많은 것은 산업의 발달을 촉진하는 면도 있으나 섬유의 생산, 섬유제품의 염색과 가공에 사용되는 일부 화합물과 사용한 섬유제품의 폐기물의 증가는 에너지 소모, 폐수, 환경오염을 증가시키고 더 넓은 매립면적을 필요로 한다. 한 예로 면섬유를 생산하기 위한 면화 재배는 다른 농작물 재배에 비하여 농약의 사용량이 많은데, 면화의 생산량은 전 농작물의 3%를 차지하나 농약의 사용은 26%에 달하여 환경오염이 증가하는 원인이 된다.

3) 島崎小藏, *被服材料の 科學*, 建帛社(日), (1999), p.175.
4) 섬유산업통계, 한국섬유산업연합회, http://www.kofoti.or.kr

그러므로 소비자들은 합리적인 섬유제품의 소비로 폐기하는 섬유제품의 양을 되도록 줄이고(reduce), 수선이나 개조가 가능한 의류제품은 수선하거나 개조하여 다시 사용하며(reuse), 더 이상 착용할 수 없는 의류는 회수하여 다시 섬유로 재생하거나 다른 목적으로 사용할 수 있도록 재활용(recycle)하는 섬유제품의 3R운동이 바람직하다. 섬유제품의 3R운동은 소비자, 섬유관련 생산업체, 유통업체, 의류제품의 리사이클 관련 사업자와 행정기관 등이 모두 유기적으로 힘을 모아야 할 것이다.

더 착용하지 않는 의복을 처리하는 방법을 살펴보면 다음과 같다.

1) 재사용

의류의 재사용(reuse)은 의류제품을 부분적으로만 수선하여 본인이나 타인이 다시 착용 또는 사용하는 방법이다.

(1) 본인이 재사용

유행에 뒤떨어져 어색하게 보이는 옷이나 싫증난 것은 부분적으로 스타일 또는 색상을 바꾸어 매우 적은 지출로 자신이 원하는 형태로 수선하여 다시 착용할 수 있다. 예를 들면 치마길이를 짧게 또는 길게 하거나, 헐렁한 스타일의 자켓에 다트를 넣어 잘 맞는 스타일로 바꾸거나, 밑단이 넓은 바지의 폭을 줄여 일자형의 바지로 변환하고, 자켓의 소매를 떼어내고 소매둘레를 넓혀 베스트로 개조하여 사용할 수 있다. 또한 싫증난 의복은 벨트, 스카프, 타이, 단추를 새로 달거나 고쳐 새로운 느낌이 되도록 만든 후 다시 사용할 수 있다. 경우에 따라서는 시판하는 재료를 사용하여 염색을 하거나 스텐실 등의 방법으로 무늬를 넣음으로써 변화를 주어 새로운 기분이 들게 할 수 있다.

체형이 변하였거나 사용 중 크기가 변한 옷은 부분적으로 사이즈를 고

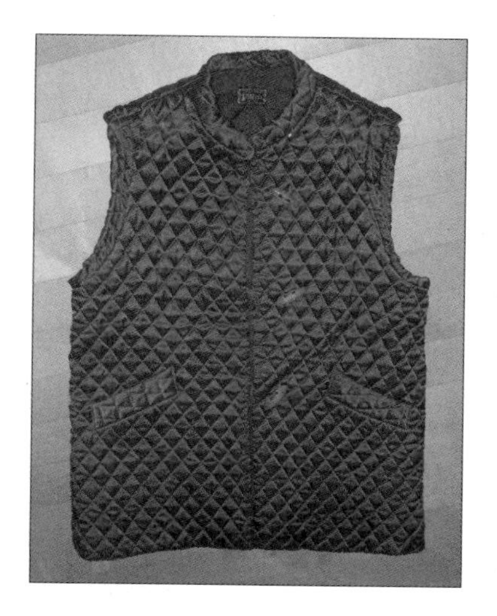

그림 8-2 코트를 변형한 베스트

그림 8-3 스커트와 스웨터로 만든 어린이용 점퍼스커트[5)]

그림 8-4 못 입게 된 청바지와 남방셔츠로 만든 스커트[6)]

5) http://blog.naver.com/gladys93/90004123713
6) http://blog.naver.com/answlstlf123?Redirect=Log&logNo=150024854385

쳐서 다시 착용할 수 있는데, 바지 길이를 늘이거나 줄이고, 바지 또는 스커트의 허릿단의 단추 등을 옮겨 달아 약간의 조절이 가능하다. 사용 중에 손상되어 박음질 부위가 터지거나, 단추 등 부속품이 떨어진 것, 부분적으로 찢어진 것, 조그만 구멍이 난 것 등은 가정이나 수선전문점에서 수선하여 의복의 물리적 수명을 다할 때까지 착용하는 것이 바람직하다.

(2) 타인에게 양도

더 이상 본인이 착용하지 않는 의복은 필요한 사람에게 기증하거나 매우 싸게 판매하여 재사용할 수 있다.

착용하던 의복을 기증하는 것으로는 형제, 자매간 또는 친지간에 성장하는 과정에서 의복의 물려 입기와 요즈음 일부 중 · 고등학교에서 일어나고 있는 교복 물려주기 등이 있다. 또한 의류를 깨끗이 정돈하여 고아원, 양로원 또는 갑자기 수재나 화재 등을 당한 가구에 전하여 다시 사용하기도 한다.

소비자단체, 종교단체, 자선단체 또는 지역단위별 사회복지관에서 운영되고 있는 재활용품 및 재사용을 위한 아껴 쓰고, 나눠 쓰고, 바꿔 쓰고, 다시 쓰는 아나바다 장터에서 필요한 품목을 서로 교환하는 방법도 있다. 이와 같은 기관을 통하여 입지 않는 의복은 전해 주고 본인에게 적합한 의복을 구하여 착용하는 것은 경제적일 뿐 아니라 환경을 고려한 측면에서도 매우 유익한 방법이다. 한편 동네마다 또는 아파트단지에 비치된 의류폐기함에서 모아진 의류 등 헌옷 중에서 선별된 것은 중고 의류제품으로 동남아시아나 남아프리카에 수출되기도 한다.

2) 재활용

폐의류로부터 섬유제품을 새로이 만들어 사용하는 것, 낙모, 낙면 등 섬유제품 생산공정에서 나오는 섬유나 원단 조각들의 자투리로부터 새로 섬유, 실 또는 옷감을 생산하여 사용하는 것과 폐기 의류를 처리하는 과정에서 발생하는 에너지를 회수하여 사용하는 방법 등을 넓은 의미로 의류의 재활용(recycle)이라 할 수 있다

의류의 재활용방법으로는 회수된 중고의류나 섬유제품 생산공정에서 사용할 수 없게 된 것들을 모아 펠트 또는 부직포로 만들어 모자, 방석, 신발 등의 재료, 작업용 장갑, 완구용 충진재, 지오텍스타일(geo-textile)용 소재, 자동차나 건축물의 흡음 · 단열재와 섬유판재로 이용하는 것 등이 있다. 경우에 따라서는 재생섬유로 만들어지기도 하며 누더기는 공업용 기름걸레로 사용된다.

섬유류의 재활용은 가정에서 회수된 의류보다는 섬유의 성분을 확실히 알 수 있는 섬유제품 생산과정에서 나오는 섬유를 이용하는 비율이 높은 편이다. 미국에서 청바지를 제조하는 과정에서 생기는 자투리 천은 일년에 약 30만 톤 정도나 되므로 이것을 처분하기 위하여 매립하려면 매우 넓은 면적이 필요하다. 따라서 진의 제작과정에서 나오는 데님을 재활용하여 환경친화적인 진이 시판되며, 종이와 연필 등의 문방구 등으로도 재생산되고 있다.

우리나라에서 섬유관련 재활용 전문의 폐기물 중간처리업의 신고업체는 전국적으로 130여 곳이며, 이들이 처리하는 폐섬유량은 20만 톤에 이르고 있는 것으로 나타나 있다[7]. 우리나라와 같이 국토가 좁고 자원이 적은 국가에서는 앞으로 이에 대한 연구와 지원이 더욱 요구된다.

우리나라에서도 재활용제품의 품질을 향상시켜 소비자의 불신을 해소

7) 환경자원 종합정보, 한국환경자원공사. http://info.envico.or.kr/mail/info_main.asp

폐합성섬유류 GR 인증 대상 품목

재활용 폴리에스테르 스테이플섬유, 재활용 섬유흡음재, 재활용 섬유판재,
쇄석 매스틱 아스팔트 혼합용 셀룰로오스 섬유,
재활용 혼섬펠트를 이용한 신발중창용 보드, 재활용 폴리에스테르 부직포

GR마크
(글자와 선은 녹색, 동그라미는 청색)

Good Recycled의 반복과 순환을 조화와 영속성이라는 균형미로 표현하고 있으며, 시작과 끝이 이어지는 둥근 형상으로 인간의 손과 우거진 나무를 표현하고, 자연을 사용하는 녹색과 지구의 색상인 청색을 사용하여 후손에게 물려줄 유산, 살아 숨쉬는 세계는 오직 우리들 개개인의 손에 달려 있음을 설명하고 있다

그림 8-5 재활용 품질인증 대상품목과 우수재활용제품 품질인증마크(GR마크)

하고 수요기반을 확충하기 위하여 자원의 절약을 도모하고자 재활용제품의 품질을 정부가 인증하는 우수재활용제품 품질인증(GR마크)제도가 도입되었다. GR마크는 환경부의 재활용촉진에 관한 법률시행규칙 제2조에 규정되어 있으며 산업자원부의 기술표준원이 인증서를 부여한다. 2005년 우수재활용제품 품질인증대상제품으로 폐섬유분야에는 그림 8-5와 같이 6개의 품목이 포함되어 있다.

3) 소각 또는 매립

우리나라는 국토가 매우 좁고 인구밀도는 매우 높으므로 공기와 토양의 환경보전 문제가 매우 심각한 형편이다. 환경을 보전하는 한 가지 방법이 쓰레기를 되도록 줄이는 것이다. 이를 위해 우리나라에서는 1995년부터 쓰레기 종량제를 실시함으로써 쓰레기의 발생이 크게 줄어 하루에 발생하는 쓰레기의 양은 2005년도에 1인당 0.99kg으로 선진국 수준에 이른다[8).

2005년 우리나라의 가정에서 배출하는 생활폐기물은 1일에 약 40,000여 톤이며, 이 중에서 재활용 55%, 소각 17%, 매립 28%로 처리되고 있다. 생활 폐기물 중 의류의 폐기량은 일반적으로 2~10%에 달하지만, 혼방과 복합소재의 사용이 많고 제품이 다양하며, 생산과 유통구조가 복잡하여 재활용 비율이 비교적 낮아 전체 섬유류 제품의 약 10% 정도만 재사용 또는 재활용되고 있다. 그러므로 폐기된 의류제품의 대부분은 매립 또는 소각되어지는데 매립되는 양이 소각되는 양보다 더 많다.

의류제품을 매립하였을 때에는 섬유의 종류에 따라 분해속도가 다르며 합성섬유는 천연섬유보다 분해속도가 매우 더디다. 우리나라에서 섬유별 소비량을 비교하여 보면 천연섬유보다 합성섬유의 소비가 많으며 더욱 증가하는 추세이므로, 폐기섬유의 매립으로 인한 환경문제에 앞으로 더 관심을 기울여야 할 것이다.

섬유제품을 폐기하기 위하여 소각할 때에는, 소각 시 나오는 열에너지를 이용할 수 있는 장점이 있다. 그러나 소각장의 설치는 지역 주민의 NIMBY(not in my back yard)현상으로 심한 반대에 부딪히고 있는 실정이므로, 소각 시에 발생하는 다이옥신 외의 공해물질의 배출을 완전히 억제하는 소각장을 설치할 수 있도록 정부가 대책과 시설을 지원하는 것이 필요할 것이다.

이상에서 살펴본 바와 같이 모든 소비자는 의류 폐기물을 되도록 줄이고, 국내와 해외의 중고의류제품 시장을 활성화하여 재사용을 늘리고, 회수된 의류제품의 재활용을 확대하기 위한 기술 개발과 함께 재생섬유를 이용한 제품의 그린마크제도를 확대하여 재활용 제품의 수요가 증대시킬 수 있는 정책의 추진이 필요하다.

---

8) 전국 폐기물 발생 및 처리현황, 환경부, http : //www.me.go.kr/ (2005).

제 9 장

의류와 환경

우리는 이미 대기오염으로 인한 이상기후 등의 징후를 체험하고 있는 등 환경오염의 심각성은 더욱 심각해지고 있으며, 이로 인해 환경의 변화와 생태계에 대한 소비자의 관심이 더욱 고조되고 있다. 따라서 이전에는 섬유제품의 성능 향상을 위한 개발에만 중점을 두고 노력해 왔으나, 최근에는 이로 인한 환경의 변화와 생태계에 대한 소비자의 관심이 커지면서 쾌적한 환경을 만들기 위한 소재의 개발이나 섬유제품이 환경에 미치는 영향 등이 점차 중요한 문제로 대두되고 있다.

환경문제는 유해물질 배출로 인한 환경오염, 에너지소비로 인한 자원의 고갈, 유해성 물질 사용으로 인한 인체장해 등의 문제를 포함하며, 의류제품에 있어서는 생산, 사용 및 폐기의 과정으로 나누어 생각해볼 수 있다. 우선 의류소재의 생산과정에서 배출되는 여러 가지 부산물은 대기나 수질을 크게 오염시키고 있다. 또한 최근에는 유해한 환경에서 일하는 섬유 및 직물공장의 작업자의 건강과 관련된 문제도 자주 제기되고 있으며, 많은 합성섬유가 석유를 원료로 하여 만들어지므로 이들 천연자원의 고갈 또한 중대한 문제가 된다. 그리고 사용과정과 관련된 환경문제를 살펴보면 가정에서 의복을 세탁할 때 합성세제나 비누의 사용으로 수질을

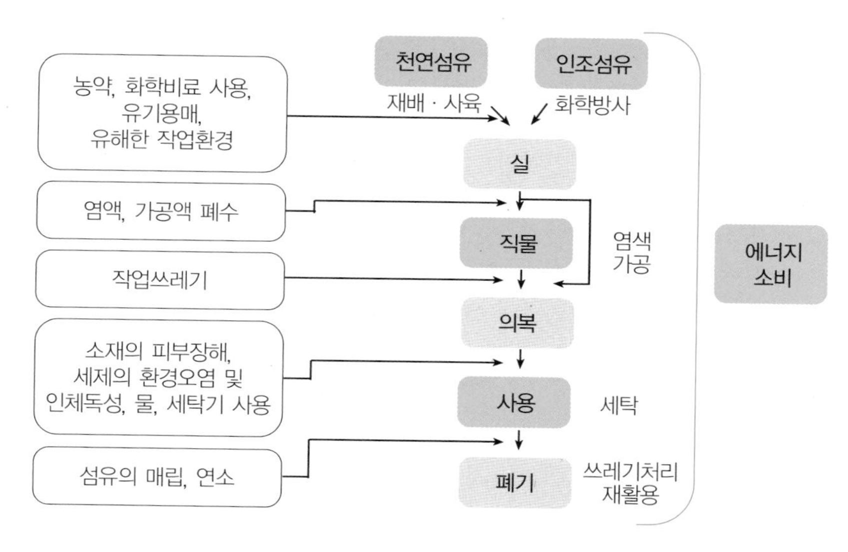

그림 9-1 의류의 생산 · 사용 · 폐기과정과 환경문제

오염시키고 있으며, 드라이클리닝에 사용되는 유기용제도 많은 논란의 대상이 되고 있다. 경우에 따라서는 의류소재에 의한 소비자들의 장해도 문제가 되고 있다. 그 외에도 사용하고 난 의류의 폐기 또한 그 처리문제가 중대한 관심사가 되고 있다.

1. 의류의 생산과정과 환경

의복을 생산하는 과정에서 환경에 미치는 영향은 대단히 크다고 할 수 있다. 천연섬유를 재배할 때 사용된 비료, 살균제, 살충제로 인한 수질오염과 토양오염, 염색가공을 할 때 사용된 염료나 화학약품에 의한 수질오염과 토양오염, 천연섬유나 인조섬유를 제조할 때 발생하는 유해 폐기물, 가죽이나 모피를 얻기 위하여 야생 동물에 행하는 가학행위 등 여러 가지 환경을 오염시키고, 파괴시키는 요인들이 존재한다.

1) 화학약품 및 농약의 사용에 의한 환경오염

일반적으로 섬유에 의한 환경오염은 천연섬유보다는 인조섬유가 주된 원인이라고 생각할 수 있지만, 실제로는 천연섬유도 생산과 가공과정 중에 많은 환경오염을 초래할 수 있다. 섬유소 섬유는 재배기간 중에 많은 비료와 농약, 살충제 등을 사용할 뿐만 아니라, 정련 · 표백과정과 수지가공 등의 과정에서도 많은 화학약품을 사용하며, 동물성 섬유는 동물의 사육기간 중에 분뇨의 배출량이 많고 정련, 표백, 가공 등의 과정에서 인체에 유해한 물질을 사용하는 등 많은 환경오염 등을 초래하게 된다.

2) 폐수에 의한 환경오염

섬유의 생산과 관련된 공정 중에서도 염색과 가공단계는 많은 화학약품과 물을 사용하므로 이 단계에서 수질오염과 관련된 환경문제가 특히 많이 발생하게 된다. 염색할 때 섬유에 염착되지 못한 염료나 사용하고 남은 염액이나 가공액들은 배수구에 버려지게 되며, 공정에서 이용하는 열에 의해 가공액 중의 유기화합물이 증발하여 공기를 오염시키게 된다. 그런데 유기성 폐수를 배출하는 일반 산업과 달리 염색폐수 중에는 각종 염료성분과 호제 및 계면활성제 등 분해가 어려운 물질들이 함유되어 있

그림 9-2 폐수처리장

다. 특히 소비자가 요구하는 가공형태에 따라 사용약품과 가공공정이 달라 섬유의 종류, 가공방법, 염료의 종류, 가공제조의 종류 등에 따라 다양한 특성의 폐수가 배출된다.

(1) 풀빼기

경사에 사용되는 대표적인 호료로 천연호료인 전분류와 합성호료인 PVA(polyvinyl alcohol)나 CMC(carboxymethyl cellulose)를 많이 사용하는데, 염색을 원활하게 하기 위해서는 이들을 제거해야 하며 이 공정을 풀빼기 공정이라 한다.

이 공정에서는 효소제, 알칼리, 산 또는 산화제 등으로 호료를 제거하거나 온탕에서 침지하여 제거하는데, 전분류 등은 생물학적으로 분해가 가능하지만 매우 높은 생물학적 산소요구량(biological oxygen demand; BOD)을 유발하며 PVA, CMC 등은 BOD 농도는 낮으나 생분해성이 낮은 물질로 알려져 있다.

(2) 정련 및 표백

정련은 섬유의 유지방이나 왁스 등의 여타 불순물을 제거하는 과정으로 무기 정련제 및 유기 정련제가 사용된다. 무기 정련제는 가성소다, 탄산나트륨 및 규산나트륨 등이 있으며, 유기 정련제로는 비누, 합성세제 및 유기용제가 사용된다. 대표적인 유기용제로는 휘발유, 벤젠, 트리클로로에틸렌 및 퍼클로로에틸렌 등이 있다. 정련공정에서 발생되는 오염물은 섬유에서 빠져나온 천연왁스, 지방질, 광물질, 유지류 등과 과량으로 사용된 세제나 용제들로서 pH, BOD 및 COD가 높다.

한편 표백공정은 색소를 제거하는 공정으로 과산화물, 염소계 및 아황산계 표백제들이 사용되며, 폐수에 표백제가 남아 있거나 높은 pH 및 BOD 등이 문제가 된다.

(3) 염 색

염색공정에서는 10~50%의 염료가 섬유에 염착되지 못하고 폐수에 함유된다고 한다. 이때 미염착되는 염료량은 면섬유용 염료가 가장 심각하여 반응성 염료 및 황화염료는 많은 양이 폐수로 방출된다. 반면에 염기성 염료와 분산염료는 상대적으로 폐수발생에 의한 환경오염 문제가 덜 심각하다. 염색폐수 속에는 염료 외에 무기염류, 산, 알칼리, 유기산염 등 다양한 염색조제, 계면활성제, 염료용제 등이 섞여 있다. 특히 황화염료의 경우에는 황화물을 많이 사용하므로 황화수소가 발생하며 악취가 난다.

(4) 가 공

폴리에스테르섬유는 촉감이나 광택을 개선하여 실크와 같은 외관을 부여하기 위해 알칼리 감량 가공을 하게 된다. 폴리에스테르섬유의 감량률은 20~30% 정도이며, 이때 평균적으로 pH가 13 정도이고 COD와 BOD가 높은 알칼리성 유기폐수가 배출된다.

방축, 방추, 위생 등의 가공공정에서는 멜라닌 수지, 요소 수지, 포르말린 수지 등 가공제 및 계면활성제, 조제 등 사용하는 약품이 다양하다. 공정상 수세가 필요 없기 때문에 물이 많이 배출되지 않으나 나중에 기계세척을 할 때 이들 약품이 용출되어 COD, BOD가 매우 높은 폐수가 배출된다.

표 9-1 염색가공 공정의 BOD부하 분포(%)[1)]

공 정	풀빼기	정련 · 표백	염 색	가 공
BOD부하분포	30~45	25~35	15~35	5~10

1) 이전숙 · 안춘순 외, *섬유제품의 성능유지와 관리*, 형설출판사, (2005), p.241.

표 9-1을 보면 염색공정에서의 BOD부하는 일반적으로 전처리 공정인 풀빼기, 정련, 표백에서 높은 것을 알 수 있다.

폐수 등에 의하여 수질이 오염되는 정도를 나타내는 용어로는 다음과 같은 것들이 있다.

□ **화학적 산소 요구량**(COD; chemical oxygen demand)

배수나 환경 중의 물을 산화제를 사용해 화학적으로 산화시킬 때 소비되는 산화제의 양을 구한 후 이에 상당하는 산소의 양(ppm, mg/L)으로 표시하며, 화학적으로 산화될 수 있는 불순물 함량의 지표가 된다.

□ **총 유기탄소량**(TOC; total organic carbon)

물속에 있는 유기물 내의 탄소량을 나타내는 지표 가운데 하나로, 단위 체적당 물에 함유된 용존 유기물의 탄소 총량을 mg/L 또는 ppm으로 나타낸다. 총 유기탄소량은 샘플을 산소기류와 고온(900℃ 정도), 촉매 존재하에서 완전 산화하고 생성된 이산화탄소의 양으로부터 총탄소량을 구한 다음 별도로 같은 샘플을 저온에서 기화, 생성시킨 이산화탄소의 양으로부터 산출한 무기탄소의 양을 빼어 계산하는 방법으로 수행된다.

□ **생물학적 산소요구량**(BOD; biological oxygen demand)

일반적으로 호기성 박테리아가 20℃에서 5일간 유기물질을 분해시켜 안정화 시키는 데 필요한 산소의 양이다. 하천, 호소, 해역 등의 자연수역에 폐수가 방류되면 그 중에 산화되기 쉬운 유기물질이 있어서 수질이 오염된다. 이러한 유기물질을 수중의 호기성 세균이 산화하는 데 필요한 용존산소의 양을 mg/L 또는 ppm으로 나타낸 것이 생물학적 산소요구량이다. 미생물에 의한 분해가 가능한 불순물 함량이나 물질의 생분해성을 측정하는 수단으로 쓰인다.

□ **생분해도**

자연계에 방출된 화학물질이 미생물에 의해 분해되는 정도를 생분해도라고 한다. 가장 일반적인 측정법은 수용성 총 유기탄소량을 측정하는 방법으로 이것은 시료 화학물질의 완전분해도를 나타내는 것이다. 이외에 생분해도를 구하는 방법으로는 생물학적 산소요구량과 이론 산소요구량을 비교하는 방법, 실제로 발생한 이산화탄소와 이론적 이산화탄소 생성량을 비교해서 구하는 방법 등이 있다.

3) 생산공정에서의 에너지소비

의류제품을 생산하는 과정에 투입되는 에너지는 기계를 작동하고 온도조절, 조명 등을 위한 전기나 연료 등을 들 수 있으며, 섬유의 종류, 실의 가공, 제직이나 제편, 염색 및 가공조건 등 선택하는 과정에 따라 총 사용량이 달라진다. 표 9-2는 일본에서 의류제품 생산을 위한 각 과정별로 소비되는 에너지를 나타낸 것으로 염색공정과 섬유의 생산, 방사공정에서 에너지를 많이 소비하는 것을 알 수 있다. 이렇게 에너지의 사용이 중요한 관심을 불러일으킨 것은 1970년대에 석유공급의 일시적인 중단으로 섬유산업에서도 에너지 보존을 위한 노력이 필요한 것을 인식하기 시작하면서부터였다. 일반적으로 천연섬유에 비해서 합성섬유는 에너지 소비량이 더 많은데, 이는 합성섬유를 제조할 때 가장 중요한 재료로 석

표 9-2 섬유의 생산에 필요한 총 에너지 소비량[2)]

섬 유	에너지량(단위 : 10^3kcal/10kg)
면	117
양모	48.5~79.1
견	50~100
레이온 스테이플	207
레이온 필라멘트	379
큐프라	310
폴리에스테르 스테이플	335
폴리에스테르 필라멘트	325
나일론 6 스테이플	350
나일론 6 필라멘트	537
아크릴 필라멘트	594

2) 일본 과학기술청 지원조사협회편, (1979).

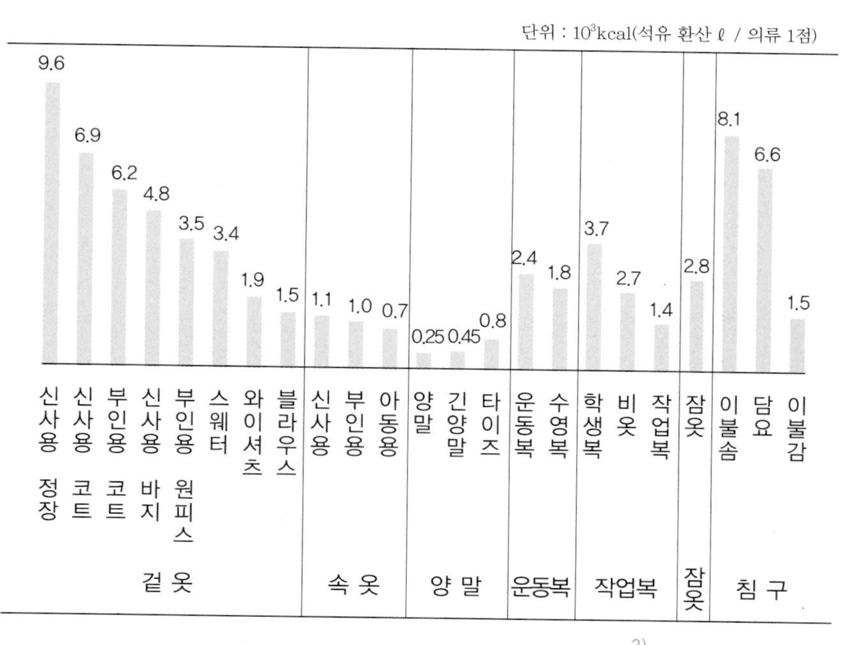

그림 9-3 주요 의류 1점당 생산 투입 에너지[2)]

유나 석유공정의 부산물을 사용할 뿐만 아니라 제조과정에서 연료를 사용하는 등 많은 에너지가 소비되기 때문이다. 또한 인조섬유는 필라멘트와 스테이플 파이버의 총에너지소비량이 다르며 주로 필라멘트를 제조하는 데 더 많은 에너지를 소비하게 된다(표 9-2 참고).

섬유를 사용하여 실을 만드는 과정에서는 대략 150~170×10³kcal/10kg 정도의 에너지가 소비되며, 섬유의 종류나 섬도, 꼬임 등의 조건에 따라 달라진다(표 9-2 참고). 의복의 종류에 따라서도 생산과정에 투입되는 에너지가 달라지는데, 그림 9-3은 의복의 종류별로 투입되는 총에너지를 비교하여본 것이다. 최근에는 자동화시스템의 구축으로 에너지의 소비가 달라졌을 것으로 기대되지만 이에 관한 정확한 보고자료는 부족한 실정이다.

4) 유해한 작업환경

일반적으로 섬유제조나 염색 · 가공과정 중에 사용하는 많은 화학약품들이 가지는 독성에 의해서 작업자들이 호흡기, 피부 장해, 또는 만성 질환 등을 호소하는 경우가 아직도 발생하고 있어 작업장 환기 장치 등의 개선이나 작업자들의 건강을 위한 환경 개선이 요구되고 있다. 그 한 예로 비스코스 레이온은 광택이 특이하고 드레이프성이 뛰어나면서도 친수성이 좋아 의류소재로 많이 쓰이지만, 제조하는 과정에서 이황화탄소가 배출되어 작업환경이 유해하므로 최근 미국이나 일본 등 선진국에서는 생산을 중단하였다. 우리나라에서도 레이온 생산업체인 원진레이온에서 근로자의 직업병을 초래하는 등의 문제가 발생함에 따라 생산을 중단하게 되어 이를 대체할 수 있는 레이온들을 개발하고 있지만 아직 비스코스 레이온의 특성을 나타내지 못하므로 주로 수입에 의존하고 있는 실정이다. 그밖에 방적 및 방직공장에서는 섬유먼지가 날리면서 작업자들이 섬유분진에 의한 호흡기 장애를 호소하거나 소음에 의한 청각장애 등을 호소하고 있는데, 이러한 문제는 섬유제조공정을 개선하고 자동화하면서 많이 해결되고 있다.

2. 의류의 사용과정과 환경

의류제품을 생산하는 과정에서 환경에 미치는 영향이 매우 크지만, 소비자가 구입하고 사용하는 단계에서도 물이나 전기 등 에너지의 사용, 세제 등의 사용에 의한 환경오염, 그리고 의복이나 세제가 인체에 미치는 유해성 등의 문제가 있을 수 있다.

1) 세탁에 의한 환경오염과 에너지 소비

소비자가 의류를 사용하는 과정에서 세탁을 자주하게 되는데, 이때 세제나 세탁기 등의 사용으로 환경오염을 일으키거나 에너지를 소비하게 된다.

(1) 세제에 의한 환경오염

세제는 사용인구나 횟수가 많고, 사용된 후에는 생활하수를 통해 큰 제약 없이 버려지므로, 합성세제에 의한 수질오염은 꾸준히 논의되어 왔다. 특히 우리나라는 인구가 밀집되고, 하수처리시설이 선진국에 비하여 미흡하므로 환경친화적인 합성세제의 개발을 필요로 하여 이에 주력하고 있다. 또한 수질환경보전법 제2조에는 세제가 환경오염물질로 지정되어 1996년부터 배출허용기준(5mg/ℓ 이하, 청정지역 3mg/ℓ)을 적용하고 있다.

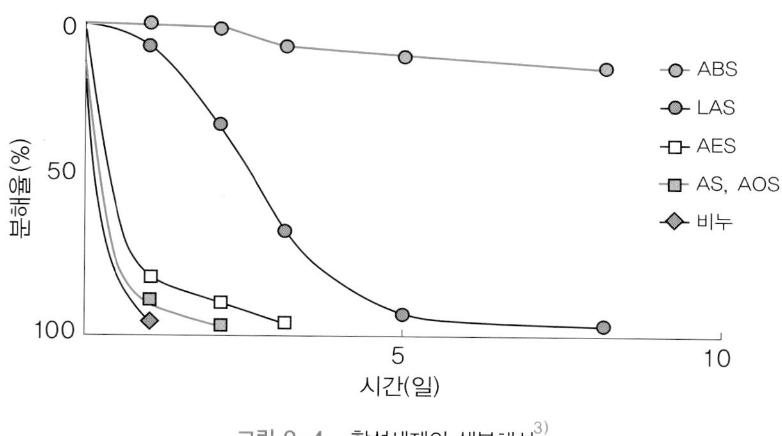

그림 9-4 합성세제의 생분해성[3]

3) 富山新一, *化學과 工業(日)*, 27, (1974), p.890.

합성세제는 제2차 세계대전 중 독일에서 석유를 원료로 만든 소위 ABS(alkylbenzene sulfonate)를 활성분으로 하여 개발되었는데, 이 세제는 비누만큼 세척력이 좋을 뿐 아니라 물에 잘 녹고, 경수나 바닷물에서도 세척이 잘 되며, 값이 싸고 원료의 제한을 받지 않으므로 많이 사용하게 되었다. 그러나 ABS 사용량이 많아지면서 합성세제가 하수처리에 장애를 주게 되고, 하수, 하천, 호수 중에 축적되어 하천표면이 거품으로 덮이는 등의 지장을 초래하게 되었다.

이에 각 나라에서 직쇄상의 알킬기를 가져 생분해가 잘되는 LAS(linear alkylbenzene sulfonate)를 개발하고, 각국이 다투어 경성세제 사용을 중단하고 연성세제로 전환하게 되었다. 우리나라는 1980년 8월부터 가정용 세제의 ABS사용을 금지하고 LAS, AOS, AS 등으로 전환하게 되었다. 그러나 LAS의 사용량이 급증하면서 환경오염의 문제는 또 발생하게 되고 최근에는 LAS보다 더욱 분해가 빠른 AOS, AES, AS, MES, AE 등의 계면활성제가 개발되어 세제의 생분해성은 현저하게 향상되었다.

그러나 시판세제의 생분해성에 관한 보고를 보면, 한국공업규격(KS K 2714)에 준한 생분해도는 실제 자연환경에서의 생분해도와 현격한 차이를 나타내었다. 뿐만 아니라 보고된 계면활성제의 생분해도 시험결과는 계면활성제가 완전히 분해되어 물과 탄산가스를 생성하는 데 걸리는 시간, 즉 궁극적 생분해되는 데에 걸리는 시간을 측정한 것이 아니고, 분자가 절단되어 계면활성제로서의 특성을 잃어버리는 데까지 걸리는 시간, 즉 1차 생분해가 되는데 걸리는 시간을 측정한 것이므로 실제 계면활성제가 분해되어 자연에 완전히 환원되는 시간은 훨씬 더 길다고 볼 수 있다.

이에 반해 비누는 생분해 속도가 다른 계면활성제보다 빠르므로 환경오염을 줄일 수 있는 해결방안인 것처럼 인식되고 있으나, 비누는 BOD가 월등히 많고, 1회 사용량이 합성세제보다 6~10배 많으므로 하천이나 호수의 산소부족을 초래하여 생물의 존재에 위협을 줄 수도 있다. 따라서

표 9-3 세제의 BOD 부하[4)]

세 제	BOD(mg/g)	세척시		
		사용량(g)	BOD부하(g)	비 고
비누(가루)	750.0	50	37.5	세탁물량 3kg
합성세제(분말)	132.0	40	5.3	세탁물량 3kg
주방세제	200.0	7.5	1.5	1일 사용량
샴푸	150.0	6	0.9	1회 사용량
식용유	1,670.0			
밀가루	520.0			

비누를 사용하는 것만이 환경오염문제의 해결방법이 아님을 알 수 있다(표 9-3). 그러나 폐식용유를 그대로 버리지 않고 비누로 재활용하는 것은 원료를 다시 한 번 사용한다는 점과 BOD가 큰 식용유를 BOD가 그보다 작은 비누로 만들어서 폐기한다는 점에서 환경친화적인 방법이라고 볼 수가 있을 것이다.

일반적으로 세탁용 분말세제는 계면활성제와 조제 등의 원료를 50~60%의 슬러리 상태에서 열풍 건조시켜 분말화하고, 효소, 표백제, 향료 등을 배합하여 제조한 것으로 물과의 접촉면적을 넓혀 용해성을 높이기 위해 분말입자 내부에 공기층이 형성되도록 한 것이었다. 따라서 보관과 운송에 많은 공간과 시간을 필요로 하고, 포장재의 비용과 폐기물의 처리면에서 비경제적이었다. 그러나 최근에는 계면활성제 함량을 높이는 것과 함께 공기층을 없애고, 증량을 위해 쓰이던 조제를 줄임으로써 분말세제의 농축화가 가능해졌다. 세제의 사용량을 줄여 수질오염을 감소시키고, 용기의 크기가 작아져서 운반비용이 절감하고 보관과 진열공간이 축소됨으로써 에너지 및 자원의 절약, 유통비용 절감 및 쓰레기 양 감소 등의 효과를 얻을 수 있게 되었다.

4) 松重一夫 · 水落元之 · 稲森悠平, *用水와 廢水(日)*, 32, (1990), p.386.

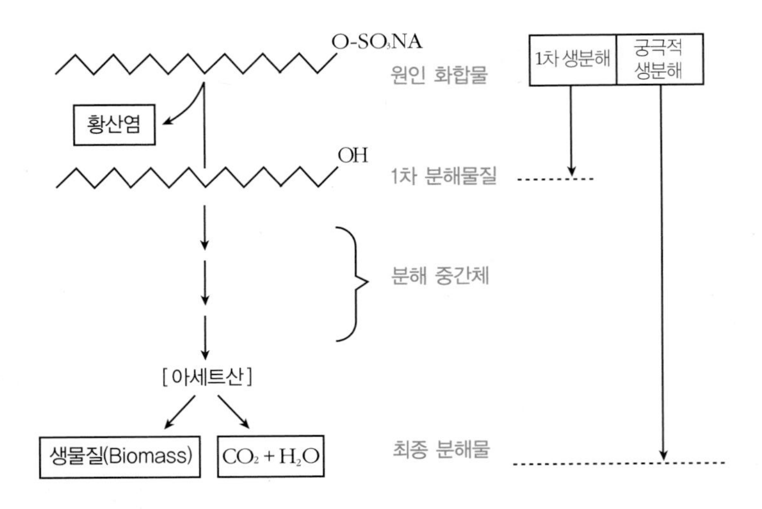

그림 9-5 지방알코올설페이트의 분해과정으로 설명한 생분해도 평가기준

(2) 인산염에 의한 부영양화

합성세제로 인한 수질오염의 문제가 대두되면서 처음에는 세제성분인 ABS의 생분해성에 의한 수질오염에만 관심을 가졌으나, 하천이나 호수가 무기성 영양성분의 농축과 부영양화로 인하여 생태계에 위협을 주는 현상이 나타나게 되었다. 부영양화란 호수 등에 질소, 인산, 칼륨 등 수생식물의 영양분이 되는 성분이 다량 유입되면 수중에서 플랑크톤이나 이끼류가 과도하게 되어 수중의 산소를 고갈시키고, 결국은 산소부족으로 모든 생물이 죽어서 부패하고 퇴적화하는 현상을 말하는데, 이러한 현상이 오래되면 호수가 육지로 변하게 된다.

이러한 호수의 부영양화를 방지하기 위해서 세제에 배합되는 인산염의 규제가 불가피하게 되었으며, 우리나라에서도 산업규격(KS M 2715)으로 합성세제에 배합되는 인산염을 1% 이하로 규정하였다. 실제 1988년 7월부터는 업계가 자발적으로 인산염세제의 사용을 중단하고 우리나라에서 판매되고 있는 합성세제는 모두 무인산 세제로 되어 있다.

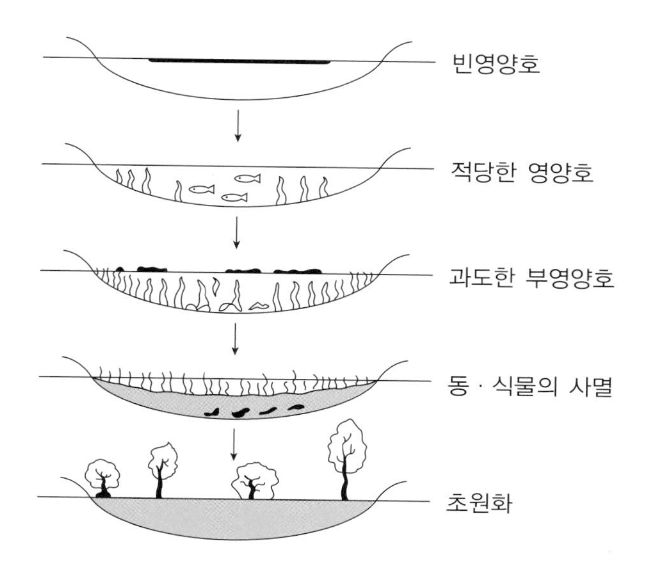

그림 9-6 부영양화

2) 세탁과 에너지 소비

세탁기의 사용으로 세탁에 소요되는 시간과 노동이 크게 줄어들었으며, 표 9-4에 보는 바와 같이 그 효과는 세탁기의 종류에 따라 차이가 있다. 환경친화성 면에서 볼 때, 드럼식 세탁기를 사용하면 물의 소비량이 크게 줄고, 세제의 사용량도 적어진다. 세액의 농도가 높고 세탁시간이 길어 효소의 활성을 효과적으로 발휘할 수 있으므로, 세제나 물의 과다사용에 의한 환경오염을 감소시킬 수 있을 것으로 생각된다. 또한 세탁물의 엉킴으로 인한 구김발생이 적으므로 다림질 사용에 의한 에너지 손실을 절감할 수 있을 것이다. 그러나 가열기가 세탁기 내부에 장치되어 있어서 고온 세탁 시에 에너지의 소모가 많은 단점을 가지고 있다.

그리고 전기 에너지나 비용의 절약면에서는 임펠러식 세탁기도 우수하지만, 물의 사용량이 많아 자연적으로 세제의 사용량도 많다는 단점이

표 9-4 세탁기의 종류에 따른 특성[5)]

종 류	임펠러식		교반식		드럼식		
	P1	P2	A1	A1	D1	D2	D3
세탁용량	8.2kg	6.7kg	8.2kg	9kg	6.5kg	5kg	6kg
물사용량	220ℓ		166ℓ			65ℓ	93ℓ
소비전략량(30℃)	173Wh	139Wh	229Wh	155Wh	283Wh		481Wh
헹굼횟수	2	2	1	1	3	3	4
총 세탁시간(분)	50	45	30	36	68~93	120	76~97

있으며, 엉킴이 심해 구김이 많이 발생하므로 대부분의 경우 다림질을 해야 의복을 착용할 수 있어 추가에너지가 더 소비될 것이다.

3) 의류제품 및 세제에 의한 장해

새로운 섬유와 가공 기술이 개발되면서 섬유제품의 성능이 크게 향상되어 우수한 외관과 기능을 가진 의류제품을 생산할 수 있게 되었다. 그러나 많은 염료나 가공제의 사용으로 인체에 여러 가지 유해한 증상이 나타나기도 하여 최근에는 이에 대한 관심이 증대되고 있다. 실제로 섬유제품 생산공정에 쓰이는 화학약품은 수천 가지가 넘으며 이 중 많은 수가 인체에 유해하거나 발암성 물질이고, 또 보관하거나 사용하는 과정에서 세제와 후처리제, 유연제, 방충제 등 여러 가지 약제가 인체에 해를 가할 수도 있다.

(1) 의류제품에 의한 장해

피부에 이물질이 계속 접촉되거나, 마찰 또는 압박 등 물리적 자극을

5) C. H. Park, O. K. Lee, E. Y. Kim and S. R. Kim, *Journal of the Japan Research Association for Textile End-Uses*, (2002), 43, 2, p.123~129, (2002).

가하면 피부염 등의 장해가 일어나게 된다. 의복을 착용했을 때에도 이러한 자극에 의해서 장해가 생기는 수가 있는데, 이는 소재의 종류와 형태에 따라 다르고 인체부위에 따른 접촉상태, 마찰이나, 압박의 정도 등에 따라 차이가 난다. 따라서 의복이 지나치게 달라붙거나, 마찰이나 압박이 심하거나 또는 땀이 나서 고이기 쉬운 부위에 장해가 많이 생기게 된다.

의류제품 중에는 다양한 화학물질이 함유되어 있어 어떤 성분에 의해 장해를 받는지 명확하게 분석하는 것은 쉽지 않을 뿐만 아니라 각 물질이 인체에 미치는 영향의 정도와 장해를 일으키는 정도가 개인에 따라 다르게 나타날 수 있어 더욱 어렵다.

의류 소재

천연섬유는 피부염을 일으키는 경우가 극히 드물다. 그러나 양모섬유는 표면이 스케일로 되어 있어 그 자극으로 인하여 아토피성 피부염을 유발하거나, 접착부위가 붉어지거나 짓무르는 경우가 발생하기도 한다.

견에 의한 피부염은 드물지만 생견 중의 세리신에 의해 접착습진이나 아토피성 피부염이 생길 가능성이 있다고 보고되어 있다. 면섬유는 그 자체로는 피부장해를 일으키지 않으나, 풀을 먹이면 칼라나 커프스에 풀기가 빳빳하여 목과 손목 부위에 물리적인 자극으로 발진을 일으키는 경우가 있다.

또한 합성섬유의 영향에 관한 연구결과에 의하면 패치테스트에서 나타난 양성률은 아크릴, 나일론, 면의 순서로 높고, 아크릴과 나일론에서 의료피부염, 기타 피부이상 경험자가 나타내고 있다. 또한 합성섬유는 특히 기후가 건조할 때에 정전기의 발생으로 피부와 의복 사이에 방전이 되므로 모낭염이나 모낭종양이 팔의 바깥쪽, 다리의 앞쪽에 생기는 경우가 보고되고 있다.

그밖에 의류제품의 부속품이나 장식용구로 사용되는 금속, 고무, 가죽의 접촉부위에서도 각각 그 성분에 따라 알레르기성 접촉피부염이 발생할 가능성이 있다.

염료 및 가공제

염료가 직물에서 유출되어 피부로 옮겨지면서 피부에 대한 장해가 발생하는 경우가 가끔 있는데, 특히 아조계 염료의 일부는 인체에 유해한 것으로 알려져 사용을 금지하고 있다. 아조염료는 발색단으로 아조기(-N=N-)를 가지는 것으로 방향족 아민으로부터 합성된다. 그런데 발암성, 알레르기성 또는 독성이 있는 방향족 아민에서 합성된 경우 가공공정이나 사용과정에서 유해한 방향족 아민으로 다시 분해될 수 있는 가능성이 있다. 그밖에 각종 염색공정 중에 사용되는 중크롬산염, 산, 팽윤제 등이 피부장해를 일으킬 수도 있다.

최종 의류제품의 품질향상을 위해서 여러 가지 가공이 이루어지는데, 가공제의 과량 사용은 피부장해뿐만 아니라 그외에 인체에도 좋지 않은 영향을 주는 경우가 있다. 특히 방축이나 방추가공제로 많이 사용되는 포르말린에 의한 피부장해가 자주 발생하는데, 이는 가공 후에 수세를 덜 하였거나 포름알데히드를 지나치게 많이 사용하였기 때문이며, 피부에 밀착하는 의복의 경우 가장 문제시되고 있는 것이 접촉성 알레르기이다.

의류, 종이, 세제에 포함된 형광증백제의 의해 접촉성 피부염이나 색소침착 등이 가끔 생기므로 주의를 필요로 하며, 유연제 또한 종류에 따라 정도의 차이는 있으나 과량이 사용되었을 때는 사람에 따라 가벼운 자극 증상을 나타낸다. 형광증백제 중에는 특히 쿠마린(Coumarin)계와 스틸벤(Stilbene)계의 형광증백제가 발암성이 높다는 보고가 있다.

(2) 세제의 독성

합성세제가 널리 보급됨에 따라 인체에 대한 세제의 안전성에 대하여 많은 논의가 있어 왔으며, 또 환경을 오염시키는 요인들 중의 하나라는 것이 지적되어 사회적인 물의를 일으킨 바 있다. 대부분의 의복은 사용하는 과정에서 반복 세탁을 하여야 하므로 세제가 인체에 미치는 영향은 의생활에서 중요한 의미를 지닌다.

합성세제가 인체에 미치는 영향에 관해서는 경구독성, 즉 먹었을 때 직접적으로 생명과 생리작용에 관계가 있는 급성 · 아급성 · 만성독성과 최기성(催畸性) 그리고 일상생활에서 세제를 사용할 때 생기기 쉬운 피부, 점막에 대한 독성 그리고 생산과 사용과정 중에 흡입에 의해 발생하는 호흡기 장애 등으로 나누어 생각할 수 있다.

표 9-5 계면활성제의 독성 [6), 7)]

계면활성제	LD_{50}
LAS	1.3~2.5
AS	1.0~2.7
AES	1.0~2.0
AOS	2.7~4.0
NPE(10)	1.6
양이온계*	0.4
트윈 20	73.0
화장비누	7.0~20.0
합성세제(약알칼리성)	6.2
샴 푸	5.0~10.0
식 염	3.1~4.1
식소다(탄산수소나트륨)	4.3
에틸알코올	13.7

*Cetyltrimethyl-ammonuim bromide

6) 北原文雄 外, *界面活性劑*, 講談社(日), (1979), p.498.
7) 界面活性劑硏究會, *新界面活性劑 綜合技術資料集*, 經營開發센터 出版部(日), (1986), p.349.

경구독성

합성세제를 일시에 다량 먹는 일은 거의 일어나지 않는다. 그러나 어린이들이 잘못하여 일시에 다량을 먹어서 사고가 나는 경우가 있었는데, 이렇게 일시에 먹었을 때 단시간에 나타나는 독성을 급성독성이라고 한다.

일반적으로 독극물질의 급성독성을 평가할 때는 LD_{50}을 사용한다. 이것은 독성물질을 쥐나 토끼 등의 실험동물에게 먹였을 때 동물의 50%가 죽게 되는 양을 체중 1kg을 기준으로 나타낸 값이다. 계면활성제 및 세제의 독성을 나타낸 표 9-5을 보면 양이온 계면활성제가 독성이 가장 큰 것을 알 수 있다. 세제의 LD_{50}은 6~10g/kg으로, 이 양은 50kg의 체중을 가진 성인을 기준으로 할 때 한 번에 세제 200~300g 정도를 먹는 양이므로 급성 독성은 크게 문제되지 않는다고 말할 수 있다.

화학물질이 수중생물에 미치는 독성을 시험하는 방법의 하나로 TLm(Tolerance Limit)을 사용하고 있다. 이것은 수중생물의 반 정도가 사망하는 화학물질의 농도를 나타내는 것으로 대표적인 합성세제 활성분의 어류치사량은 표 9-6와 같다. 이 실험결과는 인간에게 미치는 경구독성으로 평가하는 데는 무리가 있으나, 계면활성제 간의 독성을 상대적으로 비교하거나 하천 중의 수중생물에 미치는 영향을 조사하는 데에는 의미가 있다고 볼 수 있다.

표 9-6 세제성분의 TLm[8)]

세제성분	TLm(ppm)	공시어
LAS	2.3~4.8	잉어
AS	4.7~10.0	송사리
AES	10.0	잉어
AOS	23.6	잉어
비 누	20.5	잉어

8) *합성세제의 안전성과 환경문제*, 라이온 家庭科學硏究所(日), (1981), p.31.

세제를 사용함으로써 수도물이나 음식 등을 통하여 오랜 기간 동안 미량의 세제가 체내에 공급되고 피부와 접촉하게 되기 때문에 만성 독성이 더욱 문제될 수도 있다. 하지만 일상생활에서 우리 체내에 흡수하여도 무방한 계면활성제의 양은 성인 1인당 7.0~14.5mg 정도로 이것은 성인의 체중을 50kg으로 볼 때 0.14~0.29mg/kg이 된다. 이는 세계보건기구(WHO)와 미국식품의약국(FDA)에서 정한 최대무작용량인 300mg/kg의 1,000~2,000분의 1에 해당하는 양이므로 만성독성에 있어서도 크게 문제되지는 않는다고 볼 수 있다.

계면활성제와 함께 조제가 인체에 미치는 영향도 많이 검토되고 있다. 제올라이트는 지금까지의 연구결과로는 LD_{50}이 10g/kg으로 거의 무독성이라고 할 수 있으며, 발암성, 유전독성, 분진에 의한 폐질 등의 위험도 없는 것으로 밝혀졌다.

세제에 포함된 효소도 제조공장 종업원들의 호흡기 질환을 일으켜 문제가 되었던 적이 있지만, 그 후 효소 분진의 발생을 방지하기 위한 연구가 꾸준하게 진행되고, 과립이나 캡슐로 만드는 기술이 발전하여 이러한 효소세제의 문제를 해결할 수 있게 되었다. 따라서 일반 가정에서 사용할 때의 안전성은 문제가 없는 것으로 되어 있다.

그밖에 세제 중에는 형광증백제가 0.03~0.3% 정도 포함되는데, 섬유에 염착성이 낮아서 많은 양이 폐수로 배출되어 토양이나 조류에 많이 흡착되는 것으로 판명되었다. 또한 급성 독성, 만성 독성, 돌연변이 등과 같은 생물학적 및 생태학적인 면에서 인체에 대해 안전한 것으로 보고되고 있다.

피부 장해

일상생활에서 합성세제에 의한 장해는 경구독성보다는 피부에 대한 장해를 더욱 쉽게 느끼게 된다. 비누나 합성세제는 기름이나 단백질 오구

표 9-7 세제의 피부(손)에 대한 영향[9]

계면활성제	탈지율(%)	탈락피부세포수($\times 10^{-6}$)
물	25.3	34.2
비누	50.1	53.8
ABS	44.6	89.7
ABS + Na_2SO_4	46.1	-
ABS + STP	64.0	-

* 1분간 손을 담그고 비볐을 때

를 제거하는 성분을 가지고 있으므로 피부에 직접 닿으면 피지와 각질층의 일부가 손상받는다. 따라서 합성세제로 세탁을 하면 손이 거칠어지고 피부에 장해를 받게 되는 경우가 자주 있다. 이렇게 직접 또는 간접적인 원인에 의해 세제의 영향을 받는 것으로 추정되는 피부질환으로는 주부습진, 아토피 습진 등이 있다.

비누와 합성세제가 피부에 미치는 영향을 비교하면 표 9-7과 같은데, 대체로 합성세제가 비누보다 그 영향이 큰 것을 알 수 있다.

표 9-8은 합성세제의 피부에 대한 자극성을 실험하기 위하여 천에 계면활성제를 묻혀서 피부에 일정시간 부착한 후 피부에 이상이 생기는 여부를 시험하는 패치테스트 결과이다. 이에 따르면 계면활성제의 농도 5%에서는 양성반응을 보이기 시작했는데, 이는 실제 세탁에 사용하는 계면활성제의 농도 0.1%보다 훨씬 높은 농도이다. 계면활성제 간의 피부자극성을 비교하면 AS가 다른 계면활성제에 비해서 큰 것을 알 수 있다.

9) J. E. Kirk, *Acta Dermatol-Venereal*, 46, suppl.57 (1966).

표 9-8 합성세제 성분의 피부자극성[8)]

(단위 : 양성반응률(%))

계면활성제	농도(%)		
	5	2	0.5
LAS	9	0	0
AS	18	0	0
AES	9	0	0
AOS	9	0	0

* Semiclosed 패치 실험, 24시간

3. 의류의 폐기과정과 환경

의류제품을 사용하고 나서 폐기하는 단계는 환경을 오염시킬 가능성이 매우 크다고 볼 수 있다. 폐기물은 매립하거나 소각하여 처리하는데, 섬유의 생분해성이나 연소 시에 발생하는 가스 등이 중요한 요인이 된다.

1) 의류의 폐기에 의한 환경오염

의복을 사용하고 나서 폐기할 때에는 매립하거나 소각하는데, 천연섬유로 만든 의류는 매립하면 자연계에서 분해되어 자연으로 돌아가지만 합성섬유로 된 의류는 자연계에서 분해되지 않고 그대로 남아 환경을 오염시키고 있다. 이러한 분해의 메커니즘에는 여러 가지가 있는데, 이 중에서 생분해는 미생물에 의해 자연적으로 일어나는 현상으로 매립지나 하천에서 가장 흔히 일어나는 분해 메커니즘이다. 섬유제품의 생분해성 평가를 통하여 그 제품이 실제 자연환경에서 어느 정도 분해가 되는지, 즉 어느 정도 환경친화적인지 살펴볼 수 있다.

생분해성은 먼저 섬유를 이루는 고분자물질의 화학적인 구조에 따라 결정된다. 대부분의 생분해성 고분자는 주쇄 내에 가수분해가 잘 되는 원자단을 포함하고 있다. 그리고 분해속도는 섬유 내 고분자의 크기, 형태, 표면적, 결정성 및 배향성 등의 물리적인 구조에 따라 크게 영향을 받는다. 대체로 분자쇄들이 불규칙적이고 배향성이 적은 느슨한 구조를 가진 비결정 영역에서 분해가 시작되는데, 이것은 비결정 영역에 효소가 접근하여 공격하기가 쉽기 때문이다.

양모나 견 등의 천연단백질 고분자는 펩티드결합의 반복단위가 불규칙적으로 배열되어 있어 결정성이 낮아 생분해가 잘 되지만, 나일론과 같은 폴리아미드계의 합성고분자는 반복 단위가 짧고 규칙적이어서 결정화도가 크므로 생분해가 상당히 어렵다. 또한 셀룰로오스 섬유의 생분해성을 비교한 최근 연구결과를 보면, 같은 셀룰로오스 섬유이지만 일반적으로 결정화도가 높은 면이 레이온보다 분해속도가 느리고, 아세테이트는

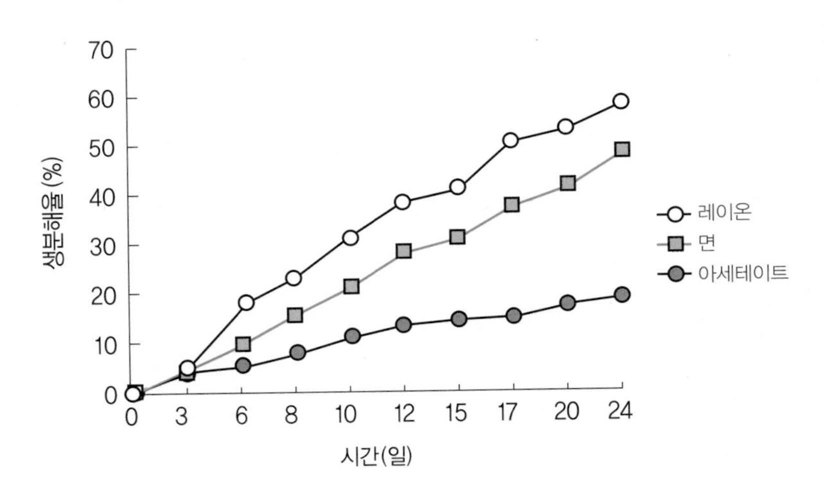

그림 9-7 활성슬러지법으로 평가한 섬유의 생분해성[10)]

10) C. H. Park · Y. K. Kang and S. S. Im, *Journal of Applied Polymer Science*, 94, 1, p.248~253 (2004).

생분해 속도가 가장 느린 것으로 나타났다. 아세테이트는 결정화도는 가장 낮으나, 친수성인 히드록시기가 소수성인 아세틸기로 치환되었기 때문이다(그림 9-7 참고).

합성섬유 중에서는 지방족 폴리에스테르 섬유가 비교적 생분해가 잘 일어나는데, 이는 지방족 폴리에스테르는 분자쇄가 방향족 폴리에스테르에 비하여 유연하므로 생분해가 쉬운 것으로 설명된다. 이에 비해 폴리아미드는 폴리에스테르에 비해 생분해 속도는 상당히 느리다. 왜냐하면 폴리아미드는 짧고 규칙적인 반복단위를 갖고 배열이 규칙적이며 수소결합을 하여 결정성이 높기 때문에 효소의 접근에 제한을 받기 때문이다.

그밖에 선형 고분자를 가교결합시킨 경우에는 결정성이 감소함에도 불구하고 생분해 속도는 떨어지게 된다. 이는 가교가 형성되면서 3차원적인 망상 구조를 형성하므로 분자쇄의 유동성이 감소하고 효소의 접근이 어려워지기 때문이다. 생분해성에 대한 첨가제의 영향도 크게 작용하는데, 가소제나 안정제 등의 첨가제들의 존재는 생분해가 일어나게끔 도와준다.

이상과 같이 섬유재료의 생분해성은 주로 고분자의 특성 위주로 알려져 있으며 섬유나 직물은 필름이나 기타 플라스틱 등의 고분자 재료보다 결정화도와 배향성이 커서 생분해가 상대적으로 어려울 것으로 생각되지만 이에 관해서는 아직 잘 알려져 있지 않다.

2) 의류폐기물 감소 방안

천연섬유는 일반적으로 잘 분해되지만 합성섬유는 분해가 어려우므로, 재활용에 관한 관심이 높아지고 있다. 특히 일회용품의 사용이 증가하면서 폐기물 처리가 사회적으로 큰 문제가 되고 있다. 그러나 섬유의 재활용과정은 간단하지 않고 비용이 많이 소요되므로 아직 일반화되지 못하

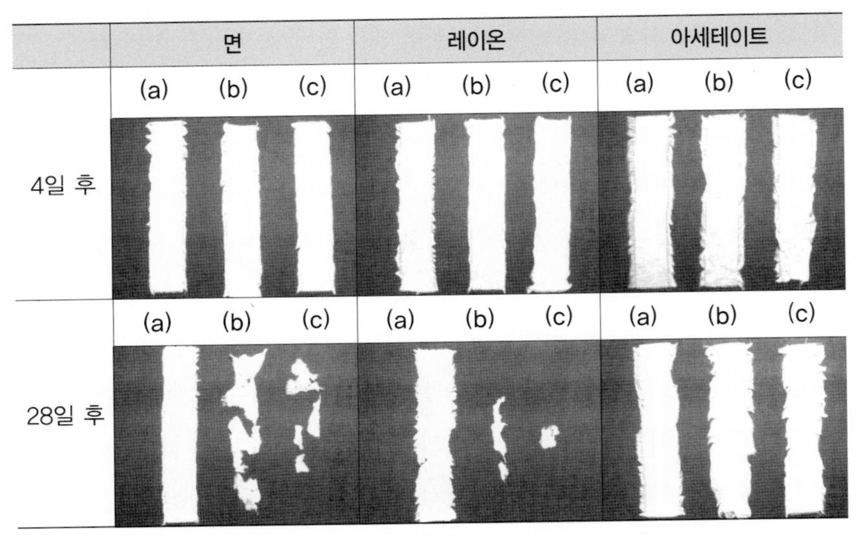

그림 9-8 토양에 매립된 셀룰로오스 섬유의 사진[10)]

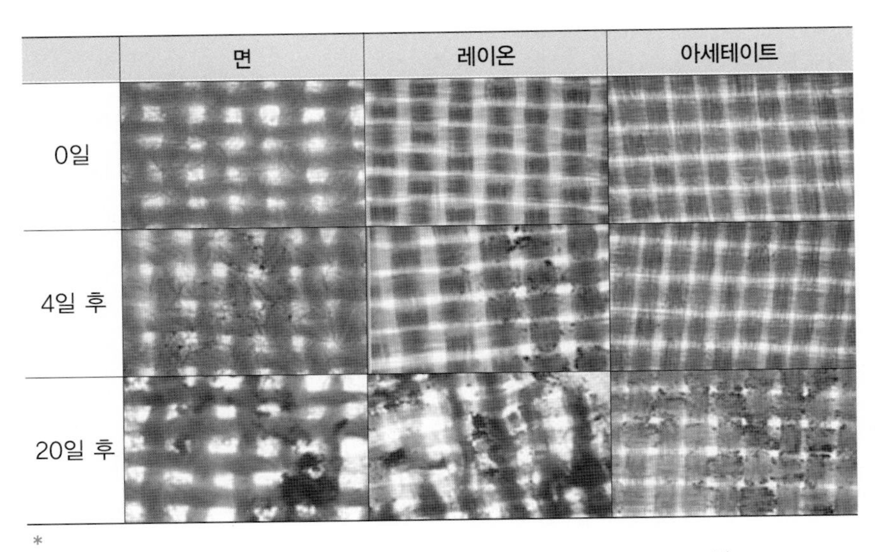

그림 9-9 토양에 매립된 셀룰로오스 섬유의 현미경 사진[10)]

고 있다. 그림 9-10은 섬유제품의 사용주기를 나타낸 것이다. 원료를 제품으로 만들어 사용하고나서 버리는 과정이 반복되면 원료는 고갈될 것이나(열린 사이클), 사용하고 난 제품을 재활용하거나 재사용하면 원료를 그대로 유지할 수 있어(닫힌 사이클) 계속 자원을 유지할 수 있을 것이다.

한 번 사용하였던 의류제품은 여러 가지 방법으로 재사용(reuse)하거나 재활용(recycle)할 수 있다. 재사용이란 원래 제품의 형태를 손상 또는 변화시키지 않고 다시 사용하는 것을 의미하며 의복을 남에게 물려주거나 공공단체에 기증을 하고, 또는 중고제품으로 다시 판매하여 사용하는 경우를 말한다. 재활용은 본래의 형태를 변화시켜 다시 사용하는 것으로 방사 및 제직 과정, 옷감의 재단 등의 과정에서 생긴 부스러기 섬유제품, 즉 소비자가 사용하기 전의 폐기물(preconsumer waste)을 가공하여 충전재, 일회용품, 보강재 등으로 사용하는 방법이 있고, 소비자가 이미 사용하였던 폐기물(postconsumer waste)을 다시 감별하고 분류하여 새로운 제품으

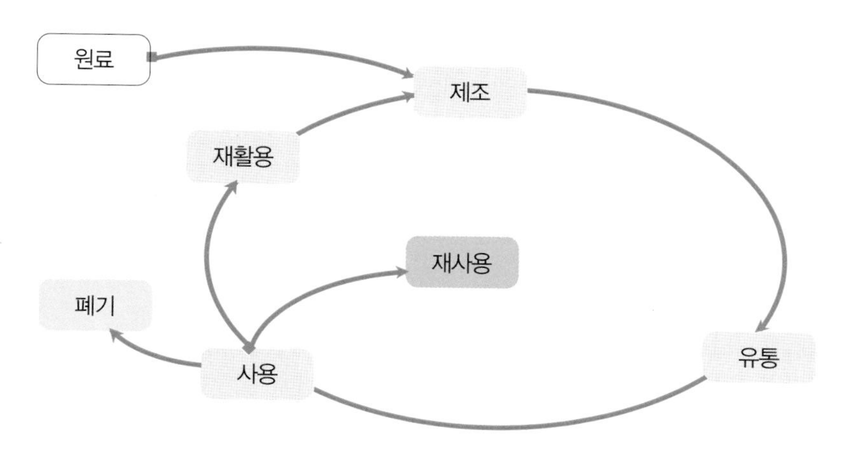

그림 9-10 제품의 원료부터 폐기까지의 전과정(화살표 양방향)[11]

11) Billie J. Collier, Phyllis G. Tortora, *Understanding Textiles*, Prentice Hall, (2001), p.516.

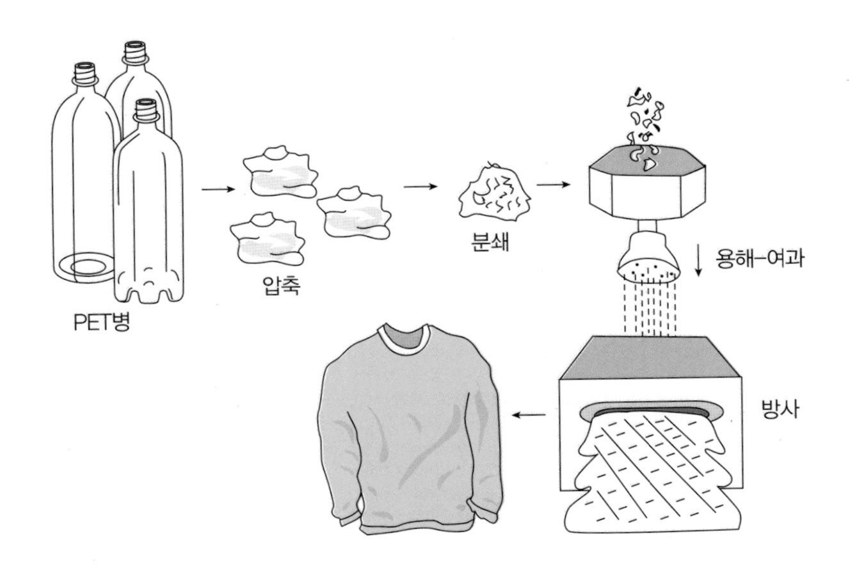

그림 9-11 폴리에스테르 재생섬유의 제조과정

로 제조하는 방법이 있다.

소비자가 사용하였던 폐기물을 재활용한 것으로 대표적인 예로는 재생모가 있고 그밖에 면, 마, 레이온 등도 충전재로 재활용할 수 있다. 열가소성을 가진 합성섬유 중에는 아주 잘게 잘라 용해시킨 후 다시 과립상의 고분자 칩으로 만들어 생활용품으로 쓰이는 플라스틱 성형제품을 제조하기도 한다. 또는 폴리에스테르나 나일론과 같은 축합중합체 합성섬유에만 사용할 수 있는 방법으로 중합체인 섬유를 분해하여 중합 이전의 단량체로 되돌아가게 하는 것이다. 나일론 6이나 66 섬유는 제조과정 중에 발생되는 고분자 폐기물을 단량체로 분해하는 공정이 이미 오래 전부터 시행되어 왔다. 특히 PET병의 해중합에 의한 재활용 기술은 크게 발달하고 있으며, 미국의 DuPont사는 폐기 플라스틱과 섬유제품, PET필름 등의 화학적 재생을 통하여 폴리에스테르의 원료를 생산하는 기술을 추진하고 있다. 최근에는 음료수 용기로 많이 사용되는 PET병을 용융시켜 섬유로 방사하는 데 성공을 하였다(그림 9-11).

제조과정에서 발생하는 폐기물의 재생이용에 비해 최종 소비섬유폐기물의 재생이용은 회수, 분류 및 분리과정에서의 여러 문제점으로 인해 많은 어려움을 안고 있다. 이러한 최종 소비섬유폐기물은 항상 다른 재료와 섞여 있을 뿐 아니라 여러 물질로 오염되어 있어서 제조과정 발생형의 섬유폐기물처럼 비교적 간단하고 용이한 방법으로는 처리되지 않으므로 문제점들이 아직 해결되지 못하고 있다. 주로 충전재, 패드, 강화섬유, 바닥이나 천장재 등으로 사용되고 있다.

4. 환경친화적 의류생산

섬유폐기물의 일부는 재활용하거나 재사용하고 있으며, 그 외에는 대부분 매립 또는 소각하는 방법으로 처리되고 있다. 그러나 매립한다고 해도 합성섬유는 물론이거니와 천연섬유도 생분해되기까지는 상당히 오랜 기간이 소요된다. 따라서 섬유산업의 각 분야에서는 이와 같은 환경오염을 줄이기 위해 노력하고 있다. 일반적으로 환경친화적 섬유제품(environmentally improved textile products; EITP)이란 생산이나 제조과정에서 환경에 유해한 물질을 생성하지 않거나, 사용과정 중이나 사용 후에 천연자원을 고갈시키지 않는 것을 의미한다.

1) 환경친화적 섬유

환경친화적 섬유에는 생산과정에서 유해한 물질의 사용을 줄이거나 생분해성이 향상된 섬유, 폐기물을 재활용한 섬유 등을 들 수 있다.

라이오셀

Courtaulds사에서는 텐셀이라는 상품명을 가진 새로운 레이온을 개발하였는데, 이를 라이오셀이라 한다. 기존의 레이온은 생산과정에서 이황화탄소 등 유해물질을 방출하여 문제가 되고 물에 젖으면 크게 약해지는데, 이러한 단점을 개선하기 위하여 생산된 것이다. 라이오셀은 독성이 적은 용매(N−methylmorpholine−N−oxide; NMMO)를 사용하고, 용매를 회수하여 재사용함으로써 수질오염을 감소시키므로 환경적으로 개선된 레이온이라고 할 수 있다.

기존의 레이온은 화학약품을 사용하여 셀룰로오스 유도체로 변화시키고 용해시켜 방사한 후에 약품 수용액에서 다시 재생하는 과정을 거치므로 강도가 아주 약한데 반해, 라이오셀은 용매에 셀룰로오스를 그대로 용해시켜 방사한 것이므로 중합도나 결정성이 높다. 원형 단면을 가지며, 레이온에 비해 강도가 2배 정도로 높고, 물에 젖어도 강도가 크게 저하되지 않는다. 단, 섬유 표면에 피브릴이 잘 생기므로 비벼 빨거나, 텀블드라이를 하지 않는 것이 좋다. 드라이클리닝을 하는 것이 바람직하며, 물세탁을 하는 경우에는 약한 기계력을 사용한다.

유기농법 면

화학비료, 화학농약 등 화학약품을 전혀 사용하지 않고 재배하는 면을 말한다. 경작조건이 엄격하여 3년 이상 화학비료, 농약을 살포하지 않은 토지에서 재배해야 하고 일반 면섬유 경작지와도 격리 구분되어야 한다. 유기농법 면(organic cotton)은 무분별하게 과용되는 종래의 화학약품의 사용을 중단하고 자연생태적 방법으로 면섬유를 재배하는 새로운 기술이다. 이렇게 함으로써 지구환경을 보호하며, 생산된 면섬유의 가공처리 과정에서 발생할 수도 있는 작업자들에 대한 약품중독 문제를 해소할 수 있고, 면제품 소비자에게도 안전성에 있어서 신뢰감을 줄 수 있는 장점이 있다.

건강하고 부드러운 지구
건강하고 부드러운 피부

그림 9-12 한국오가닉면화협회(OCAK)

천연착색 면

천연착색 면(colored cotton)은 원래 면섬유 자체가 착색된 것을 재배하여 사용한 것을 말한다. 합성염료로 나타낼 수 없는 자연색상을 나타내며, 염색공정을 생략하는 것이 가능하고, 인체 피부에 자극을 주지 않는다. 세탁을 하면 색상이 더 선명해진다. 섬유가 짧고 가늘며 약한 단점이 있다(그림 9-13).

그림 9-13 천연착색 면

그린 코튼

그린 코튼은 섬유를 가공하는 과정 중에 약한 비눗물로 수세만 하고, 표백하지 않으며 천연염료를 사용하고, 후가공에서도 합성화학약품을 사용하지 않은 면을 의미한다.

폴리에스테르 재생섬유

PET병의 해중합에 의한 재활용 기술은 크게 발달하고 있으며, 미국의 DuPont사는 폐기 플라스틱과 섬유제품, PET필름은 물론이고 자동차부품을 포함한 광범위한 일반 폐기물까지 화학적 재생을 통하여 폴리에스테르의 원료를 생산하는 기술을 추진하고 있다. 최근에는 음료수 용기로 많이 사용되는 PET병을 용융시켜 플레이크(flake)상의 PET수지로 재생시킨 후 섬유로 방사하는 데 성공을 하였다. 이러한 섬유에는 Fortel®, EcoSpun™, Trevira II® 등이 있다.

키토산섬유

게와 새우의 껍질은 주로 칼슘과 단백질, 그리고 키틴으로 되어 있는데 산과 알칼리로 각각 칼슘과 단백질을 녹이면 키틴을 얻을 수 있으며 키틴을 고온에서 고농도의 알칼리로 가열하면 키토산이 된다. 키틴과 키토산은 면과 레이온의 주성분인 셀룰로오스와 화학조성이 매우 비슷하나 섬유로 방사하기 위해서는 용제를 필요로 한다.

키틴은 생체적합성이 좋아 생체 내에서 이물질로 취급되지 않고 생체 내 효소에 의해 분해되고 흡수되는 특징이 있으므로 화상 등 상처난 면에 닿는 피복재로서 사용되고 있다. 키토산은 분자 내에 아미노기를 가지고 있어서 단백질이나 중금속을 쉽게 흡착하는 특성이 있을 뿐 아니라 세균이나 곰팡이에 대한 항균성과 염색성도 매우 우수하다.

옥수수섬유

옥수수에 녹말을 사용하여 락트산을 만들고 이를 합성하여 얻어지는 폴리락트산(poly lactic acid; PLA)는 1932년 나일론 발명자인 캐로더스에 의해 발명되었으나 실용화에 성공을 하지 못하였다. 그러다가 최근 옥수수 등의 전분을 발효시켜 글루코오스를 거쳐 락트산을 만들고 이를 축합

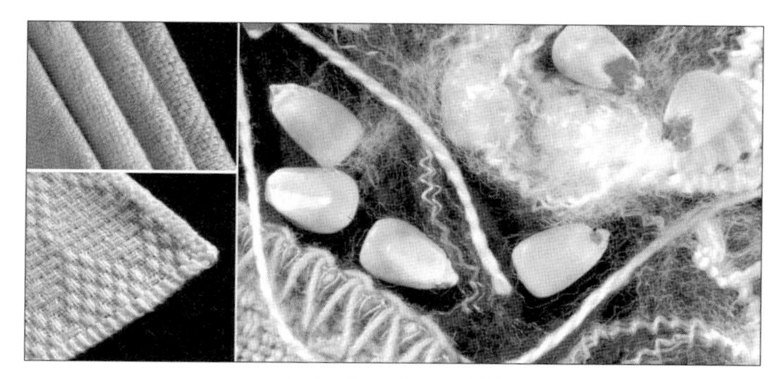

그림 9-14 옥수수섬유

반응시켜 제조하는 방법이 개발되어 제조비용을 낮출 수 있게 됨에 따라 다시 주목을 받게 되었다.

옥수수섬유의 특성은 다른 생분해성 고분자에 비해서는 융점이 높고 초기탄성률이 높은 편이지만, 175℃ 정도의 다림질로 완전히 용융되므로 의류소재로서의 용도가 제한적이다. 작은 하중을 받을 때는 폴리에스테

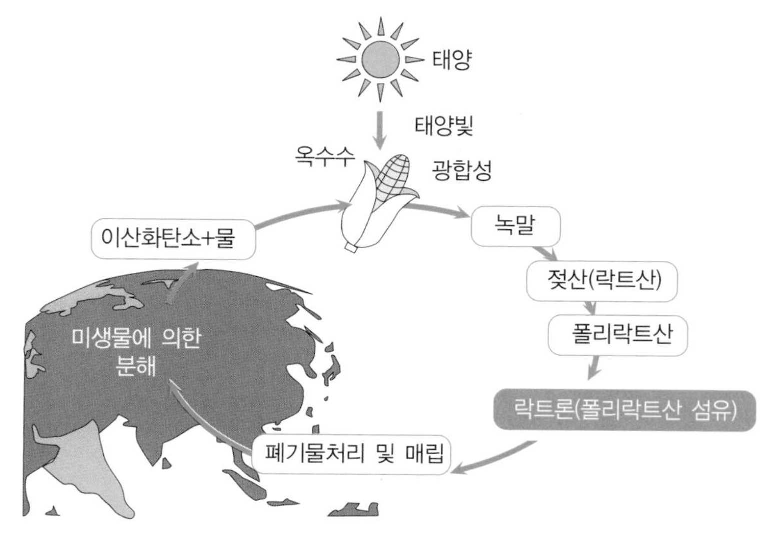

그림 9-15 자연계에서 락트론의 순환체계

르와 비슷한 인장 특성을 보이나 높은 하중에서는 폴리에스테르나 나일론보다 훨씬 잘 늘어난다. 염색성은 실용의복에 필요한 염색견뢰도 4등급 이상을 얻을 수 있으나 검정색과 감색 등 특정 색상에서 문제가 발생하기도 한다. 그리고 천연섬유에 비해 결정성이 높으며 유리전이점이 상온보다 상당히 높고 분해속도가 느리지만 생분해가 가능한 섬유이다. 현재 생산되고 있는 옥수수섬유 상품은 카길다우 폴리머사의 Nature Works®, 유니티카의 Terramac®, 쿠라레의 Plactarch® 등이 있다.(그림 9-14)

대두섬유

대두섬유(soybean protein fiber)는 기름을 제거한 대두로부터 구형 단백질을 추출하여 습식 방사시킨 섬유이다. 방적과정 중 항생물질과 소염제 또는 자외선 흡수제를 첨가하여 세균 저항기능과 자외선 차단기능을 갖는 기능성 섬유를 얻을 수 있다. 광택이 우아하고 흡습성이 좋으며, 보온성이 우수하여 천연섬유로서의 장점을 가지면서도 합성섬유처럼 방적과정 중에 기능성을 향상시키는 첨가물질을 가할 수 있는 장점도 가지고 있다.

그림 9-16 대두섬유

2) 환경친화적 염색 · 가공

염색 · 가공과정에서는 많은 화학약품과 에너지를 사용하고 폐수를 다량으로 방출하여 문제가 되므로, 이를 줄이기 위한 여러 가지 방법들이 시도되고 있다.

디지털 날염

날염 후의 염료폐수는 염료 및 조제 등 화학물질의 함유농도가 대단히 높아서 환경오염이 심각하다. 특히 국내 날염업체들은 회사규모가 영세하고, 분산되어 있는 곳이 많아서 폐수처리가 적절하지 못한 실정이다. 종래의 날염공정에서는 미염착 염 · 안료를 회수하지 못하여 직접 폐수로 유입되는 데 비해, 디지털 날염 미사용 잉크를 전량 재활용함으로써 환경 오염물질의 발생이 크게 감소하였다.

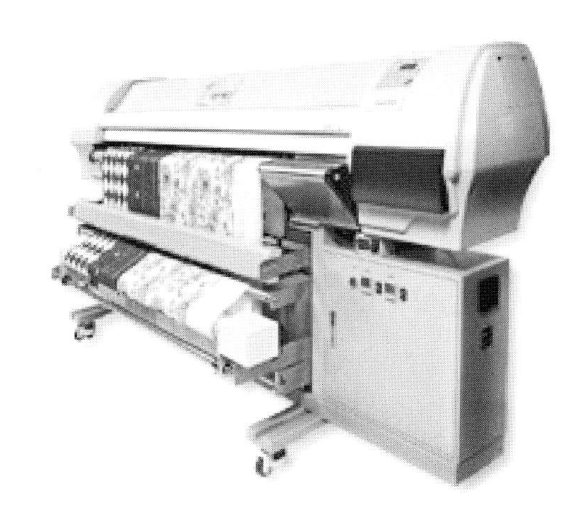

그림 9-17 디지털 날염기

비수계 염색(초임계 이산화탄소 염색)

분산염료의 침염법에 의한 염색은 총 가공량의 반 이상을 차지할 정도로 가장 중요한 방식이다. 미염착된 염료량은 다른 염료에 비하여 상대적으로 작지만, 많은 양의 물을 염액으로 사용하므로 염색 폐수량이 다른 방식에 비하여 많고, 폐수에 조제, 금속이온 및 기타 화학물질들을 많이 함유한다. 그러나 초임계 이산화탄소를 사용하여 염색하면 염색 폐수가 발생하지 않으며, 염색 후 CO_2를 회수하여 재사용하는 것이 가능할 뿐만 아니라 미염착된 분산염료를 회수하여 재사용할 수도 있다. 또한 분산염료의 염착을 위한 별도의 조제가 불필요하고, 염색이 끝난 후에 열고정 공정이 불필요하여 가열에 소요되는 에너지가 많이 절감된다.

혼방직물의 일욕염색

면/폴리에스테르 혼방직물은 의류소재로 많이 선호되는데, 이를 염색하려면 각 섬유에 적합한 염료로 두 번의 염색과정을 거쳐야 한다. 즉 면은 일반적으로 배치공정으로, 폴리에스테르는 분산염료를 사용한 연쇄공정으로 염색한다. 이때 한 단계라도 생략하려는 시도가 많이 이루어지고 있으며, 이는 비용과 자원의 사용을 줄이고 환경오염을 감소시켜 준다.

생분해성 분산제

분산염료 자체는 물에 용해되지 않으므로 물을 사용하여 염색할 때 분산제를 사용하여 물에 분산시켜 염색을 한다. 그러나 염색을 하고 난 후에는 염색폐수로 유출되는데, 분해가 어렵고 독성이 발현될 가능성이 매우 높아 환경문제를 야기시킨다. 이를 해결하기 위해 생분해성이 향상된 분산제를 개발하려는 시도가 계속되어 왔다. 그 결과 BASF사가 1990년대에 개발한 분산염료 Palanil blue GLS 및 Blue 2G 등은 생분해율이 70%인 새로운 분산제(Setamol E)를 사용한 제품으로서 기존의 분산제를 사용한 Blue 56에 비교하여 환경친화성이 향상된 것이다.

기타 환경친화적 방법

이와 같이 환경을 쾌적하게 유지하기 위해서 공정을 개선하려는 시도가 계속적으로 진행되고 있다. 또 다른 예로는 카펫을 염색할 때 사용하고 난 염액에 염료를 보충하여 재사용하는 방법이 성공적으로 실행이 되었다. 카펫은 크기가 커서 상당한 양의 물이 필요하므로 염액을 재활용하는 것은 폐수를 줄이는 데 매우 효과가 크다. 그러나 선명한 색상으로 염색하기 위해서는 염액을 자주 여과하여 빠져 나온 섬유나 불순물을 여과해주는 작업이 필요하다.

또한 모든 공정을 컴퓨터로 정확하게 조절하면 값비싼 화학약품의 과량 사용을 방지하여 비용과 환경오염을 동시에 감소시켜 주는 효과를 볼 수 있다. 화학약품을 회수하거나 재사용하는 것도 바람직한 방법이다.

그밖에 현재 반응성 염료 개발에서 관심의 대상이 되고 있는 것은 생산하는 과정에서 폐수 발생량이 적고 중금속이나 유해화합물이 포함되지 않은 염료를 개발하는 것이며, 염색할 때 조제의 양을 줄이는 데 관심을 집중하고 있다. 또한, 염색업체에서도 새로운 염색법, 새로운 염색기를 개발하여 염착량을 높이는 연구를 통해 폐수를 최소로 하기 위한 노력을 하고 있다.

5. 의류제품의 전 과정 평가

산업이 발달하고 소비가 증가함에 따라 천연자원이 고갈되고 환경이 오염되고 있다는 심각한 인식을 하게 되었다. 이러한 환경오염이나 에너지 고갈문제는 원료의 획득으로부터 시작하여 재료생산, 제품제조에 이르기까지 전 과정(life-cycle)의 모든 단계에서 일어나며, 또 제품의 소비와 매립, 소각, 재활용, 퇴비화 등 각종 폐기물의 처리방법 등에 따라서도 달라진다. 따라서 이에 대한 사회적 관심이 증가하면서 이러한 생산과 소비활동이 환경에 어떠한 영향을 미치는지 알아내어 그것을 감소시킬 수 있는 방법을 개발해야 한다는 필요성이 부각되었다. 그리하여 한 제품의 전 과정에 대한 환경적 영향을 조사하는 전 과정 평가(Life-Cycle Assessment; LCA)의 개념이 대두하게 되었다. 전 과정 평가란, 어떤 제품을 생산하고 유통, 사용한 후에 폐기하는 등 전 과정에 걸쳐서 소모되고 배출되는 에너지 및 물질들의 양을 계수화하여 이들이 환경에 미치는 양을 평가하고, 이를 통하여 환경개선의 방안을 모색하고자 하는 객관적인 환경영향기법을 말한다.

표 9-9 종이기저귀와 천기저귀의 비교[12)]

투입물/산출물	기저귀의 비교
에너지	가정에서 빨아 쓰는 기저귀가 종이기저귀나 세탁소에서의 서비스보다 더 많이 사용함
물사용	천기저귀가 종이기저귀보다 많이 사용함
수계 배출물	천기저귀가 더 많이 배출함
고형 폐기물	종이기저귀가 더 많이 배출함
대기 오염물	가정에서 빨아 쓰는 기저귀가 종이기저귀이나 세탁소에서의 서비스보다 더 많이 배출함

12) Franklin Associates.

의류에 있어서도 생산, 유통, 사용 및 폐기의 전 과정에 있어서 환경에 미치는 영향이 매우 크지만 다른 제품에 비하여 관심의 정도가 덜한 편이다. 인조섬유는 원료를 중합하고 섬유를 생산하는 과정에서 많은 양의 화학약품을 사용한다. 따라서 공정에서 배출하는 유해물질로 인해 근로자의 건강에 위협을 주는 경우도 있어서 문제가 되고 있다. 천연섬유도 식물을 재배하거나 동물을 사육하는 과정에서 농약이나 비료, 살충제 등의 약품을 많이 사용하고 있다. 또한 인조섬유에 비하여 수지처리 등 많은 가공제를 사용하여 이로 인한 폐수를 많이 방출하고 있는 현실이다.

또한 의복으로 제조되어 가정에서 사용하는 동안에도 드라이클리닝이나 세제, 물 등을 사용하게 되어 이 또한 환경에 큰 영향을 미치고 있다. 그리고 의복 쓰레기를 폐기처리할 때 합성섬유는 매립 시 분해가 거의 되지 않아 수백 년 이상이 소요되지만, 천연섬유는 쉽게 생분해가 된다는 장점이 있다. 그러나 합성섬유를 재활용할 수 있는 방법이 개발 중이어서 원료의 재사용이 가능해지면 환경보존에 크게 유리해질 수도 있을 것이다. 그밖에 사용 중에 인체에 미치는 영향, 에너지 사용 등을 모두 고려하여 전 과정을 평가하는 것이 필요한데, 부분적으로 환경에 미치는 영향을 비교평가는 하고 있으나 의류제품의 전 과정 평가는 아직 그 진행이 느린

표 9-10 섬유 · 의류제품의 전 과정 환경부하 항목[13)]

	자원고갈	에너지 소비	지구 온난화	부영양화	생태계/인체독성	고형 폐기물	기타
원료채취 및 제조	O	O		O			
포장 및 수송							
사용	O	O			O		
폐기						O	

13) 환경부 자료.

Supplement I

여러 가지 제품에 대한 환경영향에 대한 전 과정 평가가 시작되고 있으며, 아래 표에는 의류관련 제품들의 전 과정 목록이나 전 과정 평가의 대상이 되고 있는 제품의 범위가 수록되어 있다.

제품	환경마크 현황	비고
세제류	독일에서는 UBA의 Joachim Poremski에 의하여 기준이 개발되고 있다. 연구는 2년 전에 시작되어 다양한 전문가를 포함한 워크샵이 여러 차례 개최되었다. AIS는 독일과의 협동으로 세탁세제의 기준에 관한 공동 제안에 동의하였다.	ECOSOL(European Centre of studies on Linear Alkylbenzene)은 CEFIC의 산하기관으로 계면활성제에 관한 전 과정 평가를 수행중이다. 주목적은 전 생산단계에서의 에너지와 원료물질의 목록과 환경배출의 정량화이다. 이 연구는 Franklin Associates(#092)에 의하여 진행되고 있다.
기저귀	EC의 환경마크 영향을 받지 않고 있다.	Proctor & Gamble사는 많은 기저귀에 관한 전 과정 평가 연구를 지원하였다. 총 8개의 보고서가 존재하고 있으며 종이기저귀의 환경친화성과 전 과정 평가의 정당성에 관한 논란이 계속되고 있다.
섬유 및 의류	섬유를 기반으로 하는 제품은 자연히 환경마크의 후보가 되고 있다.	침대보나 티셔츠 등은 이미 주목을 받고 있다. EPEA(#031)는 천연섬유와 합성섬유에 관한 비교 연구를 수행한 바 있다.
티셔츠	덴마크 연구자는 티셔츠에 관한 기준을 마련하고 있다.	티셔츠가 포함되며 유사한 제품이 포함될 공산이 크다.
폐기물 및 재활용	제품과 관련된 폐기물관리는 환경마크 제도의 주요 초점이 되고 있다.	매우 까다로운 부분이며 미래에는 더욱 어려워질 것이다. 예를 들면, 전 과정 평가가 재활용은 지속가능한 폐기물 관리로 가는 길일 뿐 그 종착역이 아니라는 것을 제안한다면 세계는 이에 대하여 어떻게 반응할 것인가? Boustead 박사와 그 동료들은 재활용와 효율성과 에너지 사용, 환경배출 등과의 관계를 연구하였다.

상태에 있다.

표 9-9는 종이 기저귀와 천 기저귀의 영향평가를 비교한 내용이다. 이는 미국의 제지협회 소속 기저귀 제조업체를 위하여 수행한 전 과정 평가의 결과를 나타낸 것이다. 환경에 대한 영향을 정량적으로 비교 · 평가하여 결론을 내릴 단계에는 이르지 못했지만, 천 기저귀가 에너지나 물의 소비가 많고 종이 기저귀는 고형 폐기물이 많은 것을 알 수 있다.

표 9-10은 섬유 · 의류제품 전 과정의 환경영향을 단계별로 평가한 결과이다. 의류제품에 있어서는 주로 원료 채취 및 제조과정과 사용하는 단계에서 환경부하가 큰 것을 알 수 있다. 또한 환경부하 내용으로 보면 자원의 고갈이나 에너지 사용에서 주로 영향을 미치는 것으로 나타났다.

6. 의류제품의 환경마크

1) 의류관련 제품 환경마크의 현황

1980년대부터 독일, 일본, 캐나다 등 선진국을 중심으로 환경보호운동 등이 확산됨에 따라 일반 대중에까지 환경문제의 중요성이 부각되기 시작하였다. 이에 따라 생산되는 제품에 대해 환경영향평가를 실시하여 오염을 상대적으로 덜 유발시키는 제품에 대해 환경마크를 부여함으로써 환경을 보전하자는 주장을 하게 되었다. 현재 30여 개 국가에서 환경마크제도를 운영하고 있으며, 국제표준화기구(ISO)에서 국제적 표준 제정의 필요성을 제기하여 관련 작업을 추진하고 있다.

최초의 환경마크제도는 독일의 Blue Angel로 섬유관련 대상으로는 황마(jute)와 사이살마(sisal)에 대한 작업이 이루어졌다. 1996년 4월 1일부터는 섬유제품에 특정 아조염료의 사용을 유해물질로서 금하는 독일법규가 시행되었다. 1999년에 들어서면서 독일 유명백화점의 마케팅 전략 확산으로 에코라벨 부착 요구가 급증함에 따라 국내 섬유 및 의류 수출기업의 이에 대한 부담감이 현저히 증가하게 되었다. 섬유제품과 관련한 유럽의 20여 개의 에코라벨 중 유럽국가의 호응도는 öko-Tex Standard 100이 압도적인데 1992년 라벨 제창 이후 수천 개의 섬유회사가 참여하고 있다. 국내에도 많은 섬유업체에서 사, 봉사, 직물, 의류 등의 섬유제품과 관련 액세서리 등에 öko-Tex Standard 100 인증을 받았다.

우리나라의 섬유 · 의류제품에 관한 환경마크는 유아복, 숙녀복, 신사복과 직접 피부에 접촉하는 제품 중에서 물세탁 가능한 제품을 대상으로 하고 있다. 전 과정 고려가 실질적으로 이루어지고 있지 않기 때문에 섬유나 실, 또는 원단과 같은 모든 종류의 섬유제품에 대하여 부여기준을 설정하지 않고 의류제품에만 한정하여 일차적으로 고려하고 있다. 부여기준은 제조과정 중에 발생할 수 있는 유해 물질과 발암성 물질 등으로 생태계보다는 인체에 대한 유해성 여부를 우선적으로 규제하고 있다. 이것은 선진국에 비해 환경관리가 떨어지는 섬유제조산업에 대하여 환경마크 기준을 규제함으로써 섬유업에 종사하는 사람들의 건강을 보장하고 유해성을 감소시키기 위한 것이다.

2) 의류제품 환경마크의 분류

에코라벨은 제창기관에 따라 분류하거나, 부여기준, 또는 ISO 환경라벨링(ISO 14020) 규격에 따라 분류할 수 있다.

(1) 제창기관에 의한 분류

제창기관별로 분류하여 보면 사회단체, 섬유산업연합회, 섬유연구소나 섬유기업 등의 민간단체로부터 출범하여 정립된 기준을 가지고 통용되는 에코라벨과 국가정부가 주관하는 에코라벨, 기업의 이미지 개선이나 마케팅을 위해 섬유회사가 제창한 에코라벨로 세분될 수 있다.

(2) 부여기준에 의한 분류

환경친화성의 평가를 위해서는 전 과정을 평가해야 하지만, 실제로는 어느 한 단계라도 개선되었으면 기존의 제품에 비하여 환경친화적인 것으로 평가한다. 그리고 의류제품에 있어서는 전 과정의 평가방법이 확립되어 있지 않으므로 평가방법이 용이하거나 소비자에게 가장 설득력이 있는 항목 위주로 평가하는 경향이 많다. 따라서 주로 인체에 대한 유해성을 평가하는 경우가 많으며, 좀 더 나아가 생산 공정을 평가하는 경우들도 있다.

(3) ISO 환경라벨링 규격에 의한 분류

각국에서 실행하고 있는 에코라벨 제도를 하나의 획일화된 제도로 발전시키는 데는 상당한 어려움이 따르므로 국제표준화기구에서는 세 가지 방식(ISO 14020)으로 표준화 작업을 진행해오고 있다. 첫 번째는 객관적인 기준에 따라 제3의 공인된 기관에서 제품에 대한 환경친화성의 정도를 인증하여 주는 방식이다. 국가나 민간기관에 의해 운영될 수 있으며 국가적 · 지역적 또는 국제적으로 적용될 수 있다. 두 번째 방식은 제조기업이나 유통업체가 자체적인 기준을 만들어 제품에 활용함으로써 자사제품이 환경친화적이라는 것을 부각시켜 매출을 증대시키고자 하는 것이다. 세 번째 방식은 제3자의 확인을 통해 제품의 환경에 대한 부하량을 표시하는 것으로 섬유제품에는 해당되는 것이 없다.

Supplement Ⅱ

섬유제품과 관련한 환경마크(에코라벨)

제창기관에 의한 분류

- 민간단체가 주도하는 세계적 범용 가능성의 에코라벨
  Oko-Tex Standard 100, Toxproof, SG, Ecoproof, ASG, eco-tex
- 국가 주도에 의한 에코라벨
  - 다국가 주도의 에코라벨 : Flower(유럽연합), Swan(북극연합)
  - 국가별 에코라벨 : 네덜란드, 일본, 싱가폴, 인도, 중국, 스페인, 대한민국 등
- 섬유회사 제창의 에코라벨
  Esprit사의 ecollection, Otto-Versand의 Otto-Versand, Steilmann사의 its one world 등

부여기준에 의한 분류

- 최종 제품의 인체 유해성에 기준을 둔 에코라벨
  Oko-tex Standard 100, Toxproof, ASG, SG, GuT, ELTAC 라벨 등
- 제품의 유해성뿐만 아니라 생산공정까지 고려한 에코라벨
  eco-tex, Ecoproof, EU 라벨(Flower), MILJOMARKT(북극연합의 Swan), Milieukeur(네덜란드), MUT 등

ISO 14020 환경라벨링 규격에 의한 분류

- Type Ⅰ : 제3자 인증 에코라벨
  Oko-tex Standard 100, Toxproof, SG, Ecoproof, ASG, eco-tex, Flower 등
- Type Ⅱ : 환경성에 대한 기업의 자기선언 주장을 통한 인증방식
  Esprit사의 ecollection, Otto-Versand의 Otto-Versand, Steilmann사의 its one world
- Type Ⅲ : 제품의 환경에 대한 부하량을 표시한 카드
  섬유제품의 에코라벨 중에는 해당되는 것이 없음

3) 환경마크의 부여기준

섬유제품의 경우 환경마크 부여기준으로 생산공정 중의 환경오염 감소와 생산품의 인체유해성 등이 중요시되고 있으며, 환경기준, 품질기준, 그리고 사회적 기준 등을 만족하여야 한다.

이 중 환경기준이 가장 핵심을 이루는 것으로, 제품관련 환경기준과 생산공정관련 환경기준이 있다. 제품관련 환경기준은 섬유제품의 인체에 대한 유해성을 규제하는 것으로 유해물질의 세부항목과 항목별 한계값을 설정하고 있다. 섬유제품이 함유할 수 있는 유해물질이나 기준은 보통 pH, 포름알데히드, 농약, 유해중금속, 발암성 방향족 아민을 포함한 아조염료, glyoxal, 방염제, 항균가공제 등이 있으며 항목별 한계값은 제품의 피부와의 접촉여부, 유아용 등에 따라서 차이가 있다. 이에 비해 생산공정관련 환경기준은 그 제품의 환경친화성을 평가하는 데는 매우 중요한 기준이지만, 아직은 생산공정에서 환경에 영향을 주는 구체적인 항목이 잘 정립되어 있지 못한 편이다.

품질기준은 내구성이나 염색 견뢰도, 냄새의 여부, 세탁 수축률 등에 관해 설정하며 사회적 기준은 생산작업과 관련한 작업자나 노약자 등의 보호 등에 관한 것이고, 기타는 유통 과정, 사용, 폐기와 관련된 기준들이 책정되고 있다. 어떤 기준을 고려하고 안하는 부여기준의 정량적 한계치는 마크마다 차이는 있으나 기준 수치의 크기나 범위는 대체로 같다.

표 9-11 각국의 환경마크

국가	마 크	부여기관
미국		Green Seal Inc
북아메리카		TerraChoice Environmental Marketing Inc. Environment Canada
독일		Federal Environmental Agency
유럽연합유럽 위원회		DG Environment
북극연합		Nordic Ecolabelling Board
호주		호주 환경 라벨링 협회
뉴질랜드		뉴질랜드환경재단 (New Zealand Environmental Trust: NZET)
홍콩		Green Council (GC)
홍콩		Enviorонmetal laver Certification
대한민국		환경부, 친환경상품진흥원

표 9-11 (계 속)

국가	마 크	부여기관
일본		일본환경협회
중국		환연합인증중심유한공사(CEC)
대만		대만환경개발재단(EDF)
태국		태국환경연구원(TEI)

부 록

1. 섬유의 분류
2. 세탁효과의 평가
3. 소비자분쟁해결기준

1. 섬유의 분류

섬유는 천연섬유와 인조섬유로 분류되며 각각에 속하는 섬유 종류에 대해 알아보면 다음과 같다.

1) 천연섬유

천연섬유는 셀룰로오스계 섬유, 단백질계 섬유 및 광물질계 섬유로 나누어진다. 셀룰로오스계 섬유는 줄기섬유, 과일섬유, 잎섬유, 종자섬유 등으로 나누어지고, 단백질계 섬유는 양모섬유를 비롯한 모섬유와 견섬유 등으로 나누어지며, 광물질계 섬유로는 석면이 대표적인 섬유이다(표 1-1).

표 1-1 천연섬유의 분류[1]

<table>
<tr><td rowspan="8">천연
섬유</td><td colspan="2" rowspan="4">셀룰로오스계 섬유</td><td>줄기섬유 : 아마, 저마, 대마, 황마, 케나프, 기타</td></tr>
<tr><td>과일섬유 : 코이어, 기타</td></tr>
<tr><td>잎섬유 : 마닐라삼, 아바카, 사이설삼</td></tr>
<tr><td>종자섬유 : 면, 카폭, 기타</td></tr>
<tr><td rowspan="3">단백질계 섬유</td><td rowspan="2">스테이플 형태</td><td>모섬유 : 양모</td></tr>
<tr><td>기타 모섬유 : 산양모, 캐시미어, 낙타모, 알파카, 토끼, 비큐나, 라마 등</td></tr>
<tr><td>필라멘트 형태</td><td>견섬유 : 가잠견, 야잠견</td></tr>
<tr><td colspan="2">광물질계 섬유</td><td>석면</td></tr>
</table>

1) KS K 0904 (2003)를 참조하여 저자 재구성

2) 인조섬유

인조섬유는 유기질섬유와 무기질섬유로 나누어진다(표 1-2).

유기질섬유는 다시 재생섬유, 반합성섬유 및 합성섬유로 나누어진다. 재생섬유는 레이온이 대표적인 셀룰로오스계와 카제인섬유가 대표적인 단백질계 등으로 나누어진다. 반합성섬유에는 아세테이트와 트리아세테이트 등이 있다. 합성섬유는 고분자 중합방법에 따라 중축합형과 부가중합형으로 나누어지며, 나일론, 폴리에스테르, 아크릴 등이 대표적인 합성섬유에 속한다.

무기질 섬유는 원료에 따라 금속섬유, 유리섬유, 암석섬유, 광재섬유, 탄소섬유 등으로 나누어진다.

표 1-2 인조섬유의 분류[1)]

<table>
<tr><td rowspan="16">인조섬유</td><td rowspan="15">유기질섬유</td><td colspan="2" rowspan="3">재생섬유</td><td>셀룰로오스계 : 비스코스 레이온, 큐프라, 폴리노직 레이온, 암모늄 레이온 등</td></tr>
<tr><td>단백질계 : 카제인 섬유 등</td></tr>
<tr><td>기타 : 고무 섬유, 알긴산 섬유 등</td></tr>
<tr><td colspan="2">반합성섬유</td><td>셀룰로오스계 : 아세테이트, 트리아세테이트 등</td></tr>
<tr><td rowspan="11">합성섬유</td><td rowspan="3">중축합형</td><td>폴리아미드계 : 아라미드([1]), 노블로이드([2]), 나일론 4, 6, 6.6, 11, 6.10</td></tr>
<tr><td>폴리에스테르계 : 폴리에스테르</td></tr>
<tr><td>폴리우레탄계 : 엘라스탄([3])</td></tr>
<tr><td rowspan="8">부가 중합형</td><td>폴리에틸렌계 : 폴리에틸렌([4])</td></tr>
<tr><td>폴리염화비닐계 : 폴리염화비닐, PVC([5])</td></tr>
<tr><td>폴리염화비닐리덴계 : 폴리염화비닐리덴([6])</td></tr>
<tr><td>폴리플루오로에틸렌계 : 폴리플루오로에틸렌([7])</td></tr>
<tr><td>폴리비닐알코올계 : 비닐론, PVA([8])</td></tr>
<tr><td>폴리아크릴로니트릴계 : 아크릴([9]), 모다크릴([10])</td></tr>
<tr><td>폴리프로필렌계 : 폴리프로필렌</td></tr>
<tr><td>(blank)</td></tr>
<tr><td>무기질섬유</td><td colspan="3">금속섬유, 유리섬유, 암석섬유, 광재섬유, 탄소섬유 등</td></tr>
</table>

주 (1) 아로마틱 폴리아미드

(2) 가교 결합된 노볼락(novolac) 섬유

(3) 폴리우레탄 성분을 85% 이상 함유하는 섬유

(4) 탄화수소 성분을 85% 이상 함유하는 섬유

(5) 폴리염화비닐 성분을 85% 이상 함유하는 섬유

(6) 폴리염화비닐리덴 성분을 80% 이상 함유하는 섬유

(7) 주성분이 폴리테트라플루우오로에틸렌

(8) 비닐알코올 성분을 50% 이상 또는 비닐알코올과 아세탈 성분을 85% 이상 함유하는 고분자로 된 섬유

(9) 폴리아크릴로니트릴 성분을 85% 이상 함유하는 섬유

(10) 폴리아크릴로니트릴 성분을 35% 이상, 85% 미만 함유하는 섬유

2. 세탁효과의 평가

의류의 세탁은 오염포와 세제의 종류, 세액의 조건, 세척시험기의 조건에 따라 세척성이 크게 달라진다. 세척성 평가를 제대로 하기 위하여 여러 가지 조건을 설정하여 특정한 목적의 세탁효과를 알아 볼 수 있다. 이때 원하는 실험 목적에 맞는 오염포를 제작하여 적절한 방법으로 세탁하고, 효율적인 세척 평가법을 선택해야 한다. 그러나 실제로 가정에서 세탁할 때는 복합적인 결과가 나타나므로 특정실험의 결과와 일치할 수 없다는 점을 이해해야 한다.

1) 오염포의 종류와 특성

오염포의 종류에는 천연오염포와 인공오염포가 있으며, 그 특성은 다음과 같다.

(1) 천연오염포

천연오구에 대한 세척성 시험을 가장 실질적인 평가 방법으로 여기에는 번들시험법(bundle test)와 옷깃시험법이 있다. 번들시험법(ASTM-D 2960-78)은 여러 종류의 가정용 세탁물을 세제와 세탁기를 사용하여 세탁한 후 육안으로 비교하는 시험법이다. 옷깃시험법(KS M 2715)은 옷깃에 시험용 면포를 부착하여 일정기간 착용한 후 떼어내어 이것을 오염포로 사용하는 방법으로 번들법에 비해 오염포 제작이 간편하다. 그러나 오염포를 얻는데 시간과 경비가 많이 필요하며 실험의 재현성이 떨어지는 단점이 있다.

(2) 인공오염포

일정성분을 가진 인공오염포를 제작하여 세척시험을 하는 것으로 오염포 제작이 간편하고 같은 성분의 오염포를 다량 제작할 수 있어 실험의 재현성이 높다. 그러나 천연오염포의 성분과 인공오염포의 성분에는 차이가 있어 실험결과에 대한 실질적인 신뢰성은 떨어진다 할 수 있다.

인공오염포는 액상의 오구액을 직접 포에 부착시키거나 오구를 분산시킨 용액에 포를 침지하는 등의 방법으로 일정한 양의 오구 성분이 포에 부착되도록 제작하고 있으며, 가시효과를 위하여 카본블랙이나 염료를 오구에 혼합하여 사용하기도 한다(KS C 9608, JIS C 9606 등). 어느 경우나 정확한 양을 부착시키는 것이 중요하며, 실험 목적에 따라 오구성분을 변화시킬 수 있어 편리하다.

인공오염포의 종류에는 습식오염포, 복합오염포, 점토오염포, 올레산오염포, 혈액 및 카제인 오염포, 광물유오염포, 커피오염포 등이 있다. 또한 세탁기 성능 및 다양한 세탁 실험을 목적으로 세계에서 여러 가지 인공오염포를 제작하여 판매하고 있다(표 2-1).

2) 세척시험기의 종류와 특성

세척시험에 사용하는 세척장치에는 론더오미터(Launder-O-Meter)와 터그오토미터(Tergot-O-Meter)가 주로 쓰이고, 필요에 따라서는 가정용 세탁기도 시험에 사용될 수 있다.

(1) 터그오토미터

터그오토미터는 가정용 교발식 세탁기의 축소형으로서 항온조에 비커(2L)가 있고 여기에 세탁기와 비슷한 교반봉으로 교반하도록 되어 있다. 교반속도는 조절(30~200cpm)이 가능하도록 되어 있다. 론더오터미터보다

표 2-1 시판 인공오염포의 종류[1)]

제조회사	종 류 (번 호)	오구성분	조 성 (%)	분산매 (오염법)	직 물	표반사율 (%)
Eidgenössische Materialprü-fungs und For-schungsanstalt (EMPA)	101	올리브유	1.0	물 (침지)	면	15±2
	102	카본블랙	0.5		양모	20±3
	104	크라간드고무	0.1		P/C*	11±2
		유화제	0.05			
	106	광물유	1.0	물 (침지)	면	25±3
		카본블랙	0.2			
		유화제	0.05			
	116	우유	30	물 (침지)	면	10±2
		혈액	30			
		카본블랙	0.4			
Wäscherei Forschungs Institut von krefeld (WFk)	10C	라놀린	84.2	퍼클로로 에틸렌 (분무)	면	43±1
	20C	카올린	13.58		P/C	
	30C	카본블랙	1.26		폴리에스테르	
		산화제이철	0.63			
		산화제일철	0.32			
Testfabrics Inc		광유물	14.0	물 (프린트)	면	
		올레산	0.42		양모	
		식물유지	1.7		견	
		모루호린	0.36		비스코오스(스펀)	
		알긴산나트륨	1.3		아세테이트(스펀)	
		콘스타치	2.2		나일론(스펀)	
		에틸셀룰로오스	0.7		폴리에스테르(스펀)	
		부탄올	0.3		P/C	
		카본블랙	0.7		P/C(PP 가공)	
일본세탁과학협회 (습식오염포)		혼합오구액**		물 (침지)	면	40±2

*폴리에스테르(65%), 면(35%) 혼방직물

**혼합오구 100g(조성/ 올레산 28.3g, 트레올레인 15.6g, 올레산콜레스테롤 12.2g, 파라핀유 2.5g, 스크아렌 2.5g, 콜레스테롤 1.6g, 젤라틴 7.0g, 점토 29.8g, 카본블랙 0.5g)을 40℃의 물 950ml에 분산시킴

1) 김성련, *세제와 세탁의 과학*, 교문사, (2003), p.347, 348.

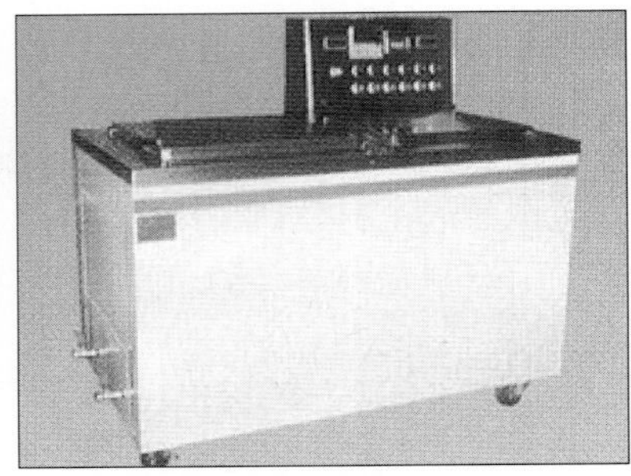

세척시험기 : 터그오토미터(좌)와 론더오미터(우)

실제 세탁기구에 가깝고 실험의 재현성이 좋아서 세척시험에 널리 쓰이고 있다.

(2) 론더오미터

론더오미터는 염색물의 세탁견뢰도를 시험하기 위하여 개발된 것이나 세척력을 시험하는 데도 많이 쓰인다. 유리 또는 스텐리스 병(500㎖)에 세액 100㎖와 함께 오염포 1매(5㎝×10㎝)와 강철구 10개를 넣고 일정한 온도에서 일정 시간 운전한다(회전속도는 42rpm로 고정되어 있음). 이 시험기의 세척기구는 회전드럼식과 비슷하다.

(3) 가정용 세탁기

가정용 세탁기도 세탁시험에 이용할 수 있는데 이때에는 세탁기의 최소 용량에 맞추어 이 용량의 액량비에 해당하는 보조포(dummy load, 90cm×90cm의 면포)를 준비하고 이 중에 2매에 각각 오염포 4매를 실로 꿰맨 다음 모든 보조포와 함께 세탁하면 된다. 부위에 따라 세척성이 불균일한 결점이 있다. 그리하여 액량비를 크게 하고 세척시간을 길게 함으로써 이러한 결점을 줄일 수 있다.

가정용 세탁기의 예

가정용 세탁기에는 여러 가지 형식이 있으나, 세척시험을 위해서는 자동식보다는 수동식 액량과 세척시간을 마음대로 조절할 수 있어 보다 유용하다.

3) 세척률 평가방법

세척률을 평가하는 방법에는 직접 육안으로 판정하는 관능검사법, 표면반사율을 측정하는 방법, 그리고 화학분석을 하는 방법 등이 쓰이고 있는데 각기 장단점을 가지고 있으므로 실험 목적과 용도에 맞게 선택하여 사용한다.

(1) 관능검사법

번들검사법이나 옷깃오염포와 같은 천연오구를 사용하였을 때에는 기기에 의한 객관적인 판정이 어려워서 육안에 의한 비교판정법이 쓰인다. 한국 공업규격에 따른 세척력 판정방법은 3인 또는 그 이상의 관찰자에 의한 표면색의 비교방법에 준하여 육안으로 표준세제로 세탁한 오염포와 공시세제로 세탁한 쌍을 비교하여 우열을 판정하여 점수를 매기는데 그 기준은 표준세제에 비교해서 판정한다.

(2) 표면반사율 측정에 의한 평가

옷이 오염되면 표면반사율이 떨어지기 때문에 표면반사율을 측정함으로써 오염도와 세척률을 계산할 수 있다. 그러나 천연오구에 의한 옷이나 옷깃은 오염정도가 불균일하여 표면반사율을 이용하기가 거의 불가능하여 주로 관능검사에 의해 평가하게 된다. 다만 오구포는 오염상태가 비교적 균일하여 표면반사율을 측정하여 세척률(오구제거율)을 계산하기도 한다.

인공오염포는 오구에 표지(標識)물로 카본블랙이나 산화철과 같은 흑색 또는 유색물질을 배합하고, 원포(백포)와 세탁 전후 오염포의 표면반사율을 측정하여 세척률을 식(1)과 같이 계산할 수 있다.

그러나 표면반사율로부터 계산한 세척률은 화학분석에 의한 오구량으로부터 계산한 세척률 간에는 차이가 있다. 그리하여 염색화학에서 염착량과 표면반사율과 관계를 표시하는 쿠벨카문크(Kubelka-Munk)식[2)]에 의해 K/S값을 구하고 이로부터 세척률을 식(2)와 같이 구하면 보다 실측치에 가까워지므로, 이 방법이 널리 사용되고 있다.

식(1)

$$D(\%) = \frac{R_w - R_s}{R_o - R_s} \times 100$$

2) K. Kubelka and F. Munk, *Z. Yechn. Phys.*, 12, 593 (1931).

여기서, D : 세척률(오구제거율)

R_0 : 원포(백포)의 표면반사율

R_S : 오염포의 표면반사율

R_W : 세탁 후의 오염포의 표면반사율

식(2)

$$\mathrm{D}(\%) = \frac{(K/S)_S - (K/S)_W}{(K/S)_S - (K/S)_O} \times 100, \qquad K/S = \frac{(1-R)^2}{2R}$$

여기서, D : 세척률(오구제거율)

R : 표면반사율/100

$(K/S)_0$: 원포(백포)의 K/S값 　　K : 유색분체의 흡광계수

$(K/S)_S$: 오염포의 K/S값 　　S : 유색분체의 산란계수

$(K/S)_W$: 세탁 후의 오염포의 K/S값

표면반사율의 측정장치에는 백도계를 비롯하여 여러 종류가 있으나 오구의 표지로 카본블랙이나 산화철(흑색)을 사용하였을 때, 광전광도계의 경우에는 520nm에서, 색차계의 경우에는 명도를 측정하는 Y(녹색)필터를 사용하여 MgO 또는 B_aSO_4를 표준(100%)으로 하였을 때의 시료의 표면반사율을 측정한다. 표면반사율 측정 시 주의해야 할 점은 적어도 시료의 4곳 이상을 측정하여 평균값을 내어야 하며, 시료의 뒷받침이 표면반사율에 영향을 주므로 얇은 직물을 네 겹 이상으로 겹쳐서 측정하여야 한다는 것이다. 또한 표면반사율은 표지물로 사용한 유색안료의 제거율을 나타내는 것이므로 다른 유성오구나 천연오구의 세척성과 반드시 일치하는 것은 아니므로 세척성을 평가할 때 유의해야 한다.

(3) 정량분석에 의한 평가

인공오구포를 사용하여 세척률을 구할 때 세탁 전후의 오염량을 분석하여 세척률을 계산하면 정확한 결과를 얻을 수 있다. 그러나 이러한 화학분석에는 많은 시간과 노력을 요하는 결점이 있으며 또 앞에서 설명한 바와 같이 분석에 쓰인 표지물질의 양과 우리의 육안으로 보는 청결상태는 반드시 일치하지 않는 때도 있다. 따라서 화학분석법은 세제의 성능과 같은 실용적인 실험보다는 세척의 원리 등을 연구하는 데 있어서 특정한 오구성분의 거동을 조사하는 데 적합하다.

여기에는 탄소의 정량, 철의 정량, 점토의 정량, 유성분의 정량, 단백질의 정량방법 등이 있다. 그 외로 ^{14}C 이나 ^{3}H 같은 동위원소를 이용하는 방사선 트레이서 분석방법은 극미량(1/1000mg)까지 정량할 수 있고 고형오구와 유성오구 모두에 이용할 수 있는 장점이 있어 세척연구에 많이 이용되고 있다.

3. 소비자분쟁해결기준

소 비 자 분 쟁 해 결 기 준

(공정거래위원회 고시 제2009-1호)

제정 1985. 12.31
개정 1989. 7. 14
1993. 3. 25
1994. 7. 16
1996. 4. 1
1999. 3. 13
1999. 7. 19
2000. 12. 4
2001. 12. 4
2002. 12. 31
2003. 8. 1
2004. 11. 1
2005. 10. 1
2006. 10. 16
2007. 10. 17
2008. 2. 29
2009. 1. 16

제1조(목적) 이 규정은 소비자기본법 제16조제2항의 규정에 의하여 소비자와 사업자간의 분쟁의 원활한 해결을 위하여 소비자기본법시행령 제8조의 규정에 의한 일반적 소비자분쟁해결기준에 따라 품목별로 소비자피해를 보상할 수 있는 기준을 정함을 목적으로 한다.

제2조(피해보상청구) 사업자와 소비자(이하 "당사자"라 한다)간에 보상합의가 이루어지지 않을 경우 당사자는 중앙행정기관의 장, 시·도지사 또는 한국소비자보호원장에게 그 피해구제를 청구할 수 있다.

제3조(품목 및 보상기준) 이 기준에서 정하는 대상품목 및 품목별 피해보상기준은 각각 별표 Ⅰ, 별표 Ⅱ 및 별표 Ⅲ, 별표 Ⅳ와 같다.

이 규정은 1989년 8월 1일부터 시행한다. 부 칙

이 규정은 고시일로부터 시행한다. 부 칙

이 규정은 1994년 8월 1일부터 시행한다. 부 칙

이 규정은 1996년 4월 1일부터 시행한다. 부 칙

이 규정은 고시일로부터 시행한다. 부 칙

이 규정은 고시일로부터 시행한다. 부 칙

이 규정은 고시일로부터 시행한다. 부 칙

이 규정은 고시일로부터 시행한다. 부 칙

이 규정은 2003년 1월 1일부터 시행한다. 부 칙

이 규정은 2003년 8월 1일부터 시행한다. 부 칙

이 규정은 2004년 11월 1일부터 시행한다. 부 칙

이 규정은 2005년 10월 1일부터 시행한다. 부 칙

이 규정은 2006년 10월 16일부터 시행한다. 부 칙

이 규정은 2007년 10월 17일부터 시행한다. 부 칙

이 규정은 2008년 2월 29일부터 시행한다. 부 칙

이 규정은 2009년 1월 16일부터 시행한다. 부 칙

품목별 보상기준

세탁업(1개업종)

품 종	피 해 유 형	보 상 기 준	비 고
세탁업	1) 하자발생(탈색, 변 · 퇴색, 재오염, 손상등) 2) 분실 또는 소실	- 사업자의 책임하에(사업자 비용 부담) 원상회복, 불가능시 손해배상 - 손해배상	1. 배상액의 산정방식 (1) 배상액= 물품구입가격×배상비율(배상비율표 참조) (2) 다만, 소비자와 세탁업자간의 배상에 대한 특약이 있는 경우에는 그에 따름. 2. 손해배상액의 감액 (1) 세탁물의 손상 등에 대하여 고객도 일부 책임이 있는 경우에는 세탁업자의 손해배상액에서 그에 해당하는 금액을 공제 (2) 고객이 손상된 세탁물을 인도받기를 원하는 경우에는 배상액의 일부를 감액할 수 있음. 3. 배상의무의 면제 (1) 고객이 세탁물에 이상이 없다는 확인서를 세탁업자에게 교부했을 때는 세탁업자는 세탁물 하자에 대한 보수나 손해배상책임을 면함. 이 경우 확인서는 인수증에 날인 또는 기명하는 것으로 대신할 수 있음, 단 고객이 이상 없음을 확인하였더라도 추후 세탁업자의 고의, 과실이 있음을 입증한 경우에는 면책되지 않음. (2) 세탁업자는 다음 각호의 경우 세탁물의 하자 또는 세탁의 지체로 인한 소비자피해에 대해 면책됨. - 세탁업자의 세탁물 회수에 대한 통지에도 불

품 종	피 해 유 형	보 상 기 준	비 고
			구하고 통지도달일로부터 30일이 경과하도록 미회수하는 경우 – 고객이 세탁완성예정일(고객의 동의로 완성예정일이 연기된 경우 연기된 완성예정일)의 다음날부터 3개월간 완성된 세탁물을 미회수하는 경우 **4. 세탁물 확인의무** – 세탁업자는 세탁물인수시 의뢰받은 세탁물상의 하자 여부를 확인할 책임이 있음. **5. 세탁물 인수증 교부의무** (1) 세탁업자는 세탁물 인수시 다음 각호의 내용을 기재한 인수증을 교부하여야 함. – 세탁업자의 상호, 주소 및 전화번호 – 고객의 성명, 주소 및 전화번호 – 세탁물 인수일 – 세탁완성 예정일 – 세탁물의 구입가격 및 구입일(20만원 이상제품의 경우) – 세탁물의 품명, 수량 및 세탁요금 – 피해발생시 손해배상기준 – 기타사항(세탁물보관료, 세탁물의 하자유무, 특약사항) (2) 인수증 미교부시 세탁물 분실에 대해서는 세탁업소에서 책임을 짐. **5-1. 손해배상 대상 세탁물** (1) 손해배상의 산정기준은 인수증에 기재된 바에 따름. 단 세탁업자가 세탁물의

품 종	피 해 유 형	보 상 기 준	비 고
			품명, 구입가격, 구입일이 인수증의 기재내용과 상이함을 증명한 경우에는 그에 따름. (2) 세탁업자가 손해배상 산정에 필요한 인수증 기재사항을 누락했거나 또는 인수증을 교부하지 않은 경우에는 고객이 입증하는 내용(세탁물의 품명, 구입가격, 구입일 등)을 기준으로 함 (3) 고객이 세탁물의 품명, 구입가격, 구입일 등을 입증하지 못하여 배상액 산정이 불가한 경우에는 세탁업자는 고객에게 세탁요금의 20배를 배상함. 6. Set의류의 배상액 산정기준 (1) 양복 상하와 같이 2점이상이 1벌일 때는 1벌 전체를 기준으로 하여 배상액을 산정함. (2) 단, 소비자가 1벌중 일부만을 세탁업자에게 세탁의뢰 하였을 경우에는 그 일부에 대하여만 배상함. 7. Set의류의 배상액 배분 (1) 상 · 하의가 한 Set인 경우 : 상의 65%, 하의 35% (2) 상 · 중 · 하의가 한 Set인 경우 : 상의 55%, 하의 35%, 중의 10% (3) 한복 중 치마저고리, 바지저고리는 상의 50%, 하의 50% (4) 세트의류라 하더라도 각각의 가격이 정해져 있는 경우는 그 가격에 따름.

품 종	피 해 유 형	보 상 기 준	비 고

배상비율표

배상비율(%) / 내용연수	95	80	70	60	50	45	40	35	30	20	10	
1	0~14	15~44	45~89	90~134	135~179	180~224	225~269	270~314	315~365	366~547	548~	
2	0~28	29~88	89~178	179~268	269~358	259~448	449~538	539~628	629~730	731~1,095	1,096	
3	0~43	44~133	134~268	269~403	404~538	539~673	674~808	809~943	944~1,095	1,095~1,642	1,643~	물품 사용 일수
4	0~57	58~177	178~357	358~537	538~717	718~897	898~1,077	1,078~1,257	1,258~1,460	1,461~2,190	2, 191~	
5	0~72	73~222	223~447	448~672	673~897	898~1,122	1,123~1,347	1,348~1,572	1,573~1,825	1,826~2,737	2,738~	
6	0~86	87~266	267~536	537~806	807~1,076	1,077~1,346	1,347~1,616	1,617~1,886	1,887~2,190	2,191~3,285	3,286~	
	물품 사용일수(물품 구입일로부터 사용여부에 상관없이 세탁의뢰일 까지 계산한 일수)											

품 종	피 해 유 형	보 상 기 준	비 고

품목별 평균 내용년수

분 류	품 목	용 도	소 재	상 품 예	내용연수
양장류	남성양복	춘하복	모, 모혼방, 견 기타		4 3
		추동복			4
	코트			오바코트 레인코트	4 3
	여성원피스, 투피스, 쓰리피스	춘하복	모, 모혼방, 견 기타		3 2
		추동복			4
	스커트	춘하복	모, 모혼방, 견 기타	타이트스커트, 플레어스커트, 치마바지(큐롯, 잠바스커트)	3 2
		추동복			3
	스포츠웨어			트레이닝웨어, 스포츠용 유니폼, 수영복	3
	쟈켓, 점퍼	춘하복	모, 모혼방, 견 기타		3 2
		추동복			4
가방류	가죽가방 일반가방		가죽, 인조가죽 등 천 등		3 2

품 종	피 해 유 형	보 상 기 준	비 고

분 류	품 목	용 도	소 재	상 품 예	내용연수
한복류	치마, 저고리, 바지, 마고자, 조끼, 두루마기		견, 빌로드 기타		4
실 내 장식류	카페트		모 기타		6 5
양복류	바지	춘하복	모, 모혼방, 견, 기타	바지, 슬랙스, 판탈롱, 팬츠류	3 2
		추동복			4
	스웨터			스웨터, 가디간	3
	셔츠류			면셔츠, T셔츠, 남방, 폴로셔츠, 와이셔츠	2
	블라우스		견, 기타		3 2
	제복	작업복 사무복 학생복			2 3
양장용품	스카프		견, 모 기타		3 2
	머플러				3
	넥타이				2
속옷	파운데이션, 란제리, 내복				2
피혁제품	외의		돈피, 파충류 기타		3 5
	기타				3
	인조피혁				3

품 종	피 해 유 형	보 상 기 준	비 고

분 류	품 목	용 도	소 재	상 품 예	내용연수
실내 장식품	모포		모 기타		5 4
	쇼파		천연피혁 기타		5 3
	커텐	춘하용 추동용			2 3
침구류	이불, 요, 침대커버				3
신발류	가죽류 및 특수소재			가죽구두, 등산화 (경등산화 제외) 등	2
	일반신발류			운동화, 고무신 등	1
모자					1
모피 제품	외의		토끼털		3
			기타		5
	기타				3

		8. 탈부착용 부속물(털, 칼라, 모자 등)이 손상된 경우는 동 부속물만을 대상으로 배상액을 결정한다. 단, 부속물이 해당 의류의 기능 발휘에 없어서는 안될 필수적인 경우(방한복의 모자 등)에는 의류 전체를 기준으로 배상액을 산정한다.

찾아보기

저자소개

김성련
서울대학교 공과대학 졸업
영국 맨처스터대학교 대학원 졸업(공학석사)
서울대학교 대학원 졸업(공학박사)
현재 서울대학교 생활과학대학 명예교수
저서 피복재료학, 세제와 세탁의 과학 외 다수

이정숙
서울대학교 의류학과 졸업
서울대학교 대학원 의류학과 졸업(석 · 박사)
미국 코넬대학교 박사후과정 연수 및 객원교수
현재 경상대학교 자연과학대학 의류학과 교수
저서 염색의 이해 외

정혜원
서울대학교 의류학과 졸업
서울대학교 대학원 의류학과 졸업(석 · 박사)
현재 인하대학교 의류디자인 전공 교수
저서 염색의 이해, 새로운 의류소재학 외

강인숙
서울대학교 의류학과 졸업
서울대학교 대학원 의류학과 졸업(석 · 박사)
현재 창원대학교 자연과학대학 의류학과 교수
저서 염색의 이해 외

박정희
서울대학교 의류학과 졸업
서울대학교 대학원 의류학과 졸업(석사)
Univ. of Massachusetts, Lowell 고분자과학전공(박사)
현재 서울대학교 생활과학대학 의류학과 교수
저서 패션소재기획 외

새의류관리

-구매에서 폐기까지-

2008년 3월 20일 초판 발행
2023년 3월 17일 4쇄 발행

지은이 김성련 외
펴낸이 류제동
펴낸곳 교문사

책임편집 김지연
표지디자인 황옥성
본문디자인 콩디자인

주소 (10881)경기도 파주시 문발로 116
전화 031-955-6111(代) 팩스 031-955-0955
등록번호 1968.10.28. 제 406-2006-000035호

E-mail genie@gyomoon.com
Homepage www.gyomoon.com
ISBN 978-89-363-0908-4 (93590)

값 19,000원

*잘못된 책은 바꿔 드립니다.